课件实例效果赏析

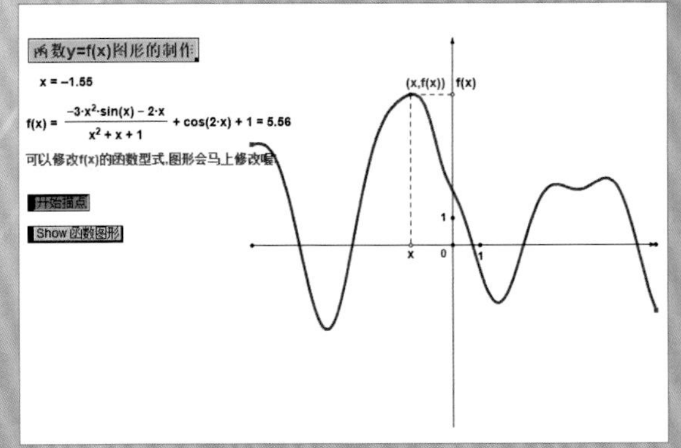

函数$y=f(x)$图形的制作

【求一元三次方程的根】

$f(x)=x^3-3\cdot x+1$

$x_1=-1.9$

$x_2=0.35$

$x_3=1.53$

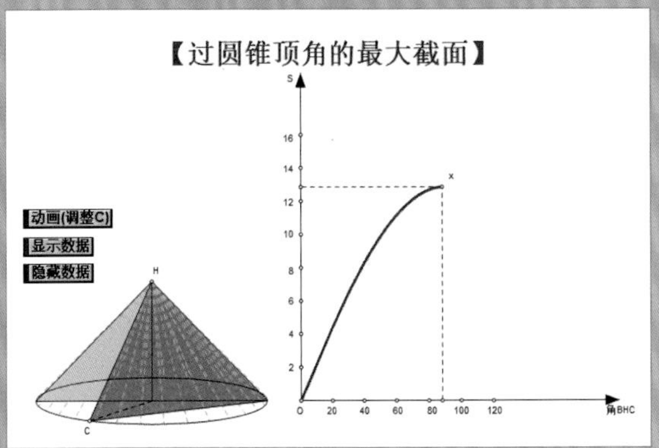

过圆锥顶角的最大截面

【验证圆幂定理】

课件说明：拖动点P、A、B的位置，观察比较线段长度及计算结果。

圆幂定理：$\overline{BP}\cdot\overline{AP}=|\overline{OP}^2-R^2|$

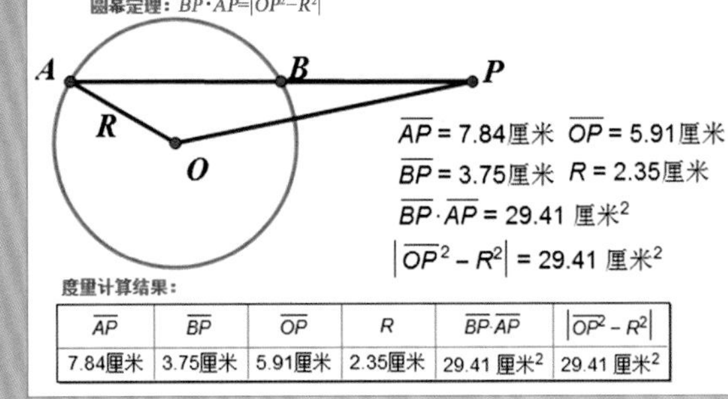

度量计算结果：

$\overline{AP}$	$\overline{BP}$	$\overline{OP}$	R	$\overline{BP}\cdot\overline{AP}$	$\|\overline{OP}^2-R^2\|$
7.84厘米	3.75厘米	5.91厘米	2.35厘米	29.41 厘米^2	29.41 厘米^2

验证圆幂定理

【验证圆周角与圆心角的关系】

课件说明：拖动点P、A、B，改变圆心角和圆周角。

验证结论：圆心角是圆周角的两倍大小。

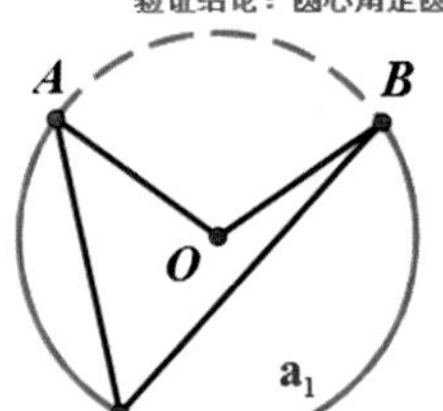

$\angle AOB$ = 110.49°

$\angle APB$ = 55.25°

$\frac{\angle AOB}{\angle APB}$ = 2.00

度量计算结果：

$\angle AOB$	$\angle APB$	$\frac{\angle AOB}{\angle APB}$
110.49°	55.25°	2.00

验证圆周角与圆心角的关系

【同底等高三角形面积】

操作：拖动点C、D在直线k上的位置。

结论：同底等高的三角形面积相等。

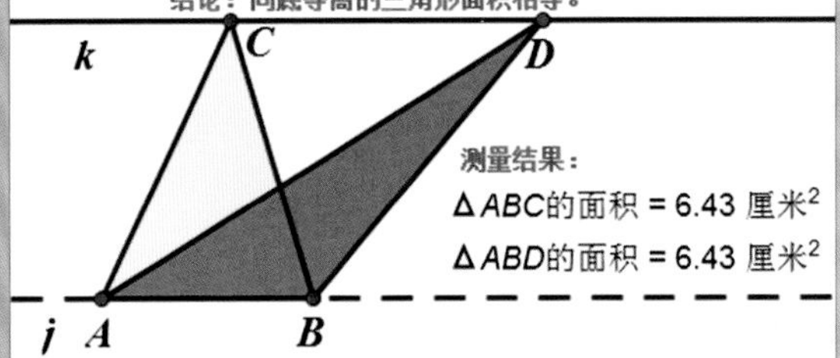

验证同底等高三角形面积

【验证正弦定理】

操作：拖动点A、B、C可以改变三角形的形状。
拖动点P可以改变圆的大小。

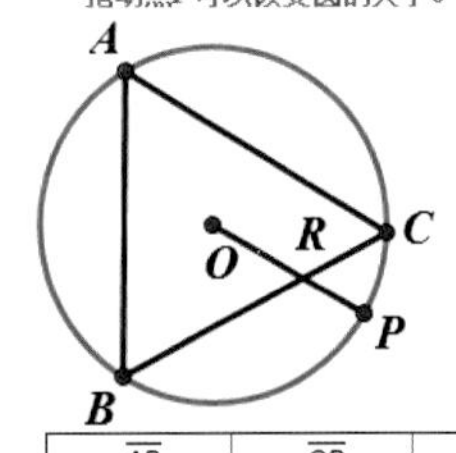

$\angle BAC$ = 59.51°

$\angle ABC$ = 61.40°

$\angle BCA$ = 59.09°

$\overline{AB}$ = 3.99厘米

$\overline{CB}$ = 4.00厘米

$\overline{AC}$ = 4.08厘米

R = 2.32厘米

$\frac{\overline{AB}}{\sin(\angle BCA)}$	$\frac{\overline{CB}}{\sin(\angle BAC)}$	$\frac{\overline{AC}}{\sin(\angle ABC)}$	$2\cdot R$
4.65	4.65	4.65	4.65

验证正弦定理

【圆柱的形成】

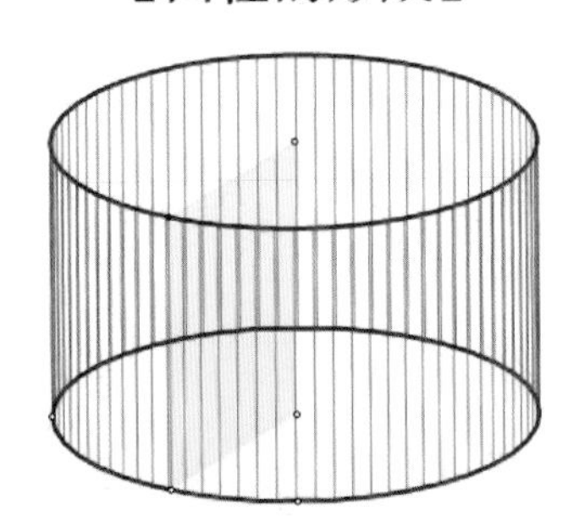

圆柱的形成

显示圆柱

隐藏圆柱

圆柱的形成

课件实例效果赏析

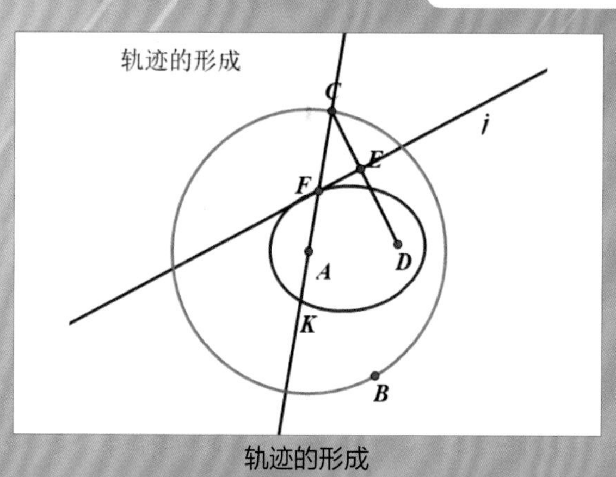

轨迹的形成

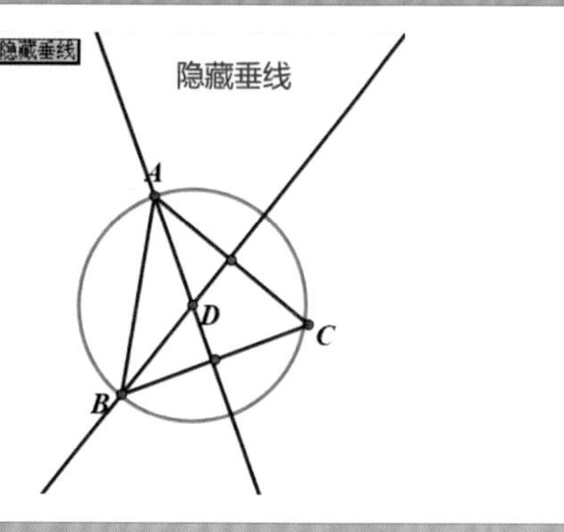

隐藏/显示垂线

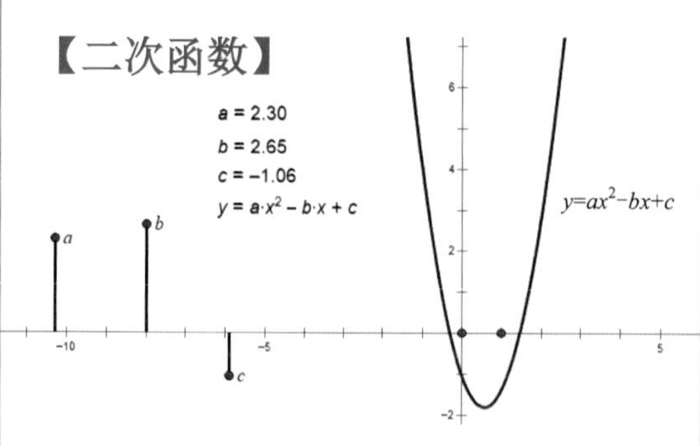

二次函数

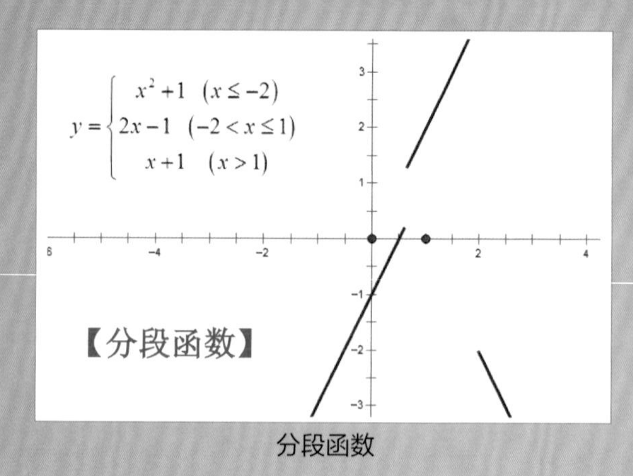

分段函数

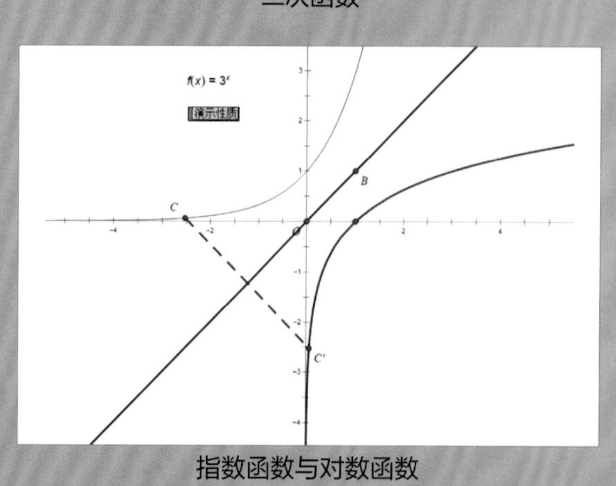

指数函数与对数函数

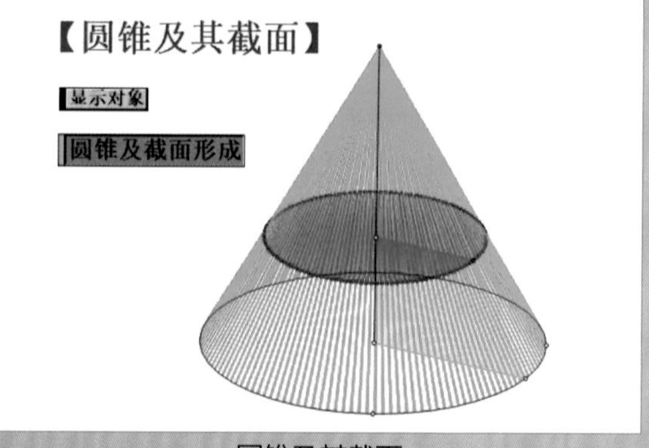

圆锥及其截面

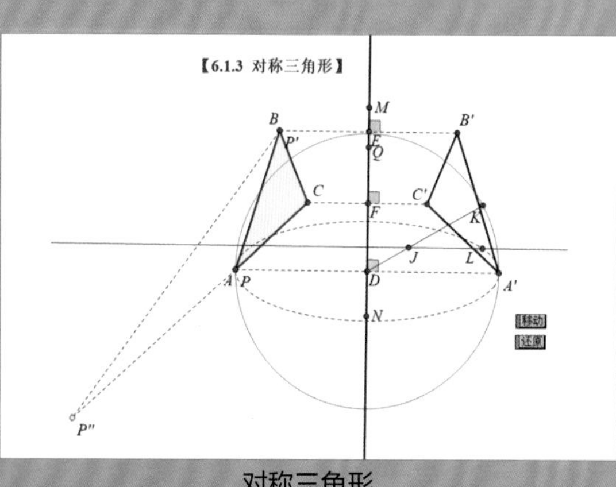

对称三角形

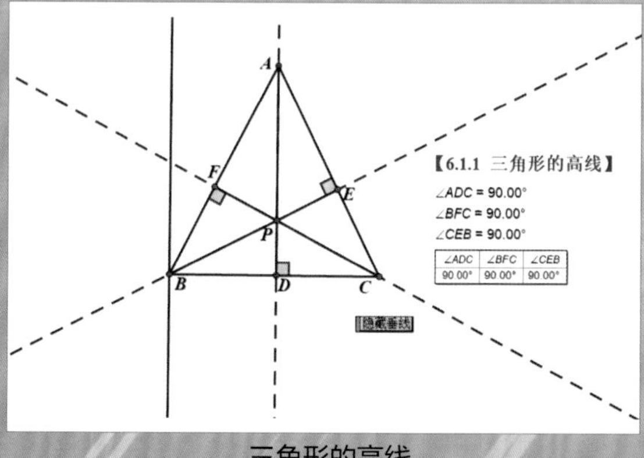

三角形的高线

课件实例效果赏析

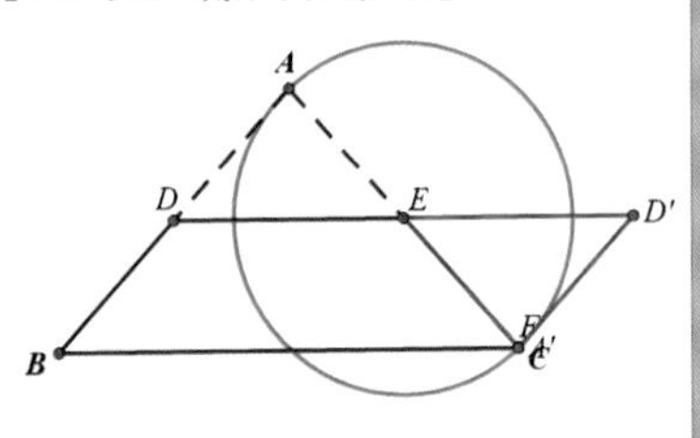

验证三角形中位线定理

平行四边形的面积

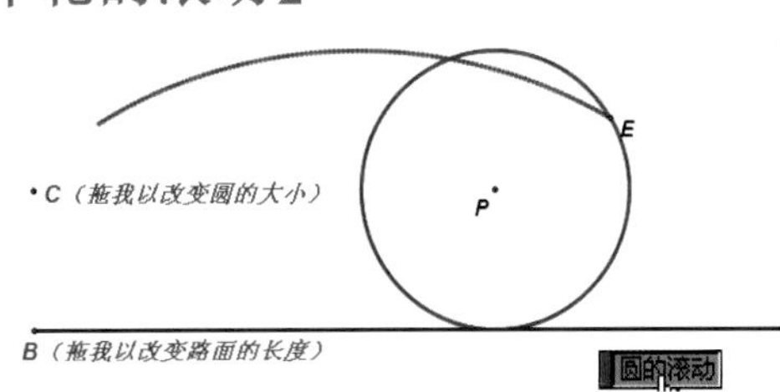

车轮的滚动

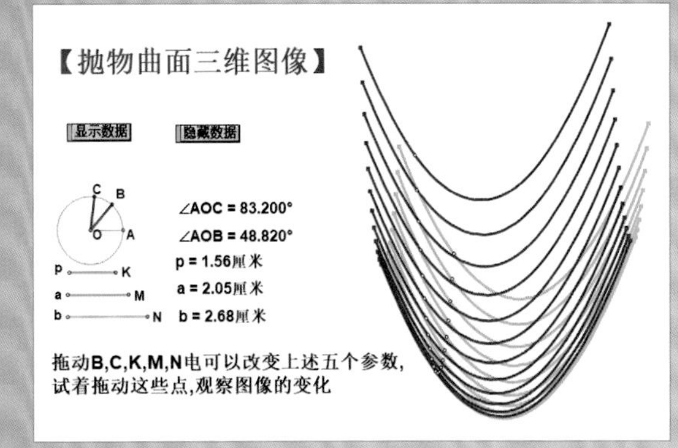

抛物曲面三维图像

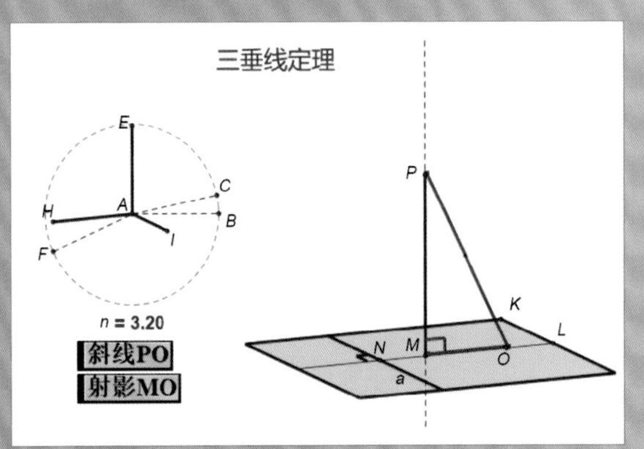

三垂线定理

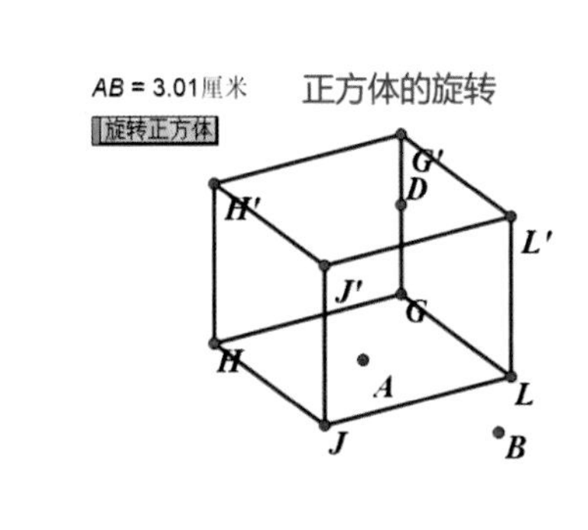

正方体的旋转

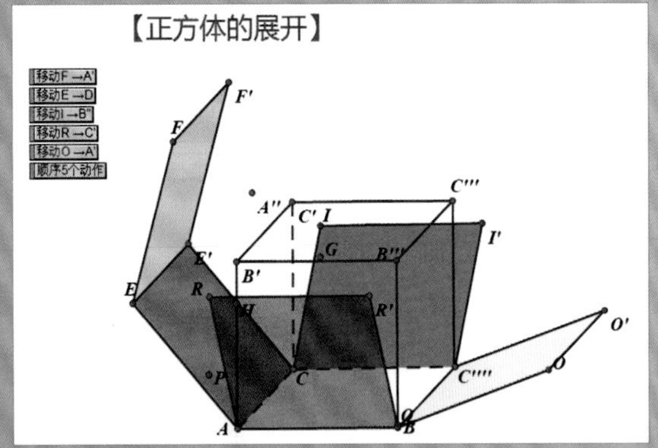

正方体的展开

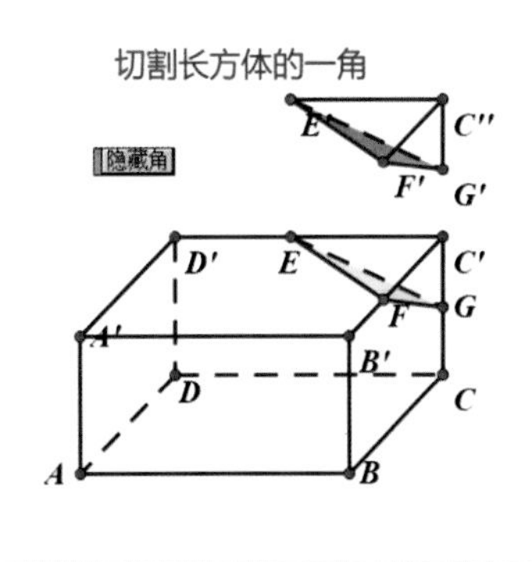

切割长方体的一角

课件实例效果赏析

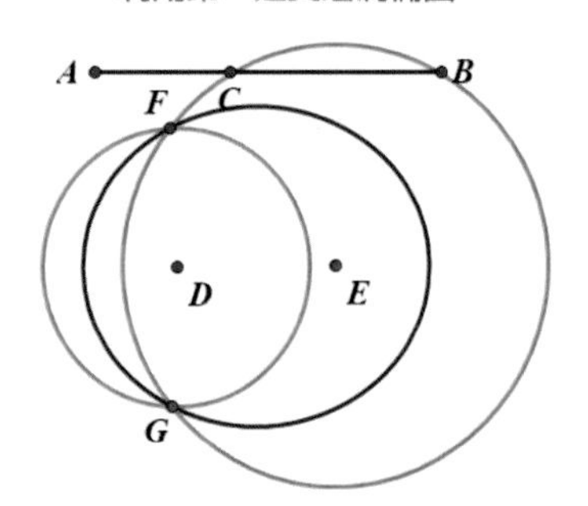

利用第一定义绘制椭圆

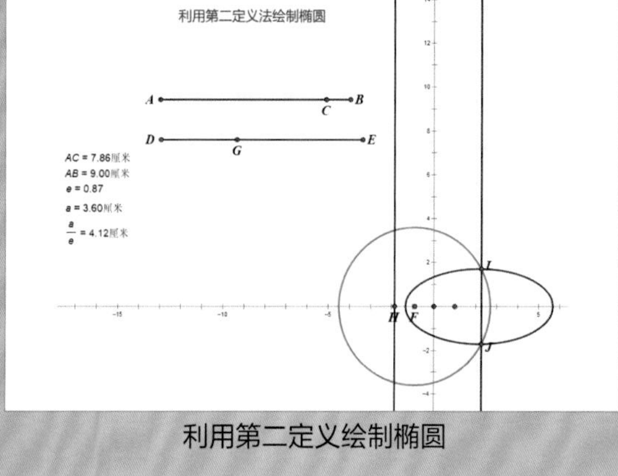

利用第二定义绘制椭圆

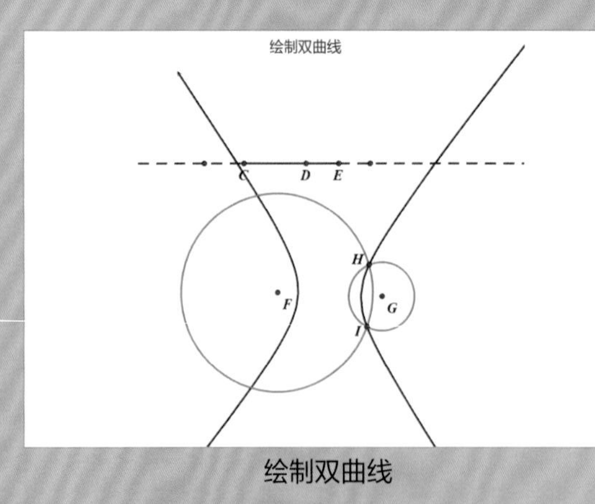

绘制双曲线

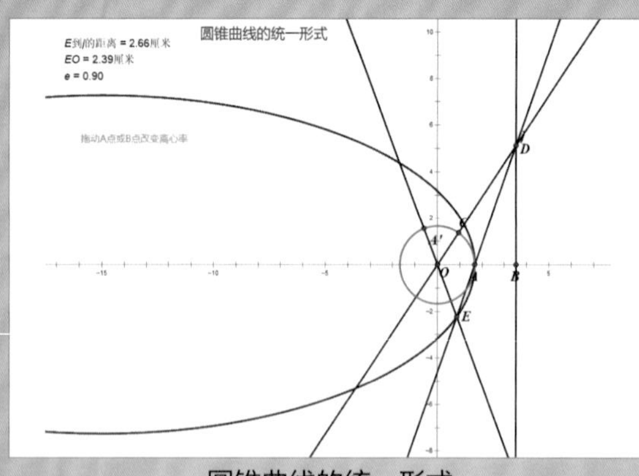

圆锥曲线的统一形式

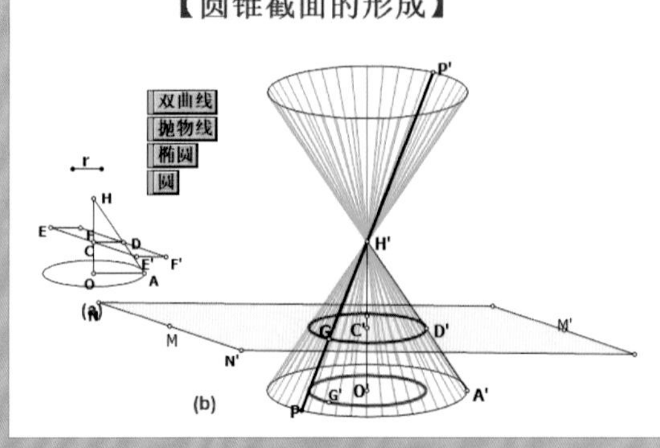

圆锥截面的形成

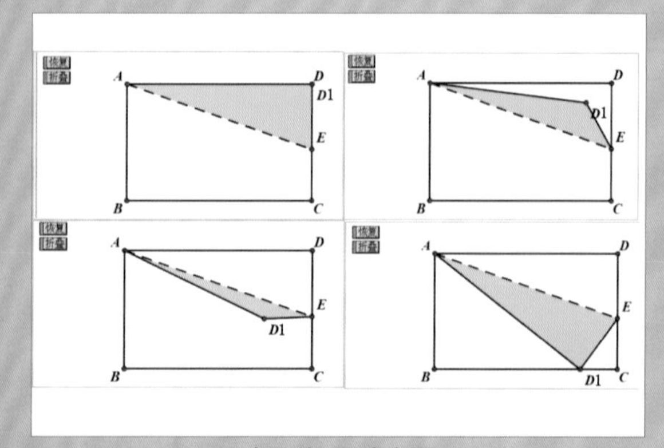

矩形折叠动态图

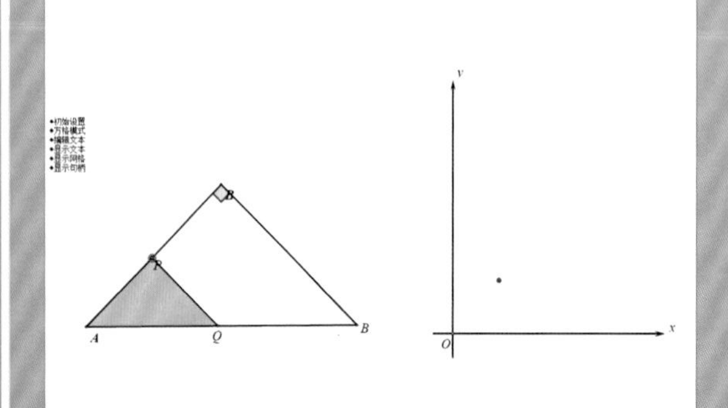

三角形中动点运动过程的函数图像

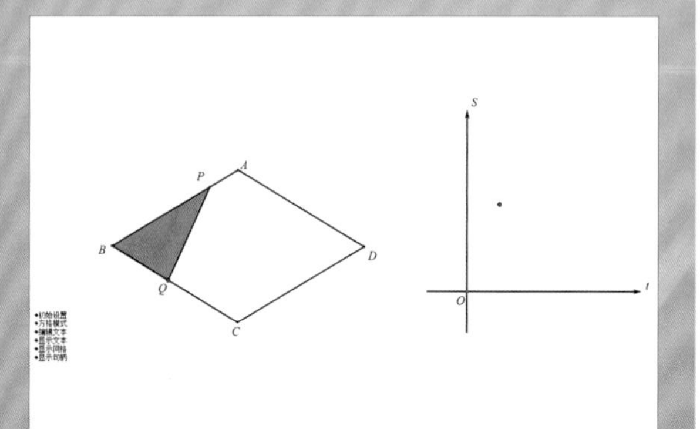

菱形中动点运动过程的函数图像

高等院校计算机应用系列教材

几何画板课件制作实例教程（第2版）微课版

方其桂 主编　唐小华 副主编

清華大学出版社
北　京

内 容 简 介

几何画板是优秀的数学教学软件之一，其新版 5.0.6.5 操作更简便，功能更强大，极大地提升了用户的使用体验。本书通过几何画板的经典实例和课程整合典型案例，全面讲解几何画板课件制作的方法及技巧。

全书共 9 章，以实例带动教学，前 3 章详细介绍了几何画板软件的基本操作、绘图方法与新增功能，后 6 章通过典型实例介绍如何使用几何画板进行课件制作和课程整合。

本书配套资源中提供了课件范例源文件及素材。为了让读者更轻松地掌握几何画板课件制作技术，作者制作了配套微课视频，其中包括教材的全部内容和实例，全程语音讲解，真实操作演示，让读者一学就会。

本书可作为各类院校数学、计算机专业的教育技术教材(配有教学大纲及教学设计)，中小学数学教师培训教材，同时也可作为广大中学生自主探究数学的自学用书。

图书在版编目（CIP）数据

几何画板课件制作实例教程：微课版 / 方其桂主编.
2 版. -- 北京：清华大学出版社, 2024. 8. -- (高等
院校计算机应用系列教材). -- ISBN 978-7-302-66840
-4

Ⅰ. O18-39

中国国家版本馆 CIP 数据核字第 2024A7Y582 号

责任编辑： 刘金喜
封面设计： 常雪影
版式设计： 孔祥峰
责任校对： 成凤进
责任印制： 刘海龙

出版发行： 清华大学出版社
网　　址：https://www.tup.com.cn，https://www.wqxuetang.com
地　　址：北京清华大学学研大厦 A 座　　邮　　编：100084
社 总 机：010-83470000　　邮　　购：010-62786544
投稿与读者服务：010-62776969，c-service@tup.tsinghua.edu.cn
质 量 反 馈：010-62772015，zhiliang@tup.tsinghua.edu.cn
印 装 者：艺通印刷（天津）有限公司
经　　销：全国新华书店
开　　本：185mm×260mm　　印　　张：12.75　　彩　　插：2　　字　　数：319 千字
版　　次：2020 年 6 月第 1 版　　2024 年 8 月第 2 版　　印　　次：2024 年 8 月第 1 次印刷
定　　价：49.80 元

产品编号：105736-01

前　言

一、学习几何画板的意义

几何画板是强大的数学课件制作软件，也是全国初、高中人教版数学教材指定使用的软件。几何画板作为一款动态教学课件制作软件，具有诸多优势，将其应用于现代多媒体教学中，无论对老师还是学生而言，都是有益的。对于一线教师而言，只有真正理解几何画板课件制作的流程，掌握以点、线、圆为基本元素的变换、构造、测算、计算、动画、跟踪轨迹等操作，构造出更为复杂的图形，才能制作出集教育性、科学性和艺术性于一体的优秀课件。

二、本书结构

《几何画板课件制作实例教程(第 2 版)(微课版)》是专门为一线教师、师范院校的学生和专业从事几何画板课件开发的人员编写的教材。为便于学习，本书设计了如下栏目。

- 跟我学：每个实例都通过“跟我学”轻松学习掌握，其中包括多个“阶段框”，将任务进一步细分为若干更小的任务，降低学习难度。
- 创新园：对所学知识进行多层次的巩固和强化。

三、本书特色

本书打破传统写法，各章节均以课堂教学中的实例入手，详细介绍了图形的绘制与变换、不同对象的度量和简单计算，以及如何运用按钮控制课件。本书通过典型实例介绍了初等代数、平面几何、立体几何和解析几何等课件的制作。最后，本书结合综合案例，逐步深入介绍了几何画板课件的制作方法和技巧。本书有以下几个特点。

- 内容实用：本书所有实例均选自现行教材，主要涉及初、高中数学学科，内容编排结构合理。
- 图文并茂：在介绍具体操作步骤的过程中，语言简洁，基本上每个步骤都配有对应的插图，用图文来分解复杂的步骤。路径式图示引导，便于读者一边翻阅图书，一边上机操作。
- 提示技巧：本书对读者在学习过程中可能会遇到的问题以“小贴士”和“知识库”的形式进行了说明，以免读者在学习过程中走弯路。

- 便于上手：本书以实例为线索，利用实例将课件制作技术串联起来，书中的实例都非常典型、实用。

四、配书资源

本书提供了制作几何画板的完整教学资源，包括教学课件、教学大纲、教学设计、实例文件、教学微课、画板工具及制作完成的优秀课件，对这些资源稍加修改即可运用在实际教学中。此外，本书还提供了大量的课件实例源文件，读者可以在原实例的基础上举一反三，制作出更多、更实用的课件。同时，我们精心制作了微课，供读者自学之用，读者只需要用手机扫描书中的二维码即可观看。

上述教学资源可通过扫描下方二维码，将链接地址推送到邮箱进行下载。

教学资源

五、本书作者

参与本书编写的作者有省级教研人员、课件制作获奖教师，他们不仅长期从事计算机辅助教学方面的研究，而且都有较为丰富的计算机图书编写经验。

本书由方其桂担任主编并负责统稿，唐小华担任副主编。本书编写工作具体分工如下：殷小庆负责编写第1、2章，刘斌负责编写第3、4章，唐小华负责编写第5～9章，他们同时负责配套资源的制作。参与本书编写的还有金钊、夏兰、赵杰、尹捷、殷晓丹、贾云等，感谢提供实例课件的作者。

虽然我们有着十多年撰写课件制作方面图书(累计已编写、出版三十多种)的经验，并尽力认真构思验证和反复审核修改，但书中仍难免有一些瑕疵。我们深知一本图书的好坏，需要广大读者去检验评说，在这里，我们衷心希望读者对本书提出宝贵的意见和建议。读者在学习使用过程中，对同样实例的制作，可能会有更好的制作方法，也可能对书中某些实例的制作方法的科学性和实用性提出质疑，敬请读者批评指正。

服务电子邮箱：476371891@qq.com。

方其桂
2024年仲夏

目 录

第1章 几何画板课件制作基础 1

1.1 几何画板的基础知识 2
1.1.1 安装几何画板 2
1.1.2 认识工作界面 3
1.1.3 创建文件 7
1.2 几何画板的基本操作 8
1.2.1 页面操作 8
1.2.2 对象操作 9
1.2.3 标签操作 11
1.2.4 文字操作 13
1.2.5 按钮操作 15
1.2.6 添加“自定义”工具 16

第2章 绘制和变换图形 19

2.1 绘制图形 20
2.1.1 绘制/构造点 20
2.1.2 绘制/构造线 21
2.1.3 绘制圆 24
2.1.4 绘制弧 25
2.1.5 构造内部 27
2.1.6 构造点的运动轨迹 29
2.2 变换图形 30
2.2.1 平移 30
2.2.2 旋转 31
2.2.3 缩放 33
2.2.4 反射 34

第3章 度量与计算 37

3.1 使用度量工具 38
3.1.1 度量距离 38
3.1.2 度量角度 44
3.1.3 度量面积 49
3.2 巧用数据计算 53
3.2.1 简单计算 53
3.2.2 复杂计算 59

第4章 控制几何画板课件 65

4.1 设置课件显示效果 66
4.1.1 标签的显示 66
4.1.2 几何对象的外观显示 69
4.1.3 轨迹的追踪 70
4.1.4 文本与控制的显示 75
4.1.5 动画的显示 76
4.2 使用按钮控制课件 77
4.2.1 “隐藏/显示”按钮的制作 78

4.2.2 “动画”按钮的制作……80
4.2.3 “移动”按钮的制作……81
4.2.4 “链接”按钮的制作……83
4.2.5 “系列”按钮的制作……85

第5章 初等代数课件制作……89

5.1 函数图像……90
5.1.1 一次函数……90
5.1.2 二次函数……92
5.1.3 正弦函数……95
5.1.4 分段函数……98
5.1.5 反比例函数……100
5.1.6 指数函数与对数函数……102
5.2 方程求解……105
5.2.1 求一元二次方程的根……105
5.2.2 求一元二次方程组的解……108
5.2.3 求圆的方程……110

第6章 平面几何课件制作……113

6.1 三角形……114
6.1.1 三角形的高线……114
6.1.2 验证三角形中位线定理……117
6.1.3 对称三角形……118
6.2 四边形……122
6.2.1 平行四边形的面积……122
6.2.2 中点四边形……124
6.3 圆……128
6.3.1 圆幂定理……129
6.3.2 车轮的滚动……132

第7章 立体几何课件制作……137

7.1 绘制立体图形……138
7.1.1 空间中的线面关系……138
7.1.2 绘制其他立体图形……140
7.2 控制立体图形……144
7.2.1 立体图形的旋转……144
7.2.2 立体图形的展开……149
7.2.3 立体图形的切割……154

第8章 解析几何课件制作……159

8.1 绘制圆锥曲线……160
8.1.1 椭圆图形的绘制……163
8.1.2 抛物线的绘制……167
8.1.3 双曲线的绘制……171
8.2 构造自定义坐标系……173
8.2.1 自定义二维坐标系下的函数图象……173
8.2.2 自定义三维坐标系下的函数图象……174

第9章 综合课件制作实例……179

9.1 制作平面几何图形翻折动态图……180
9.1.1 制作平面图形折叠动态图……180
9.1.2 制作已知图形的轴对称翻折动图……182
9.2 制作基于数学原理的图……184
9.2.1 根据圆的性质作图……184
9.2.2 根据图形间的特定关系作图……186
9.3 制作动点问题的大致函数图像……188
9.3.1 等腰直角分析图形特征确定相关点的位置……188
9.3.2 通过运算确定点的位置……190

第 1 章　几何画板课件制作基础

“几何画板”软件是一种适用于数学知识分析的动态几何工具。其制作的课件可由多张“页面”组成，每张页面上可以放置文字、图片、图形等对象来展示教学内容，用户可以随心所欲地编写出自己需要的教学课件。“几何画板”软件不仅能帮助学生直接理解数学知识，而且能为学生创造一个良好的学习和实践场景。

学习内容

- 几何画板的基础知识
- 几何画板的基本操作

1.1 几何画板的基础知识

几何画板可以提供动态的几何情景，合理地应用它，能够更好地为课堂教学服务。本章主要介绍几何画板课件制作的基础知识，而使用“几何画板”软件制作课件更是数学老师需要掌握的常用技能。

1.1.1 安装几何画板

若要安装“几何画板”软件，可以先通过搜索引擎搜索其安装程序，然后将其下载。“几何画板”软件的安装包括运行安装程序和汉化，按照安装向导的提示进行操作，具体步骤如下。

安装几何画板

- **下载安装程序** 按图1.1所示操作，打开百度搜索引擎官网，根据搜索结果，选择合适的安装软件并下载。

图1.1 下载安装程序

- **安装程序** 双击打开安装程序，根据安装向导提示，安装“几何画板”软件，然后双击桌面图标即可打开软件界面，如图1.2所示。

图1.2 “几何画板”软件界面

1.1.2　认识工作界面

“几何画板”软件的工作界面如图 1.3 所示，主要由标题栏、菜单栏、工具栏、状态栏、绘图窗口和记录窗口等组成。下面主要对菜单栏和工具栏进行介绍。

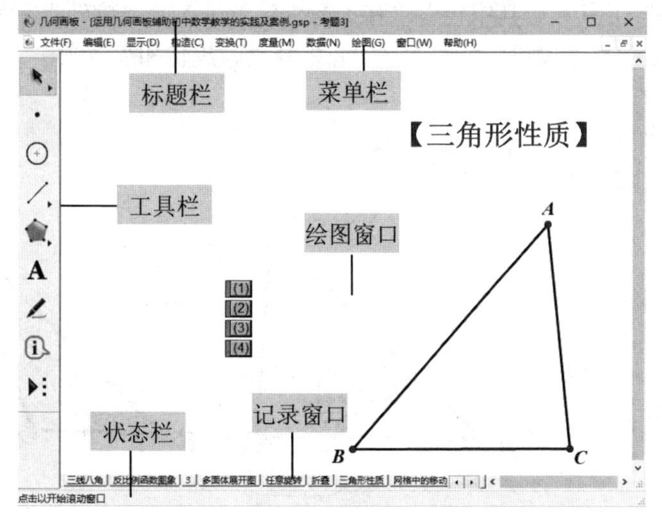

图1.3　“几何画板”软件的工作界面

认识工作界面

1. 菜单栏

几何画板的菜单栏功能强大、操作灵活，可以创建、保存、打印文件，以及修改、格式化、自定义画板中的对象。常用的菜单介绍如下。

- **文件**　用于对文件进行操作，包括新建、打开、保存文件等，同时也有页面设置、打印预览等命令。
- **编辑**　用于对对象和操作的编辑，包括撤销和重复操作，以及剪切、复制、粘贴图片和清除对象，最重要的是菜单中的“操作类按钮”命令，一般制作动画都必须用到，其他命令的作用将在后面的实例中详细介绍。
- **显示**　主要是对对象的设置，如线条的颜色及点、线、圆的标签等，也有对动画的设置，如加速、减速动画等。
- **构造**　主要是根据一定的条件来构造对象，如点、线、圆等，是画板中用得比较多的菜单命令。
- **变换**　主要是对对象进行适当变换，如平移、旋转等，同时也有设置标记向量、标记中心等作用，是几何画板中比较常用的命令。
- **度量**　主要是对几何画板中对象的度量，如距离、面积、横坐标、纵坐标等，并有“计算”命令，可以在几何画板中调用计算器。
- **数据**　可以新建参数和函数，并实现表格的制作和数据的计算。
- **绘图**　有建立坐标系、绘制坐标系中的点等作用，在后面的实例中将详细介绍。
- **窗口**　主要是设置窗口风格和显示打开文件的列表。

2. 工具栏

“几何画板”软件窗口的左边是工具栏，这些工具的主要用途是绘制图像和输入文本。常用的工具介绍如下。

- **“移动箭头”工具** 其中包含“移动箭头”工具、“旋转”工具和“缩放”工具。按图1.4所示操作，能够实现对象的移动、旋转和缩放操作。

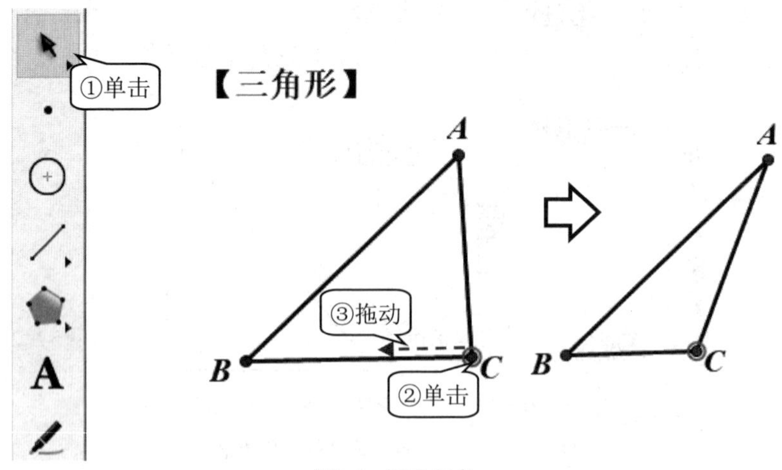

图1.4　移动对象

- **“点”工具** 该工具主要用于画点。单击“点”工具，将光标移到绘图区中适当位置后，再单击鼠标即可绘制自由点。按图1.5所示操作，可以绘制线段上的点。

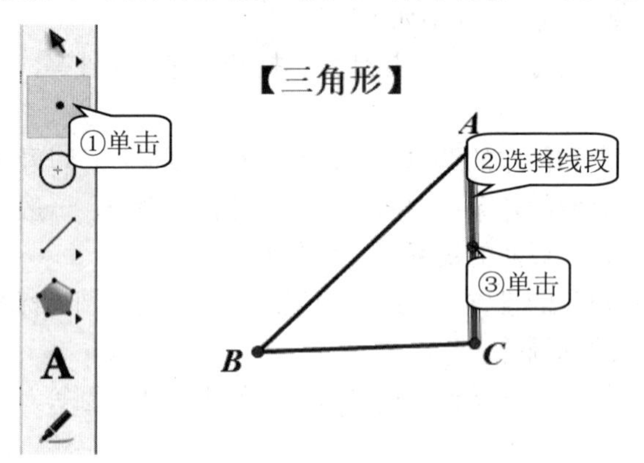

图1.5　绘制线段上的点

- **“圆”工具** 该工具主要用于画圆。单击“圆”工具，按图1.6所示操作，在绘图区先确定圆心，再移动鼠标指针到另一位置释放，即可画出圆形。
- **“线段直尺”工具** 其中包含“直线”工具、“线段”工具和“射线”工具，我们可以根据需要选择相应的工具。按图1.7所示操作，可以绘制一条线段。

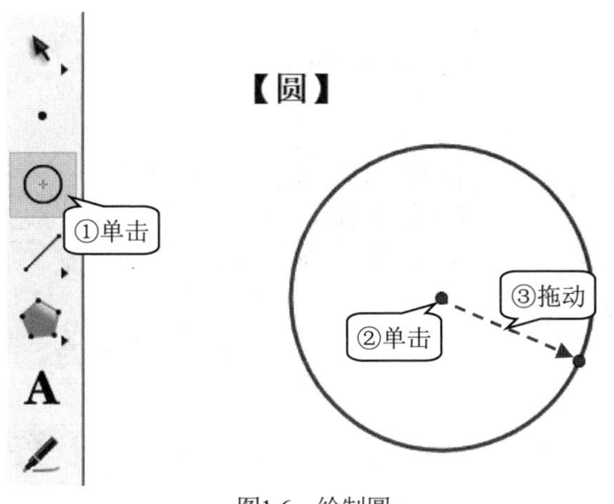

图1.6 绘制圆

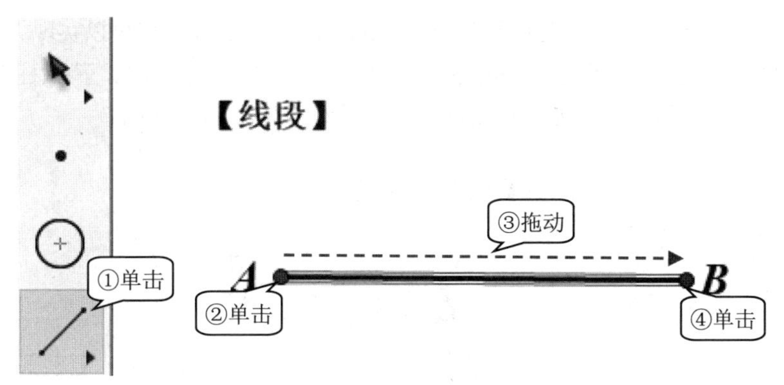

图1.7 绘制线段

- **“多边形”工具** 该工具主要用于画多边形。将鼠标指针放在该工具按钮上，并按住鼠标左键，即可弹出选项，其中包含“多边形”工具、“多边形和边”工具和“多边形边”工具。按图1.8所示操作，可以绘制一个具有边线和填充色的梯形。

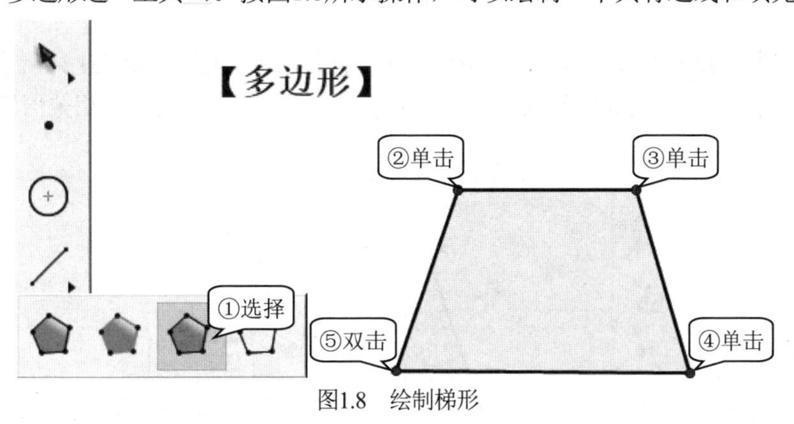

图1.8 绘制梯形

- **“文字”工具** 该工具的功能是显示、隐藏、拖动或编辑点、线和圆等对象的标签，也可制作文本说明。按图1.9所示操作，可添加说明文字，并可以利用文本工具栏设置文本格式。

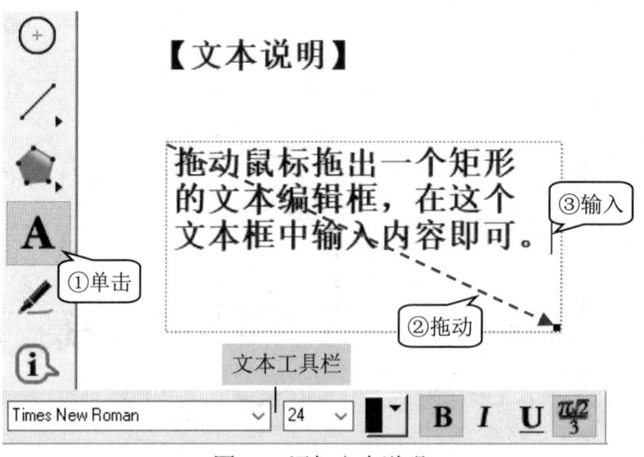

图1.9　添加文本说明

- “标记”工具 该工具主要用于给点、线、圆、角做标记，也可以实现类似PowerPoint的手写功能。如图1.10所示，将鼠标移动到构成角的线顶点附近，待鼠标形状变成写字握笔状时，沿角所在的方向拖动鼠标，即可形成扇形的角标记。

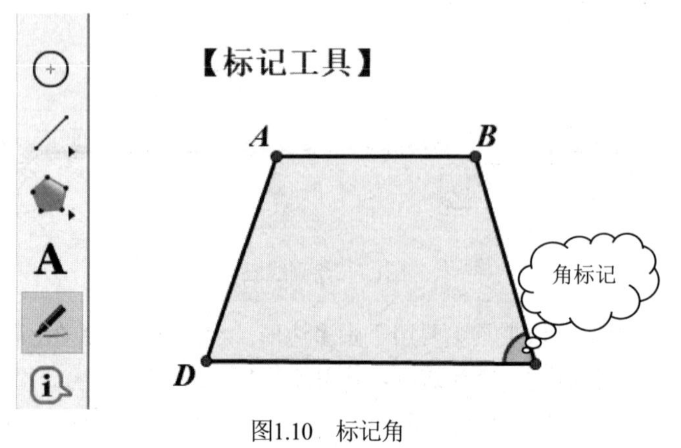

图1.10　标记角

- “信息”工具 该工具用于显示绘图区中几何对象的信息。按图1.11所示操作，移动鼠标到对象上会变成问号状态，此时单击对象，即可弹出对象的相关信息。

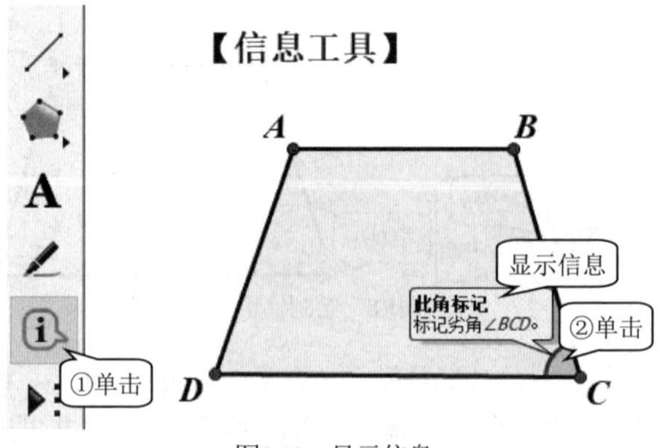

图1.11　显示信息

- **“自定义”工具**　该工具可调用“自定义”工具和创建新工具。按图1.12所示操作，可以直接绘制等腰直角三角形。

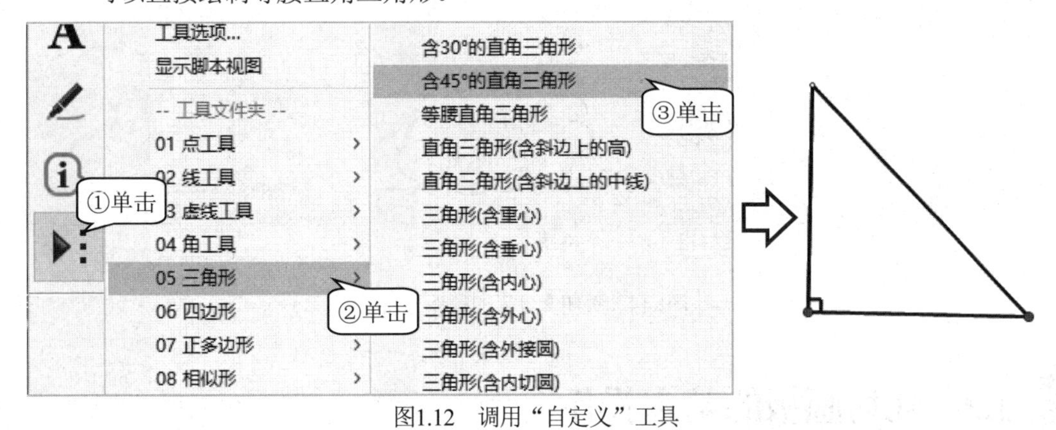

图1.12　调用“自定义”工具

1.1.3　创建文件

运行“几何画板”软件，打开文件进行编辑并保存，其创建的文件扩展名为.gsp。

创建文件

- **新建文件**　运行“几何画板”软件后，执行“文件”→“新建文件”命令，即可新建一个画板文件。
- **打开画板文件**　安装“几何画板”软件程序后，可以双击打开几何画板文件。也可先打开“几何画板”软件，按图1.13所示操作，打开几何画板文件。

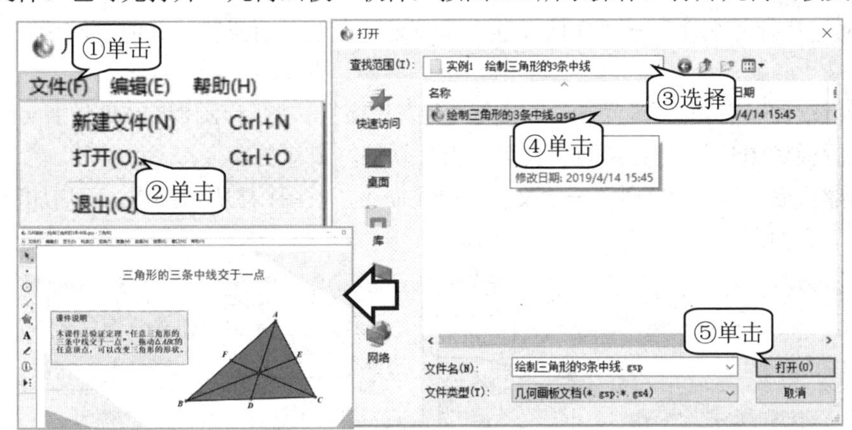

图1.13　打开几何画板文件

- **保存并关闭文件**　编辑完画板文件后，执行“文件”→“保存”命令，保存文件，再执行“文件”→“关闭”命令，关闭文件，如图1.14所示。

图1.14　关闭文件后的软件界面

1.2　几何画板的基本操作

在制作几何画板课件时，需要对对象、标签、“标记”工具及“文本”工具进行操作，因此，学会软件的基本操作方法，才能更好、更快地制作课件。

1.2.1　页面操作

几何画板的课件一般由一张张页面组成，用户既可以新建页面，也可以复制其他文件中的页面，还可以设置页面的统一背景颜色来优化视觉效果。

页面操作

1. 新建页面

可以通过执行“文件”→“文档选项”命令来建立新页面或复制其他文件页面。

- **运行软件**　在“开始”菜单中，执行“所有程序”→“几何画板5.05最强中文版”→“几何画板V5.05”命令，运行“几何画板”软件，新建文件。
- **新建页面**　执行“文件”→“文档选项”命令，按图1.15所示操作，可增加新的“三角形”页面。

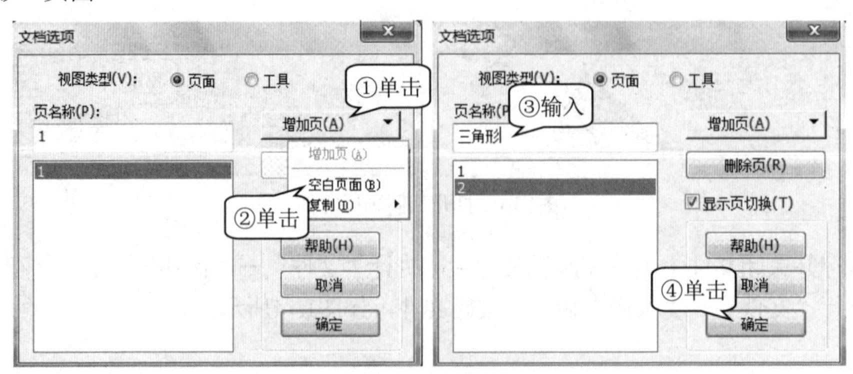

图1.15　新建页面

- **复制其他页面**　执行“文件”→“文档选项”命令，按图1.16所示操作，复制其他文件中的页面。

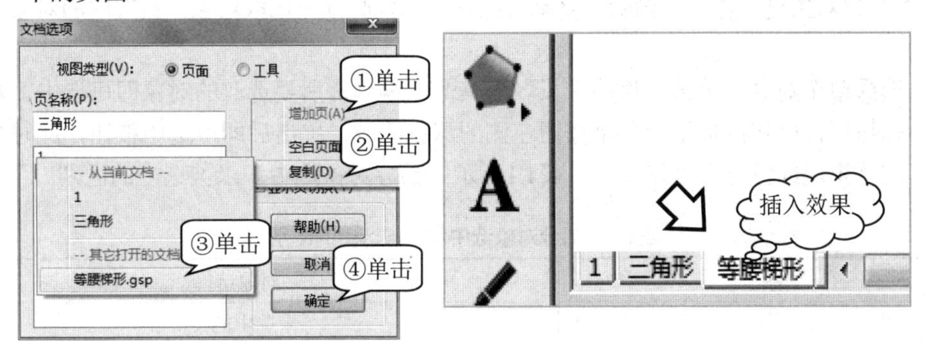

图1.16　复制其他页面

利用增加的新页面，可以复制其他几何画板课件中的页面，还可以将需要的若干课件整合起来。

2. 设置统一背景

执行“编辑”→“参数选项”命令，按图 1.17 所示操作，选择合适的背景颜色。

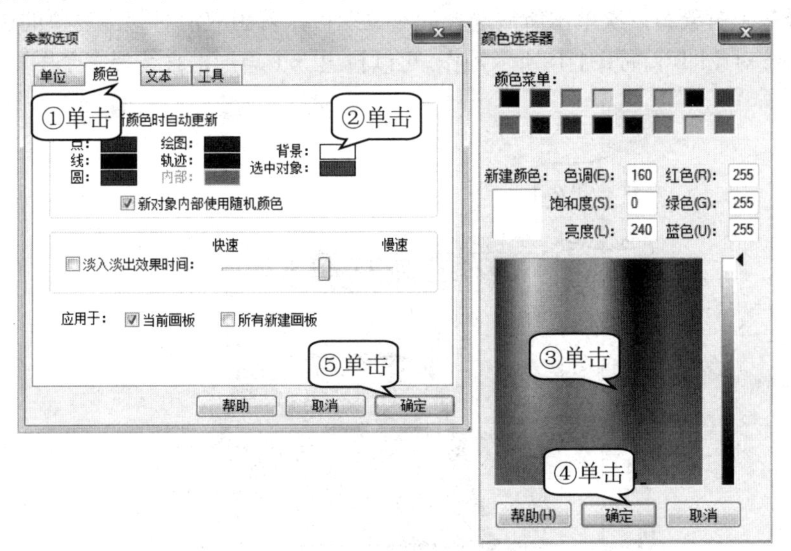

图1.17　选择背景颜色

为保证各页面背景的一致性，可在“颜色选择器”对话框的“红色”“绿色”和“蓝色”文本框中输入相同的数字。

1.2.2　对象操作

几何画板中绘制点、线、按钮、文本等对象的基本操作包括选择、移动、旋转、缩放、删除和恢复等。在制作课件时，合理地操作对象，可以更快、更好地制作出课件。

对象操作

1. 选择对象

在对几何对象进行移动、删除、复制等操作之前，必须先选取对象。被选取的对象一般呈红色。

- **选择单个对象**　单击“移动箭头”工具，再单击所要选取的对象即可选中。若需选择按钮，则将鼠标指针移至按钮左侧的深色区域，单击后即可选中按钮，此时按钮周围将出现红色方框以作标识。表1.1所示是部分对象选中和未被选中的区别。

表1.1　部分对象选中和未被选中的区别

图标	对象选择
	未选中的点
	选中的点
	未选中的直线
	选中的直线
动画点	未选中的按钮
动画点	选中的按钮

- **选择多个对象**　依次单击所需选择的对象即可。若想取消对某个对象的选择，则再次单击该对象即可。按图1.18所示操作，可以拉出一个矩形框来选择多个图形和文本对象。

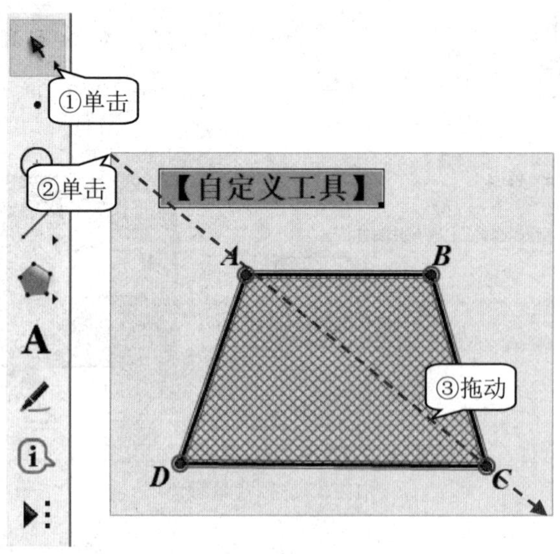

图1.18　选择多个对象

2. 移动对象

几何画板画出的对象可以移动，这是将其称为“动态几何”的原因。单击工具栏中的“移动箭头”工具，选中所需移动的单个或多个对象，按住鼠标拖动，即可移动所选择的对象。如果要进行精确的移动，则需要执行“变换”→“平移”命令。

3. 旋转对象

在旋转对象前必须先确定一个旋转中心。单击工具栏中的“旋转”工具，按图 1.19 所示操作，设定旋转中心，按住鼠标拖动，即可实现旋转。如果要进行精确的旋转，则需要执行“变换”→“旋转”命令。

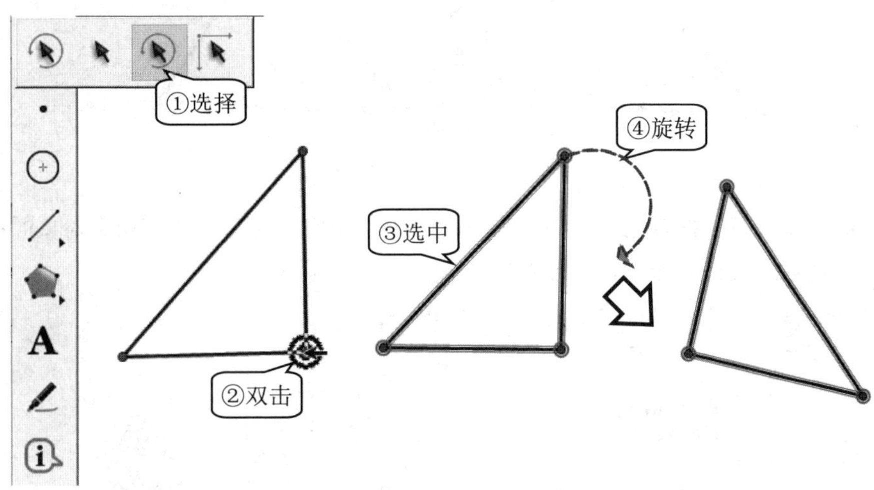

图1.19　旋转对象

4. 缩放对象

在缩放对象前也必须先确定缩放中心。单击工具栏中的“缩放”工具，用鼠标双击选中一点后，此点即设定为缩放中心，按住鼠标拖动，即可实现缩放。如果要进行精确的缩放，则需要执行“变换”→“缩放”命令。

5. 删除和恢复对象

在操作失误的情况下，删除和恢复对象操作可以及时地恢复误操作。单击工具栏中的“移动箭头”工具，选中单个或多个对象，按 Delete 键即可将其删除。如果需要恢复已删除的对象，则按 Ctrl+Z 组合键即可。

1.2.3　标签操作

标签是指几何对象的名称，在几何作图中非常重要。点、线、圆都有相应的标签，以便可以很好地区别这些几何对象。

标签操作

1. 显示标签

显示对应的标签可以帮助我们理解图形的标识，在建立几何关系时能够明确具体操作对象的参数。

- **手动显示标签** 选中三角形的三个顶点和三条边，执行“显示”→“显示图标”命令，显示三角形的顶点标签和三边的标签，如图1.20所示。

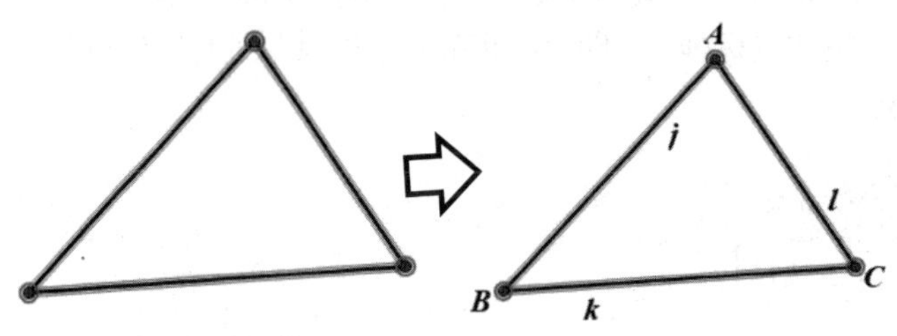

图1.20 手动显示标签

- **自动显示标签** 按图1.21所示操作，在“参数选项”对话框中设置所有对象的标签，选择自动显示几何对象的标签即可。

图1.21 自动显示标签

2. 隐藏标签

在不需要显示标签的特殊情况下，可以对标签进行隐藏。按图 1.22 所示操作，依次单击三角形的三边，即可隐藏三角形三边的标签。

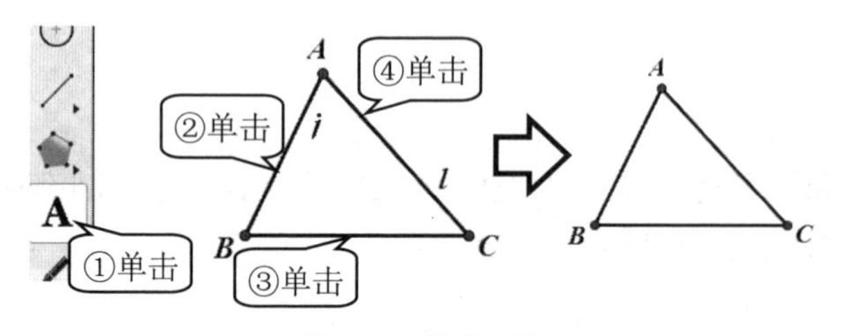

图1.22 隐藏标签

通过单击选取对象的方法经常因为误操作而功亏一篑。选择同类对象时，可以先选择相应的工具，再执行“编辑”→“选择所有”命令。

3. 设置标签样式

通常，系统自动设置的标签的字形、字号、字体、颜色不能很好地满足用户的需要，因此可以根据需要改变标签的字形、颜色等样式。按图 1.23 所示操作，可以通过“文本”工具栏，也可以通过对象的属性对话框和“编辑”菜单来设置标签的文字格式。

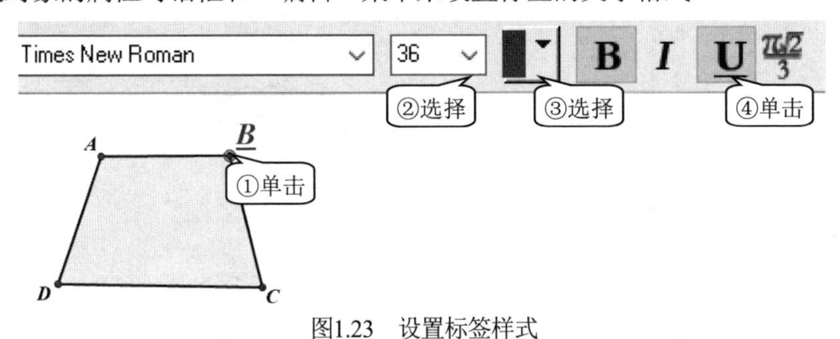

图1.23　设置标签样式

4. 修改标签

通常，我们可以根据需要来修改对象标签，将不合适的字母改成需要的字母，还可以加上一些描述性的语言，以便更清楚地描述对象。选择“文字”工具，按图 1.24 所示操作，将点 A 改为点 O。

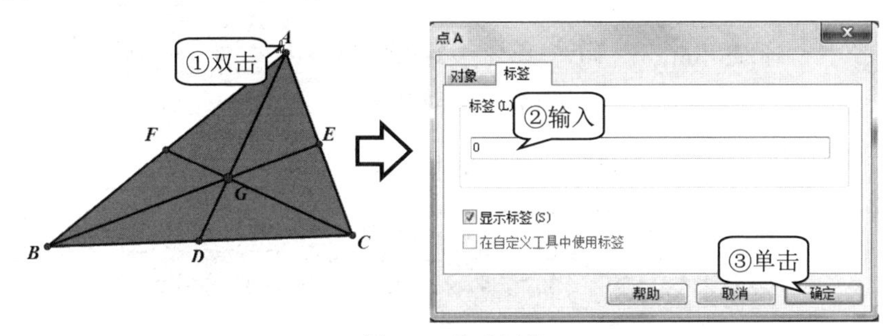

图1.24　修改标签

5. 改变标签位置

选择“文字”工具或“移动箭头”工具，将鼠标指针移到所选对象的标签上，当鼠标指针变成形状时，按住鼠标左键，即可拖动对象的标签来改变其位置。

1.2.4　文字操作

制作课件时，需要适当地添加文字说明，特别是对于数学课件，还需要输入一些数学符号和数学表达式，这有助于课件的展示和使用。

文字操作

1. 添加文字说明

添加文字说明主要是利用“文本”工具。几何画板内的文本工具比较强大，可以在画板内输入常用的数学符号及上标、下标等。下面以输入文本“函数图像

$f(x)=\dfrac{x^2-1}{\sqrt{x+4}}$”为例来介绍。

- **绘制文本框** 选择“文本”工具A，按住鼠标并在画板内拖动，将出现文本框和文本工具栏，如图1.25所示。

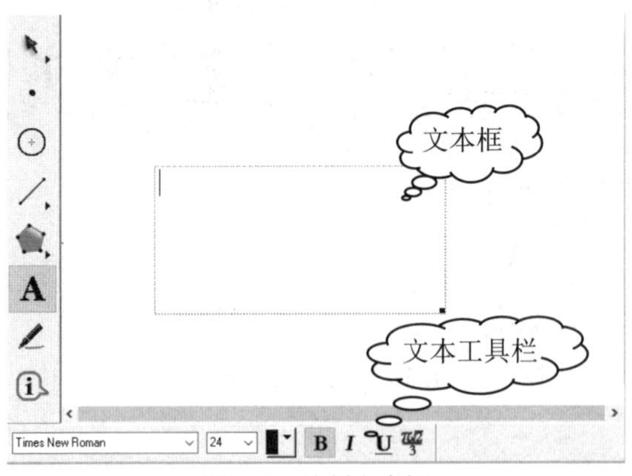

图1.25 绘制文本框

- **显示符号面板** 单击“数字符号面板”按钮，展开“文本”工具栏，如图1.26所示。

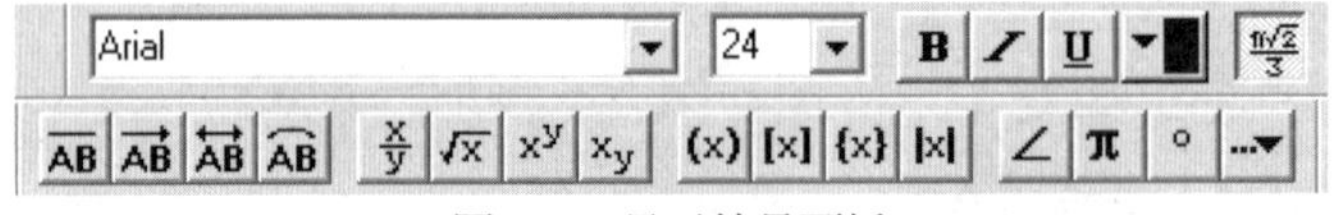

图1.26 显示符号面板

- **输入文本** 按图1.27所示操作，输入文本“函数图像$f(x)$=”。

图1.27 输入文本

- **输入分母** 选中分母上的“？”，按图1.28所示操作，将根号内的“？”修改为“x+4”。

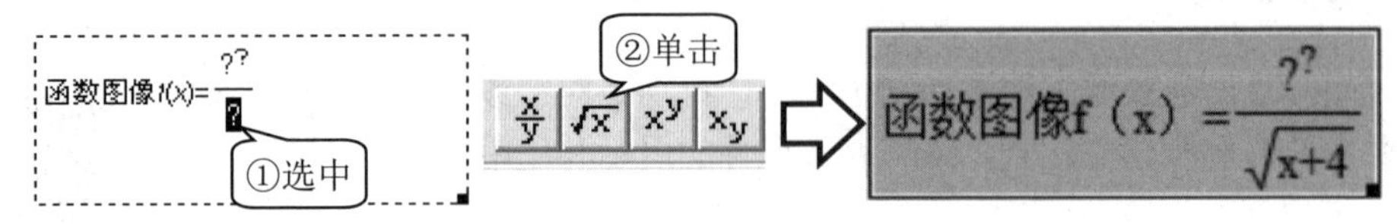

图1.28 输入分母

- **输入分子** 使用相同的方法，依次修改分子内容，如图1.29所示。

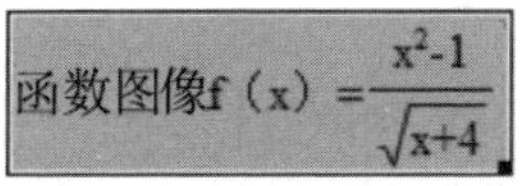

图1.29　输入分子

2. 合并分离文本

制作画板课件时可以对文本进行合并或分离，这可以更方便地整合画板中的说明文字，也可以更直观地展示课件效果。

- **合并文本**　按图1.30所示操作，依次选择两个文本，执行“编辑”→“合并文本”命令，即可将这两个文本进行合并。

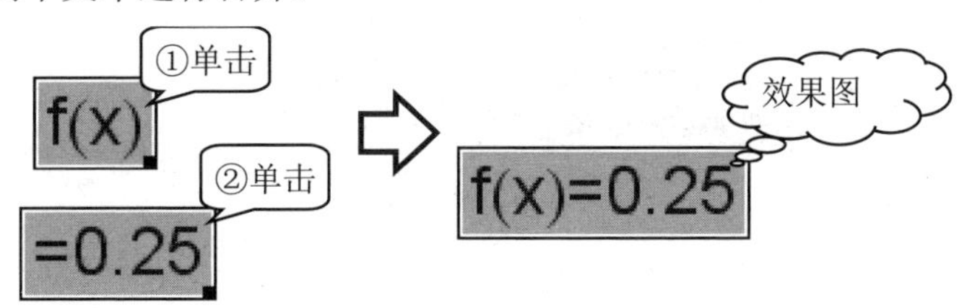

图1.30　合并文本

合并文本时应注意选择对象的顺序，以选择顺序的先后进行合并。另外，也可以相同的方法选择多个文本进行合并。

- **分离文本**　使用相同的方法，选中文本后，执行“编辑”→“分离组合的文本”命令，即可将合并的文本进行分离。

1.2.5　按钮操作

根据课件演示的需要，可以添加操作按钮。通过单击按钮的方式操作对象，可以更加直观地展示数学原理。

按钮操作

1. 创建按钮

执行“编辑”→“操作类按钮”→“隐藏/显示”命令，根据需要，通过单击按钮的方式显示和隐藏对象。

- **创建按钮**　选中文本对象，执行“编辑”→“操作类按钮”→“隐藏/显示”命令，创建“显示/隐藏”按钮，如图1.31所示。

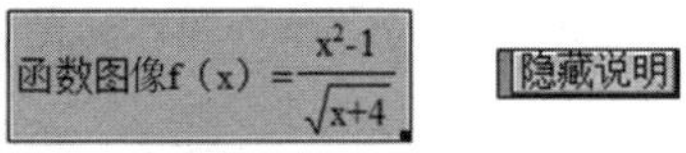

图1.31　创建按钮

- **操作按钮**　单击隐藏说明按钮，隐藏文本，隐藏说明按钮变为显示说明按钮。

2. 调整按钮位置

按图 1.32 所示操作，将鼠标指针移到所要移动的按钮上，按住鼠标并拖动，即可移动所选按钮的位置。

图1.32　调整按钮位置

3. 修改按钮标签

由于按钮的标签是系统自动生成的，在演示课件的过程中有时并不能满足课件的实际需求，因此经常会根据要求修改按钮的标签。按图 1.33 所示操作，可以实现按钮标签的修改。

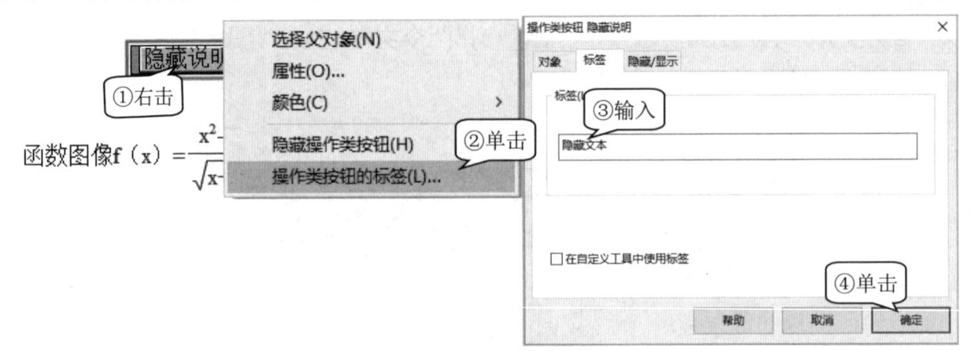

图1.33　修改按钮标签

1.2.6　添加“自定义”工具

虽然几何画板功能强大，但也有不方便的地方，如当默认设置或点和线的粗细、颜色等不符合要求时，不得不重新进行设置。为了解决这样的问题，我们可以将一些画好的图形设置为“自定义”工具，下次可直接调用。

添加“自定义”工具

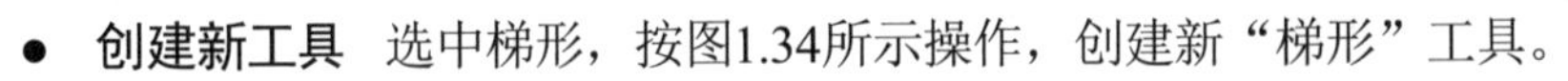

- **创建新工具**　选中梯形，按图1.34所示操作，创建新“梯形”工具。

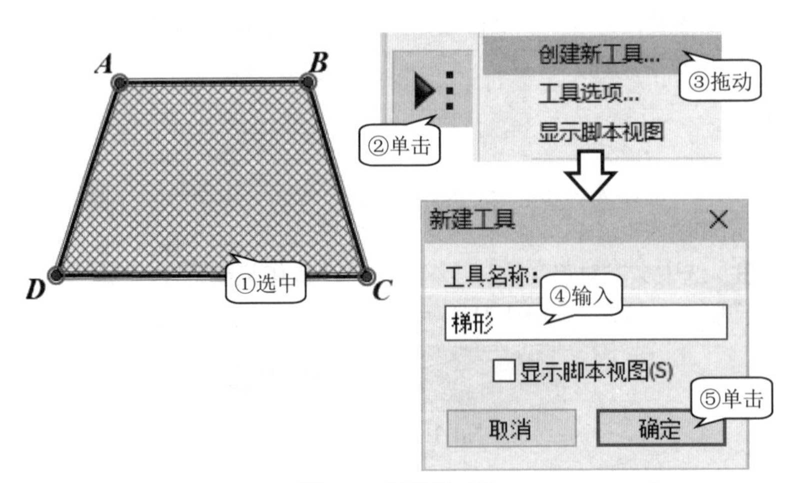

图1.34　创建新工具

- **保存文件**　执行“文件”→“保存”命令，按图1.35所示操作，将图像保存到“自用工具”文件夹中。

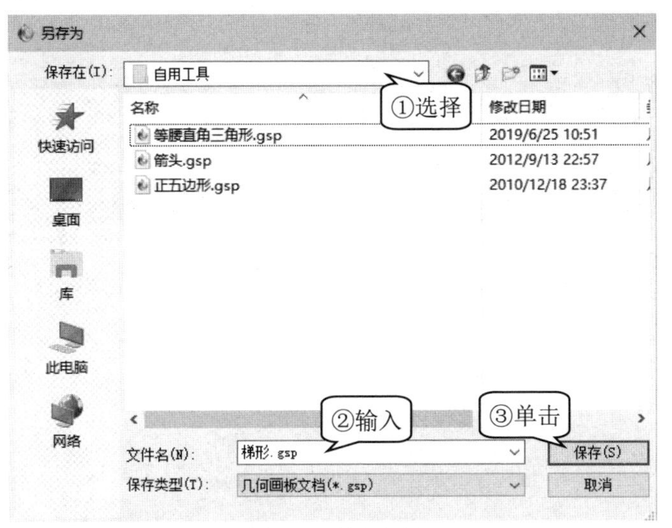

图1.35　保存文件

- **选择工具文件夹**　按图1.36所示操作，选择“自用工具”文件夹，所有自定义的工具就会在“自定义”工具栏中出现。

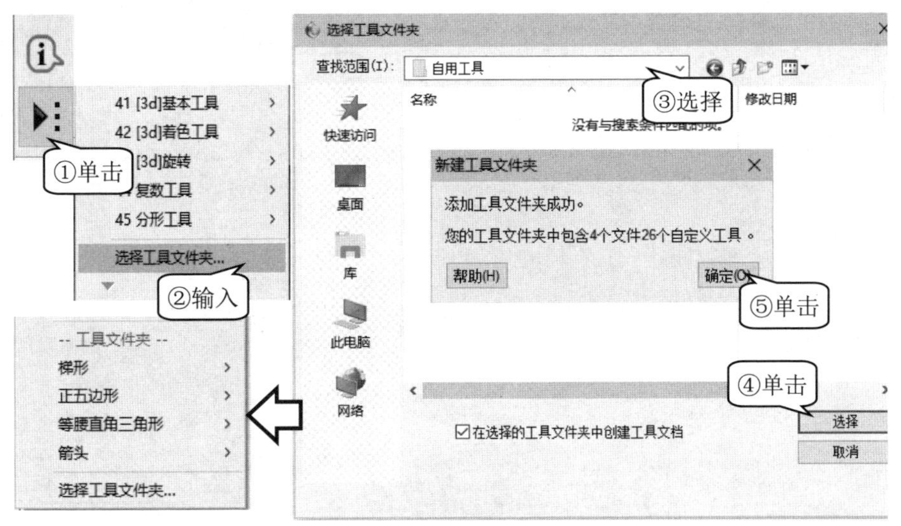

图1.36　选择工具文件夹

“几何画板”软件默认的工具文件夹是安装目录下的 Tool Folder 文件夹，可以直接将自定义的工具保存到该文件夹下，系统默认打开，无须重新选择工具文件夹。

第 2 章 绘制和变换图形

几何画板具有强大的构图功能，由基本的点、线、圆经过一定的组合即可构造所需的几何图形，再经过旋转、平移、反射、缩放等变换，即可对图形进行动态处理。利用几何画板可以精确地制作出具有轴对称、旋转对称、位似等关系的图形。

学习内容

- 绘制图形
- 变换图形

2.1 绘制图形

几何研究是数学领域中的一个重要板块，其核心研究对象是几何图形，而精确地构造这些几何图形是开展几何研究的基础和首要步骤。利用几何画板这一工具，我们可以绘制出所需的点、线、圆、弧等元素，并可以进一步构造动点的运动轨迹等。

2.1.1 绘制/构造点

点是几何图形最基本的构成元素。在几何画板中有多种绘制点的方法。

绘制或构造点

实例 1 在平面内绘制任意点

在“几何画板”软件中，可通过“点”按钮，在工作区任意位置绘制一个点，如图 2.1 所示。

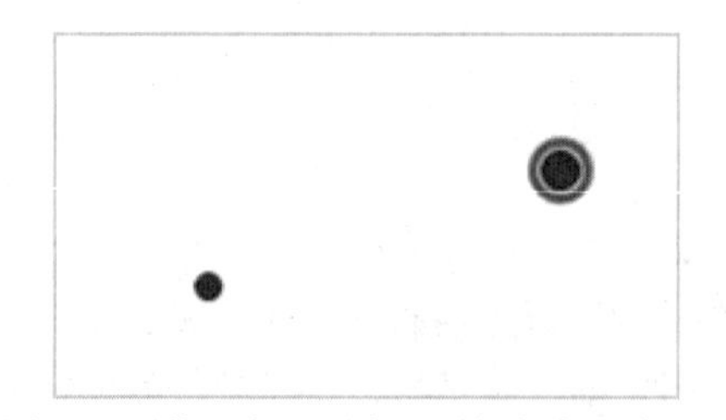

图2.1 课件“在平面内绘制任意点”效果图

跟我学

- **绘制点** 运行“几何画板”软件，选择“点”工具，将鼠标指针移到工作区任意位置单击，即可绘制一个点，再将鼠标指针移到其他位置单击，则可绘制第二个点，效果如图2.1所示。
- **停止绘制** 单击“移动箭头”按钮，停止绘制点。

实例 2 构造对象上的点

以构造如图 2.2 所示的已知线段上的点为例，用鼠标拖动构造的点可使其在对象上任意移动。

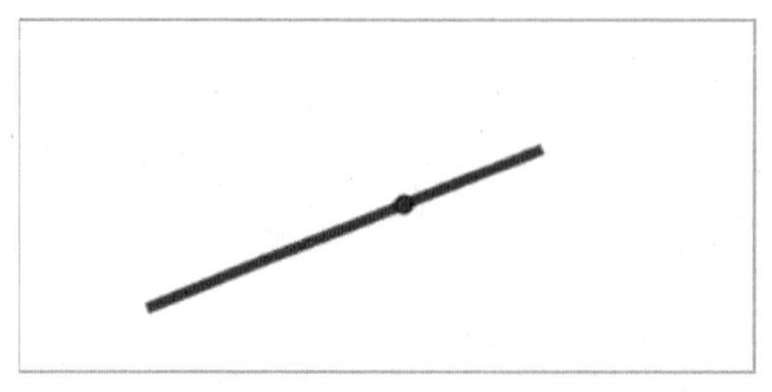

图2.2 课件“构造对象上的点”效果图

跟我学

- **构造点** 单击工具栏上的“点”按钮，将鼠标指针移到对象线段上任意位置(此时对象线段呈红色)，单击构造线段上的任意点。
- **停止构造** 单击“移动箭头”按钮，停止绘制点，效果如图2.2所示。

实例 3 构造线段的中点

已知一条线段，用几何画板可轻松构造出这条线段的中点，如图 2.3 所示。

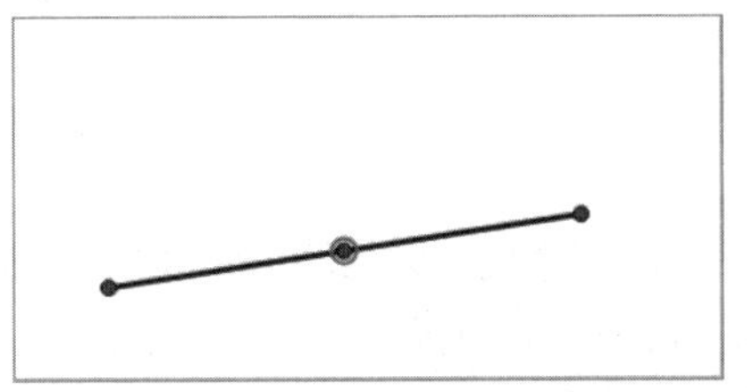

图2.3 课件“构造线段的中点”效果图

跟我学

- **选中线段** 单击“移动箭头”按钮，单击对象线段并选中。
- **构造中点** 执行“构造”→“中点”命令，构造线段的中点。

实例 4 构造两条线的交点

这里的“两条线”可以是直线，也可以是曲线。以构造如图 2.4 所示的两条线段的交点为例，若线的位置发生改变，则交点位置也会随之改变。

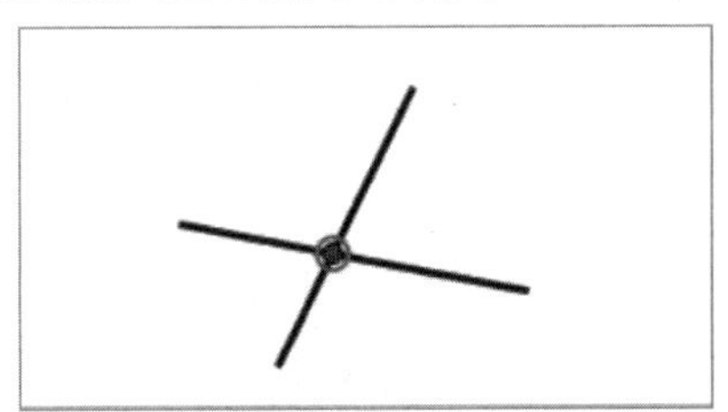

图2.4 课件“构造两条线的交点”效果图

跟我学

- **选中线段** 单击“移动箭头”按钮，再单击选中两条对象线段。
- **构造交点** 执行“构造”→“交点”命令，构造两条线段的交点。

2.1.2 绘制/构造线

构图离不开线，使用几何画板工具可根据需要绘制或构造任意线型。

实例 5 绘制/构造线段

几何画板可在平面内绘制任意线段，也可构造连接已知两点的线段，效果如图 2.5 所示。线段的端点位置可以移动。

绘制或构造线1

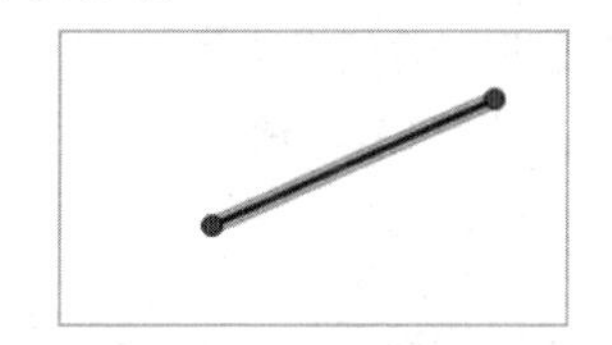

图2.5 课件“绘制/构造线段”效果图

跟我学

- **绘制线段** 单击“线段直尺”按钮(默认状态为绘制线段)，将指针移到工作区，在不同的位置各单击一次，可得一条线段。
- **停止绘制** 单击“移动箭头”按钮，停止绘制线段。

实例 6 绘制/构造射线

几何画板也可绘制或构造射线，效果如图 2.6 所示，拖动点的位置可改变射线的位置和方向。

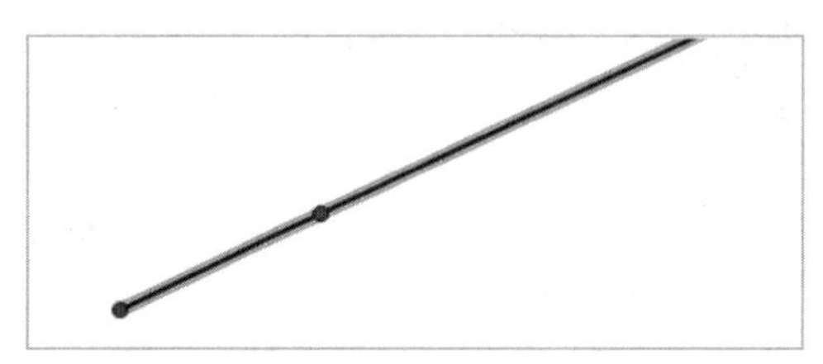

图2.6 课件“绘制/构造射线”效果图

跟我学

- **选中两点** 单击“移动箭头”按钮，依次选中平面内已有的两点，其中被先选中的点为射线端点。
- **构造射线** 执行“构造”→“射线”命令，构造射线。

实例 7 绘制/构造直线

与绘制/构造射线类似，可用几何画板绘制/构造直线，效果如图 2.7 所示，移动点的位置可改变直线的位置。

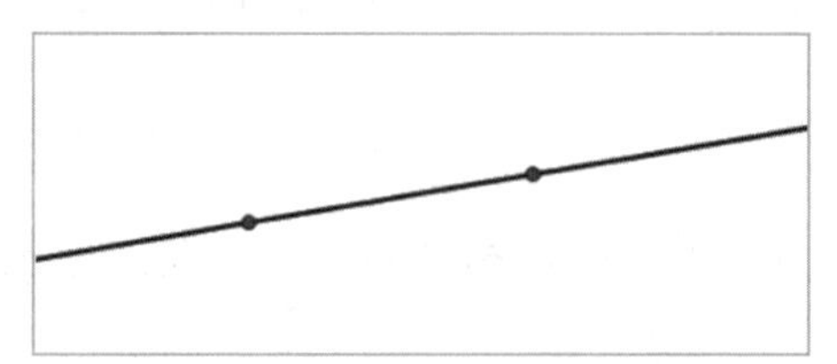

图2.7 课件“绘制/构造直线”效果图

- **切换线段工具**　长按“线段直尺”按钮，出现下拉菜单，单击“直线”按钮，将“线段”按钮切换成绘制直线状态。
- **绘制直线**　单击“线段直尺”按钮，将鼠标指针移到工作区，单击出现第一个点，再将指针移到其他位置，单击出现第二个点，即可绘制出过已绘制两点的一条直线。若两次单击的位置相同，则取消绘制直线。
- **停止绘制**　单击“移动箭头”按钮，停止绘制直线。

实例 8　构造平行线

绘制或构造线2

用几何画板可过一点构造出已知直线的平行线，效果如图 2.8 所示。

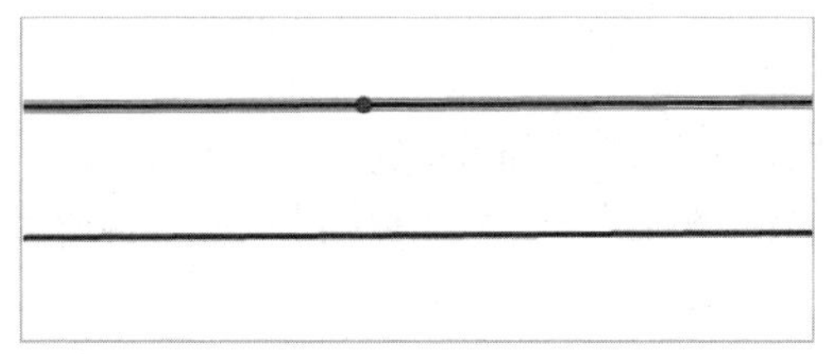

图2.8　课件“构造平行线”效果图

跟我学

- **选中对象**　单击“移动箭头”按钮，选中已知直线(或线段、射线)和直线外的点。
- **构造平行线**　执行“构造”→“平行线”命令，构造经过直线外一点与已知直线平行的直线。

实例 9　构造垂线

用几何画板可过一点构造出已知直线的垂线，效果如图 2.9 所示。

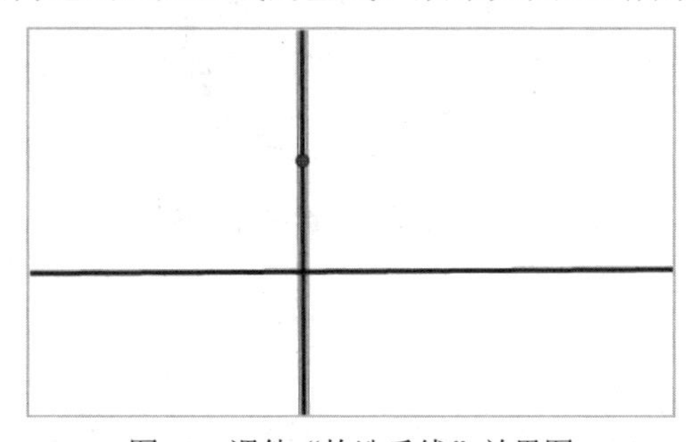

图2.9　课件“构造垂线”效果图

跟我学

- **选中对象**　单击“移动箭头”按钮，选中已知直线(或线段、射线)和点。
- **构造垂线**　执行“构造”→“垂线”命令，构造经过选中的点且与已知直线垂直的直线。

实例 10 构造角平分线

用几何画板的“构造”命令可构造已知角的角平分线，效果如图 2.10 所示。

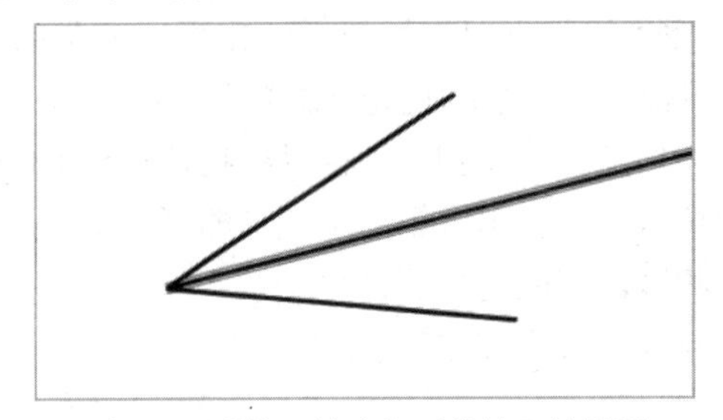

绘制或构造线3

图2.10 课件“构造角平分线”效果图

跟我学

- **选中对象** 单击“移动箭头”按钮，选中已知角的两边。
- **构造角平分线** 执行“构造”→“角平分线”命令，构造已知角的角平分线。

2.1.3 绘制圆

圆是基本几何图形元素之一，基于圆的探究是平面几何探究的重要组成部分。

绘制圆

实例 11 在平面内绘制任意圆

用几何画板的“圆”按钮可在平面内画出任意圆，效果如图 2.11 所示，移动点的位置可改变圆的位置和大小。

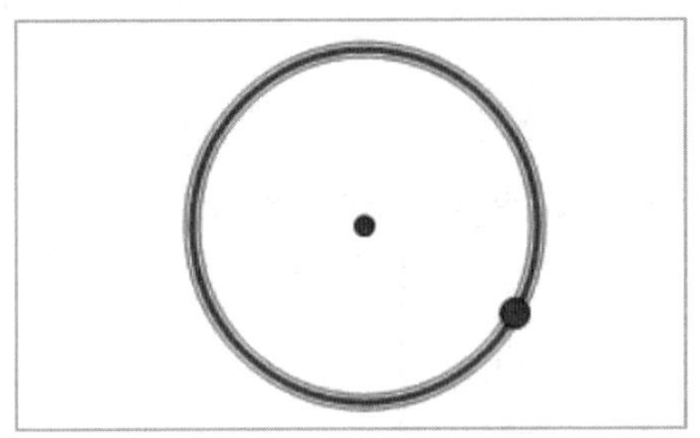

图2.11 课件“在平面内绘制任意圆”效果图

跟我学

- **绘制圆** 单击“圆”按钮，将鼠标指针移到工作区，单击出现一点(圆心)，在平面内其他任意位置再次单击，出现圆上一点，绘制出圆。
- **停止绘制** 单击“移动箭头”按钮，停止绘制圆。

实例 12 以圆心和圆周上的点绘圆

在几何画板中也可用“圆”按钮在平面内以已知的一点为圆心、另一点为圆周上的点画圆，效果如图 2.12 所示，移动点的位置可改变圆的位置和大小。

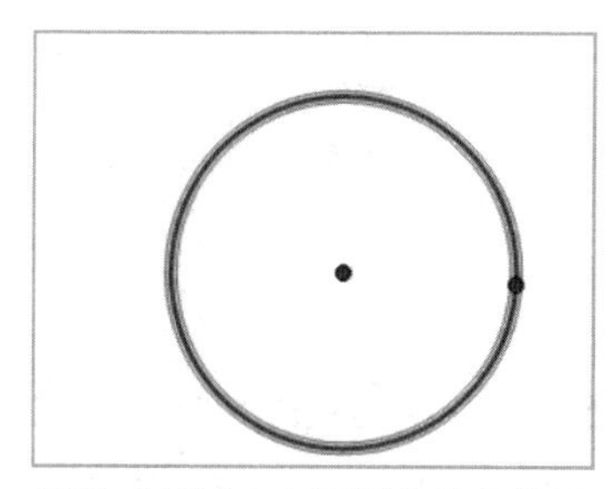
图2.12 课件“以圆心和圆周上的点绘圆”效果图

跟我学

- **选中圆心和圆周上的点** 单击“移动箭头”按钮，依次选中作为圆心的点和所作圆上一点。
- **绘制圆** 执行“构造”→“以圆心和圆周上的点绘圆”命令，绘制出圆。

实例 13 以圆心和半径绘圆

若已知圆心位置，并且有一条已知线段，即可绘出以已知线段长度为半径的圆，效果如图 2.13 所示。

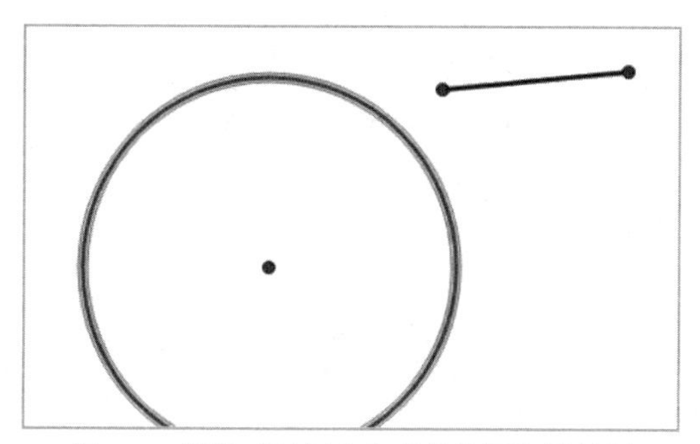
图2.13 课件“以圆心和半径绘圆”效果图

跟我学

- **选中圆心和半径** 单击“移动箭头”按钮，选中作为圆心的点和平面内的已知线段。
- **绘制圆** 执行“构造”→“以圆心和半径绘圆”命令，绘制出圆。

2.1.4 绘制弧

绘制弧是研究弧的性质、构造扇形或弓形的基础，利用几何画板可截取圆上的弧或绘制过同一平面内不在同一条直线上的三点的弧。

实例 14 绘制圆上的弧

已知圆周上的两点，即可以这两点为端点绘制圆上的弧，效果如图 2.14 所示，移动点的位置可改变弧长。

绘制弧

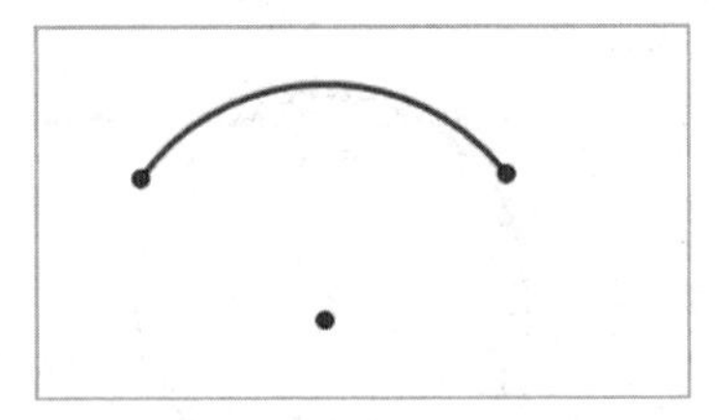

图2.14 课件“绘制圆上的弧”效果图

跟我学

- **选中圆心和圆上的点** 单击“移动箭头”按钮，依次选中圆心和圆周上的两点。
- **绘制弧** 执行“构造”→“绘制圆上的弧”命令，绘制出弧，此时圆周变成虚线，效果如图2.15所示。注意体会按顺时针方向依次选中三点和逆时针方向依次选中三点绘制出的弧有何区别。
- **隐藏对象** 依次选中圆心和需要隐藏的弧，右键弹出快捷菜单，单击“隐藏”命令，隐藏圆心和弧，保留需要的弧。

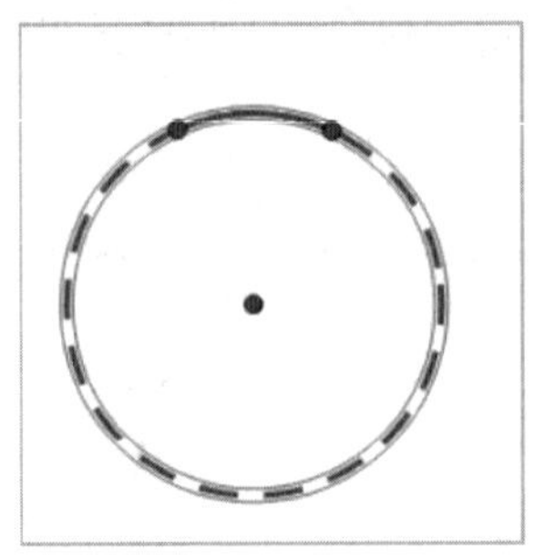

图2.15 绘制弧

实例 15 绘制过三点的弧

已知平面内不在同一条直线上的三点，可绘制过三点的弧，效果如图 2.16 所示。

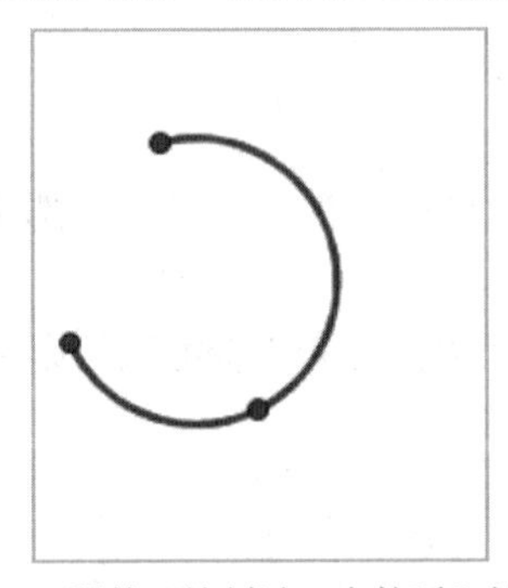

图2.16 课件“绘制过三点的弧”效果图

跟我学

- **选中点** 单击“移动箭头”按钮，依次选中平面内不在同一条直线上的三个点。

- **绘制弧**　执行“构造”→“绘制过三点的弧”命令，绘制出过被选中三点的弧(注意体会按不同顺序依次单击三点绘制出的弧有何区别)。

2.1.5　构造内部

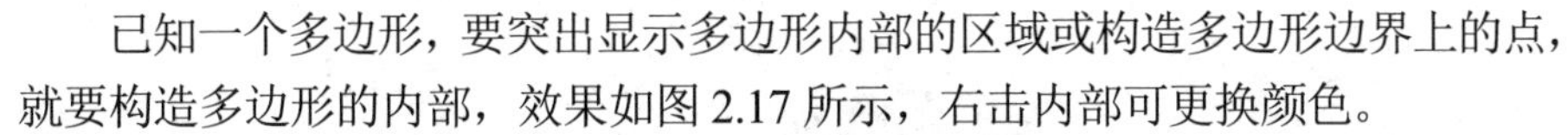

用几何画板可轻松构造出平面图形的内部区域，这是度量平面几何图形的面积、构造平面几何图形边界上的点的基础。

构造内部

实例 16　构造多边形内部

已知一个多边形，要突出显示多边形内部的区域或构造多边形边界上的点，就要构造多边形的内部，效果如图 2.17 所示，右击内部可更换颜色。

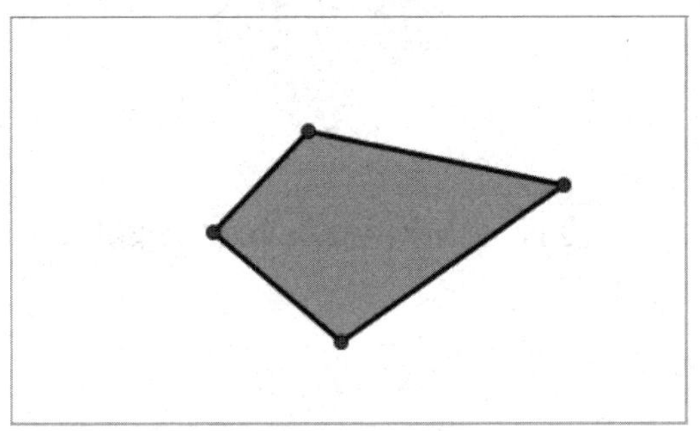

图2.17　课件“构造多边形内部”效果图

跟我学

- **构造内部**　单击“多边形工具”按钮，再按顺时针或逆时针方向依次选中多边形各顶点，最后单击起始顶点，完成构造多边形内部操作。可尝试一下没有按顺时针或逆时针方向选中顶点构造出的内部会有什么变化。
- **停止构造内部**　单击“移动箭头”按钮，停止绘制多边形。

实例 17　构造圆内部

与构造多边形内部的操作类似，利用几何画板可构造圆的内部，效果如图 2.18 所示，右击圆内部可更换颜色。

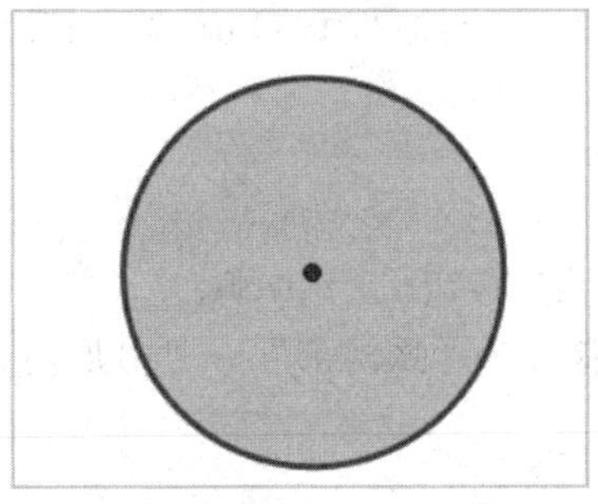

图2.18　课件“构造圆内部”效果图

跟我学

- **选中圆**　单击“移动箭头”按钮，选中圆。
- **构造内部**　执行“构造”→“圆内部”命令(快捷键Ctrl+P)，构造出圆内部区域。

实例 18　构造扇形内部

如果选中的对象是弧，则可构造弧所在的扇形内部，效果如图 2.19 所示，右击扇形内部可更换颜色。

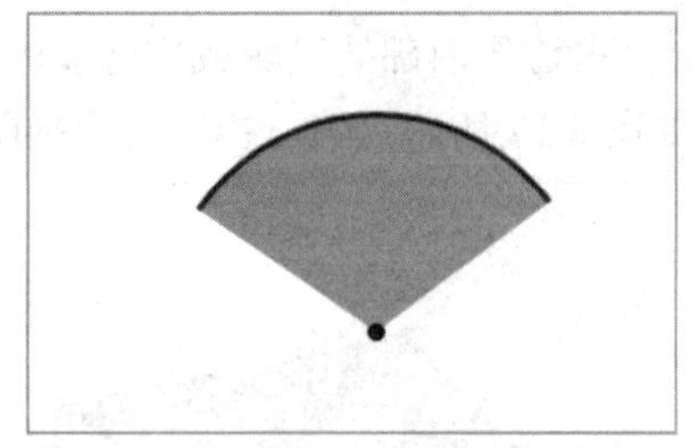

图2.19　课件“构造扇形内部”效果图

跟我学

- **选中弧**　单击“移动箭头”按钮，选中弧。
- **构造内部**　执行“构造”→“弧内部”→“扇形内部”命令(快捷键Ctrl+P)，构造弧所在扇形的内部。

实例 19　构造弓形内部

选中弧后也可以构造弧所在弓形的内部，效果如图 2.20 所示，右击弓形内部可更换颜色。

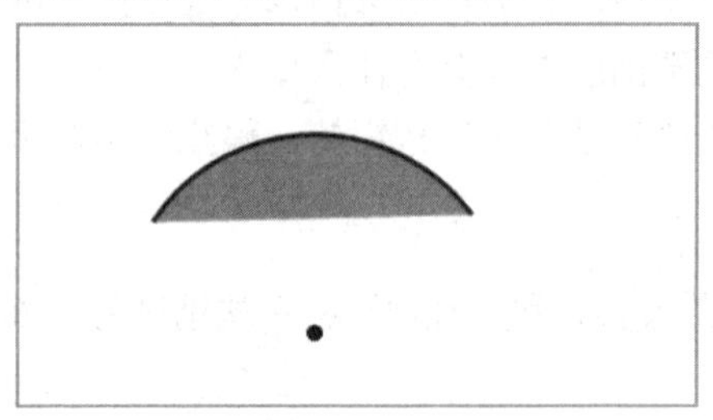

图2.20　课件“构造弓形内部”效果图

跟我学

- **选中弧**　单击“移动箭头”按钮，选中弧。
- **构造内部**　执行“构造”→“弧内部”→“弓形内部”命令，构造弧所在弓形的内部。

2.1.6 构造点的运动轨迹

几何画板构造的轨迹是指动点引起的随动对象移动过程形成的轨迹。其前提条件是必须选中动点和随动对象(只能选中这两个对象),“构造”菜单下的“轨迹”命令才能启用。例如，若点 A 是某个图形上的动点，点 B 的位置会随点 A 位置的变化而变化，则点 B 就是点 A 的随动点。选中点 A 和点 B，执行“构造”→“轨迹”命令，即可构造出随动点点 B 的运动轨迹。

构造点的运动轨迹

实例 20 构造随动点的轨迹

点 A 是圆 O 上的动点，点 P 是圆外一定点，点 B 是线段 AP 的中点，画出点 B 的运动轨迹，效果如图 2.21 所示。

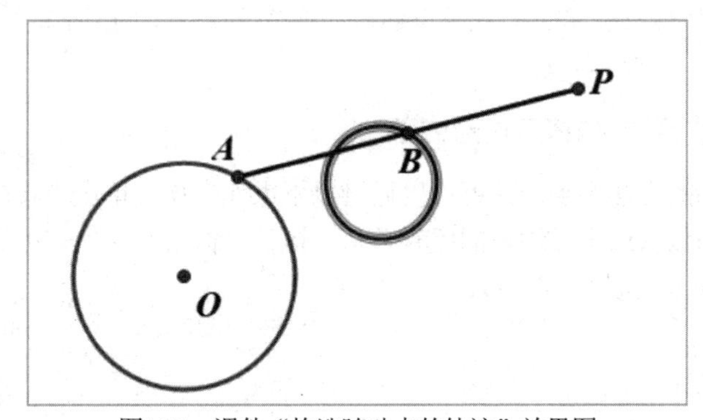

图2.21 课件“构造随动点的轨迹”效果图

点 B 是点 A 的随动点，因此点 B 的轨迹由点 A 的轨迹决定，要构造点 B 的运动轨迹，就要同时选中点 A 和点 B。

跟我学

- **选中点** 单击“移动箭头”按钮，在图中选中点A和点B，效果如图2.22所示。

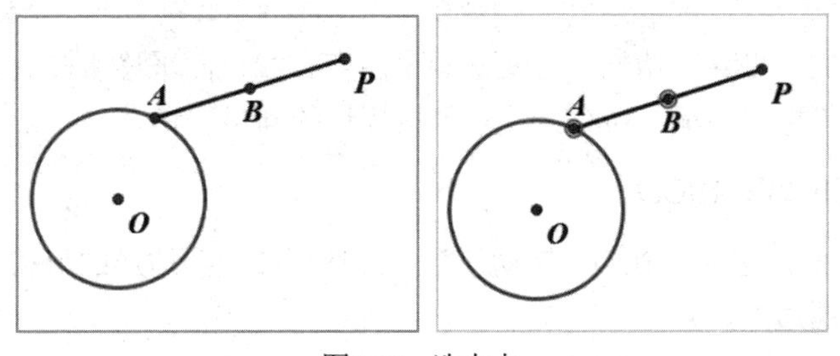

图2.22 选中点

- **构造轨迹** 执行“构造”→“轨迹”命令，构造出随动点点B的运动轨迹。

1. 构造线段上的点的第二种方法

构造线段上的点也可通过以下方式实现：选中对象，执行“构造”→“线段上的点”命令，构造线段上的任意点。该点可在线段上任意移动。

2. 构造两条线交点的简单方法

单击“移动箭头”按钮，单击两线交点位置，即可得到所需的交点。

3. 绘制/构造线段、射线、直线的方法说明

要绘制/构造线段、射线、直线，既可以通过切换“线段直尺”按钮来实现，也可以利用“构造”菜单命令来实现，方法类似。

4. 运用“构造”菜单构造多边形内部

构造多边形内部的方法不唯一，还可以通过以下操作实现：单击“移动箭头”按钮，按顺时针或逆时针方向依次选中 n 边形的所有顶点，执行“构造”→“n 边形的内部”命令(快捷键 Ctrl+P)，构造出 n 边形的内部区域。

2.2 变换图形

通过几何画板可对图形进行平移、旋转、缩放、反射等变换，合理地利用这些功能可构造出更为复杂的图形，用以辅助几何的教学和研究。

2.2.1 平移

利用几何画板的“平移”功能，可轻松画出由点、线、面平移所构造出的图形，其中常用到“标记向量”命令，让对象按标记的向量平移。

平移

实例 21 画平行四边形 *ABCD*

如图 2.23 所示的四边形 *ABCD*，拖动任意一点均可改变四边形的形状，但它永远是一个平行四边形。

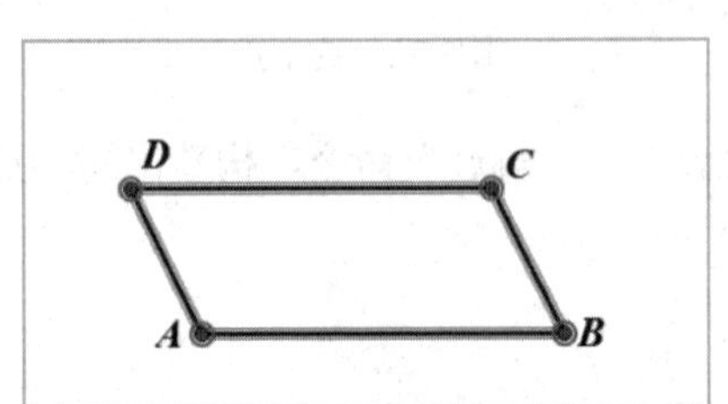

图2.23 课件“画平行四边形*ABCD*”效果图

- **绘制线段AB**　运行“几何画板”软件，单击“线段”按钮，绘制线段AB。
- **取线段AB所在直线外一点C**　单击“点”按钮，在线段AB所在直线外任意位置单击，出现一个点。单击“文本”按钮，双击该点，在弹出的对话框中将标签改为C，单击“确定”按钮。
- **连接线段BC**　单击“线段”按钮，绘制线段BC，效果如图2.24所示。
- **标记向量**　依次选中点B和点C，执行“变换”→“标记向量”命令，标记从点B到点C的向量。单击“移动箭头”按钮，在空白区域单击取消点B和点C的选中状态。
- **平移线段AB**　选中点A和线段AB，执行“变换”→“平移”命令，按图2.25所示操作，在出现的对话框中选择“标记”选项(对话框显示从点B到点C)，平移线段AB。

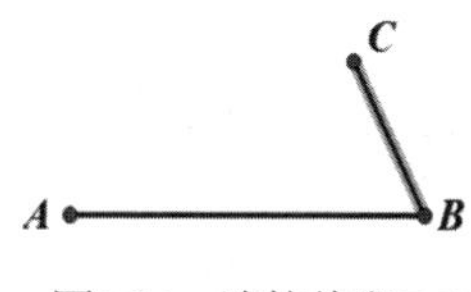

图2.24　连接线段BC

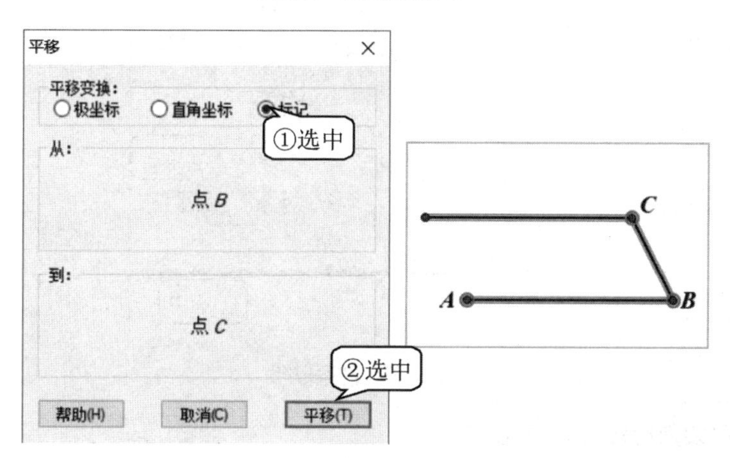

图2.25　平移线段AB

- **画出平行四边形ABCD**　将出现的未命名点标签改为D，连接AD，画出平行四边形$ABCD$。

2.2.2　旋转

利用旋转变换可以准确地将一个图形绕某一点旋转任意角度，以此可构造任意角度的角、作某个图形的旋转对称图形等。

旋转1

实例 22　画一个 40° 的角

根据角的动态定义：一条射线绕着它的端点从一个位置旋转到另一个位置所

形成的图形叫作角，可知要画出 40° 的角只需将始边射线 *OA* 绕其端点 *O* 旋转 40° 即可，效果如图 2.26 所示。

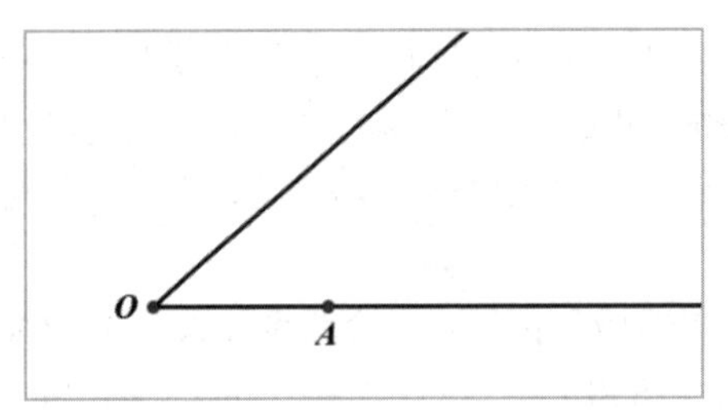

图2.26　课件“画一个40° 的角”效果图

跟我学

- **作射线**　长按“线段”按钮，出现下拉菜单，单击“射线”按钮，作射线 *OA*。
- **标记中心**　单击“移动箭头”按钮，选中点*O*，执行“变换”→“标记中心”命令，将点*O*作为旋转中心。
- **旋转射线**　选中射线，执行“变换”→“旋转”命令，按图2.27所示操作，旋转射线。

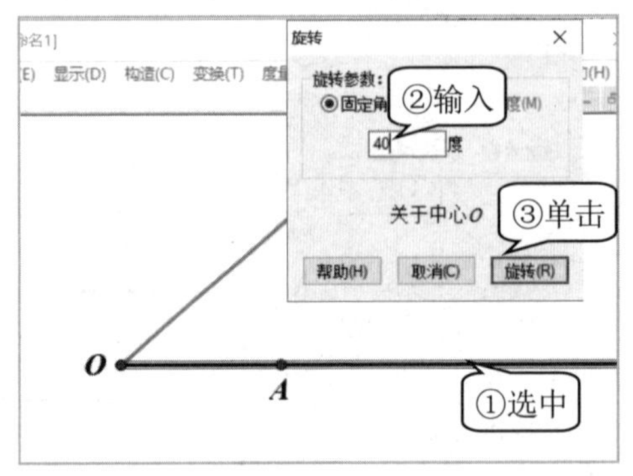

图2.27　旋转射线

实例 23　按已知角旋转三角形 *ABC*

以点 *O* 为旋转中心，将三角形 *ABC* 按照已知角的角度旋转，效果如图 2.28 所示。

旋转2

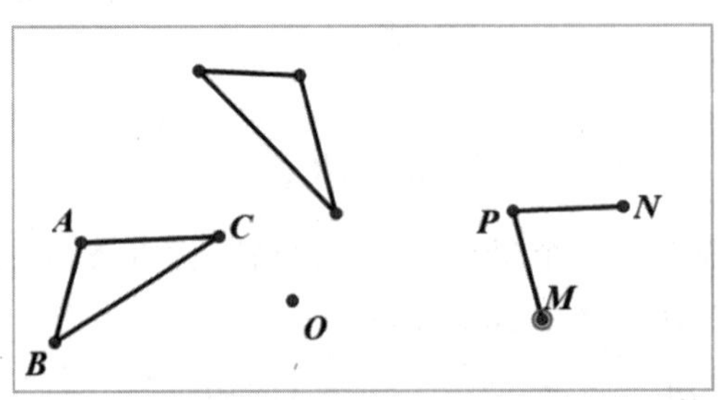

图2.28　课件“按已知角旋转三角形*ABC*”效果图

当我们需要将某个图形按照已知的某个角的角度进行旋转时，可用以下方法构造。当改变∠*MPN* 的度数时，三角形 *ABC* 绕点 *O* 旋转的角度随之改变。

- **标记角度**　选中∠*MPN*的两边，执行“变换”→“标记角度”命令，标记旋转角度。单击空白区域，取消边的选中状态。
- **标记旋转中心**　选中点*O*，执行“变换”→“标记中心”命令(或双击点*O*)，将点*O*作为旋转中心。
- **旋转三角形**　选中三角形*ABC*，执行“变换”→“旋转”命令，按图2.29所示操作，旋转三角形。

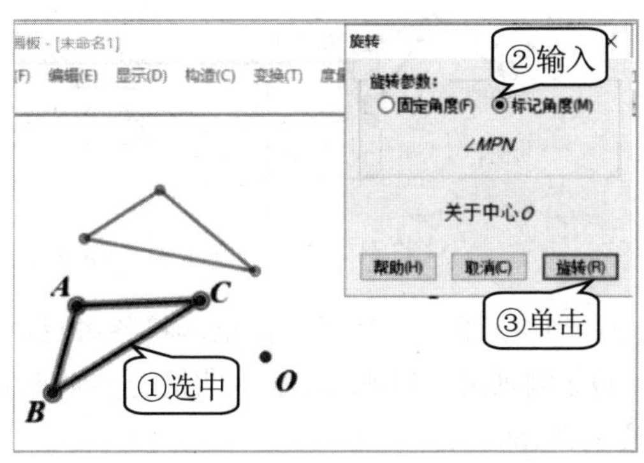

图2.29　旋转三角形

2.2.3　缩放

缩放功能可将一个图形按照设定的比例放大或缩小，即作出给定图形的位似图形，可搭配旋转等功能应用。

实例 24　作位似图形

以点 *O* 为位似中心，作出将三角形 *ABC* 放大两倍后的位似图形三角形 *A*1*B*1*C*1，效果如图 2.30 所示。

缩放

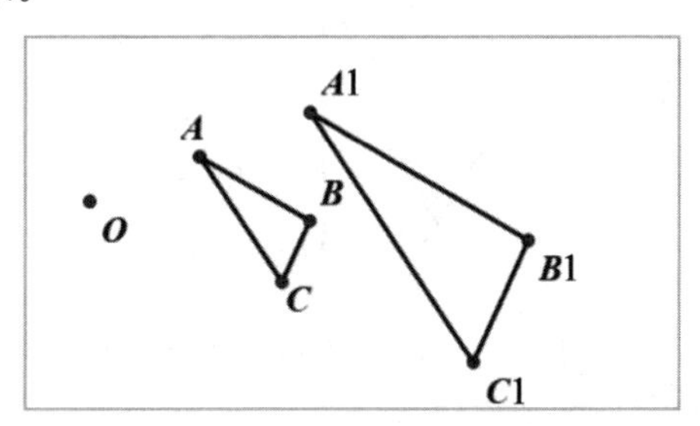

图2.30　课件“作位似图形”效果图

首先要标记出位似中心，位似中心不同，作出的图形位置也不相同。作图的关键是要设置好目标图形和原图之间的比值。

跟我学

- **标记中心** 选中点O，执行“变换”→“标记中心”命令，将点O标记为位似中心。单击空白区域，取消点O的选中状态。
- **缩放三角形** 选中三角形ABC，执行“变换”→“缩放”命令，按图2.31所示操作，在弹出的对话框中将固定比改为2∶1，完成缩放。

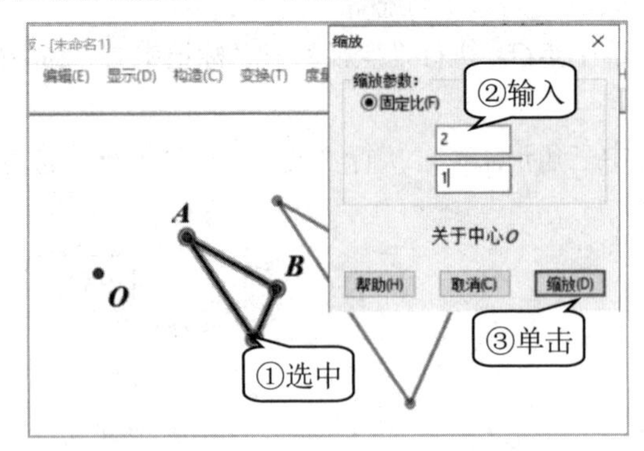

图2.31 缩放三角形

- **更改标签** 在点O右侧将三角形ABC扩大两倍。将各对应点的标签分别改为$A1$、$B1$、$C1$即可。若要在点O左侧画出三角形ABC扩大两倍的位似图形，则只需将三角形$A1B1C1$以点O为旋转中心旋转180°。

2.2.4 反射

反射功能，操作简单，适用于作轴对称图形、已知图形关于某条直线的对称图形、几何图形翻折的动态图等。

反射

实例 25 作轴对称

作出三角形 ABC 关于直线 l 的对称图形三角形 $A1B1C1$，效果如图 2.32 所示。

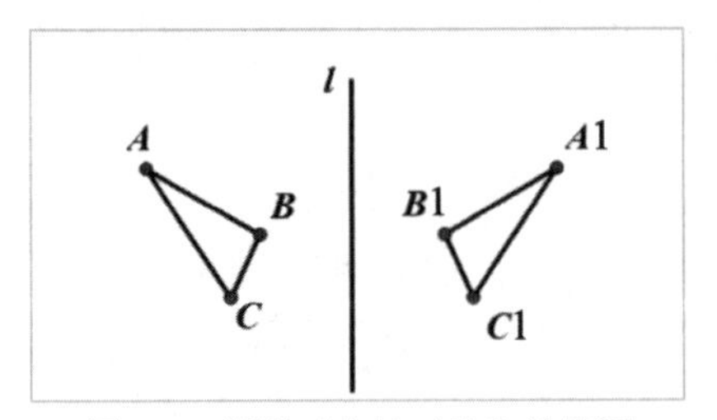

图2.32 课件“作轴对称”效果图

要作轴对称图形，首先要确定对称轴，即在几何画板中要“标记镜面”。在选中对象时，一定要选中各个顶点。

跟我学

- **标记镜面** 选中直线l，执行“变换”→“标记镜面”命令，设定直线l为对称轴。
- **反射图形** 选中三角形ABC，执行“变换”→“反射”命令。
- **更改标签** 将反射后图形的各对应点标签分别改为$A1$、$B1$、$C1$即可。

创新园

1. 用几何画板作一个任意圆，圆心命名为 O，作出圆 O 的内接正三角形，效果如图 2.33 所示。

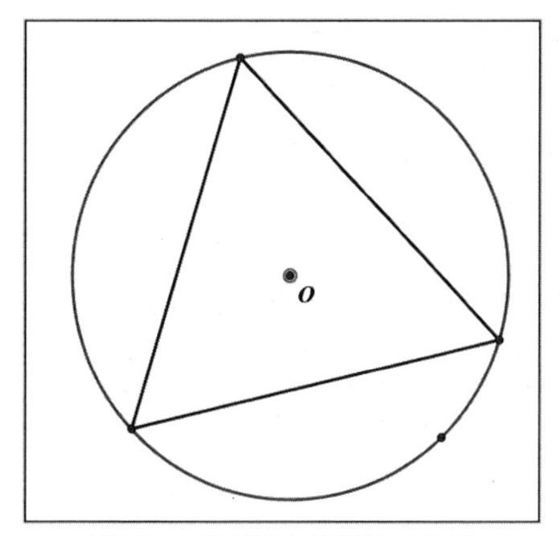

图2.33 绘制圆内切等边三角形

2. 用几何画板作一个三角形 ABC，以点 A 为位似中心将三角形 ABC 放大为原来的两倍，得三角形 $A1B1C1$，再平移 15 厘米得到三角形 $A1'B1'C1'$，效果如图 2.34 所示。

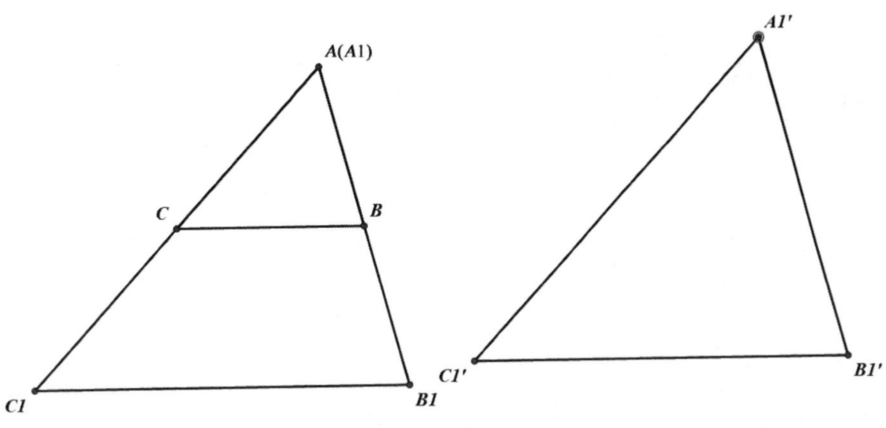

图2.34 缩放平移三角形

第3章 度量与计算

几何画板作为专业的几何绘图工具，不仅可以用来画各种形状的几何图形，还可以作为一款几何度量和计算工具，用来测量距离和角度，计算各种几何图形的周长、面积和体积。使用度量和计算功能，可以使学生经过观察、测量、计算等过程，高效率地探究几何定理、几何命题的形成过程。

学习内容

- 使用度量工具
- 巧用数据计算

3.1 使用度量工具

使用适当的度量方法，可以在几何画板内度量出所需要的数值，这样就能很直观地通过度量结果来展示某些数学规律，让学生更容易地理解与把握数学问题和方法。

3.1.1 度量距离

在几何中，有许多关于线段长度之间的数学规律，在几何画板内使用度量长度的方法，可以直接度量出长度的数值，非常方便。

实例 1 度量点到直线的距离

如图 3.1 所示，有直线 l，A 为直线外的一点，通过课件演示，能够得到 A 点到直线 l 所有线段中，垂线段最短的结论。

度量距离

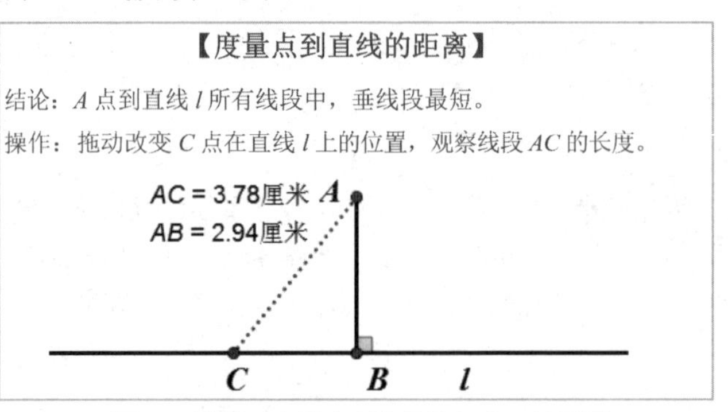

图3.1 课件“度量点到直线的距离”效果图

过点 A 作直线 l 的垂线段 AB，在直线 l 上任取一点 C，分别度量 AC 和 AB 线段的距离，通过移动点 C 在直线 l 上的位置，观察 AB 和 AC 线段长度的变化，即可得出结论。

跟我学

- **绘制垂线段** 运行“几何画板”软件，打开“度量点到直线的距离.gsp”文件，长按“自定义”工具，执行“线工具”→“垂线段工具”命令，按图3.2所示操作，绘制点A到直线l的垂线段AB。

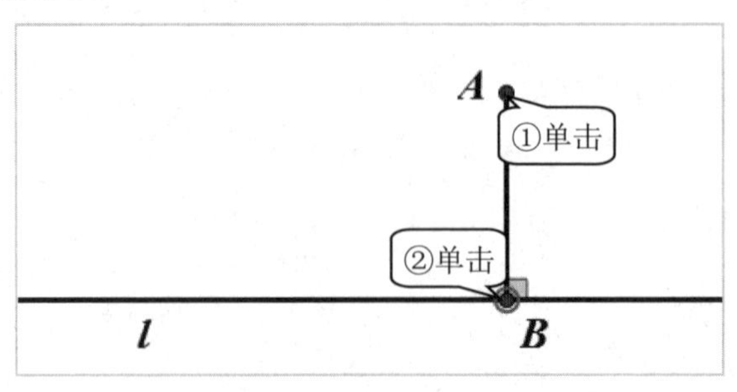

图3.2 绘制垂线段AB

- **绘制线段** 选择“线段直尺”工具，按图3.3所示操作，绘制另一条线段*AC*。

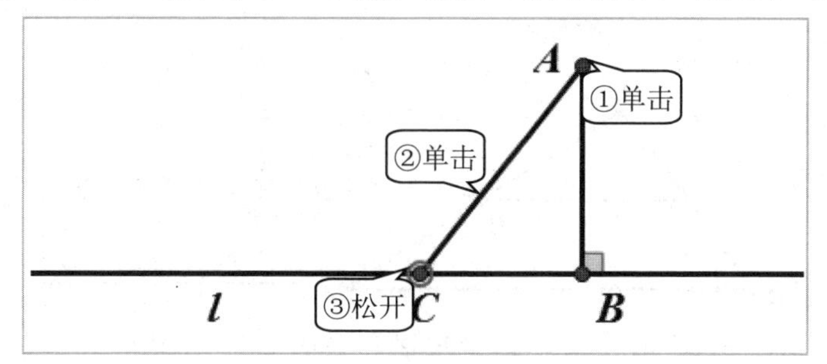

图3.3 绘制线段*AC*

- **设置线型和颜色** 选择“移动箭头”工具，右击线段*AC*，将其线型设置为“点线”，颜色设置为“红色”。
- **测量距离** 按图3.4所示操作，测量线段*AC*的长度为3.78厘米，用相同的方法测量线段*AB*的长度为2.94厘米。

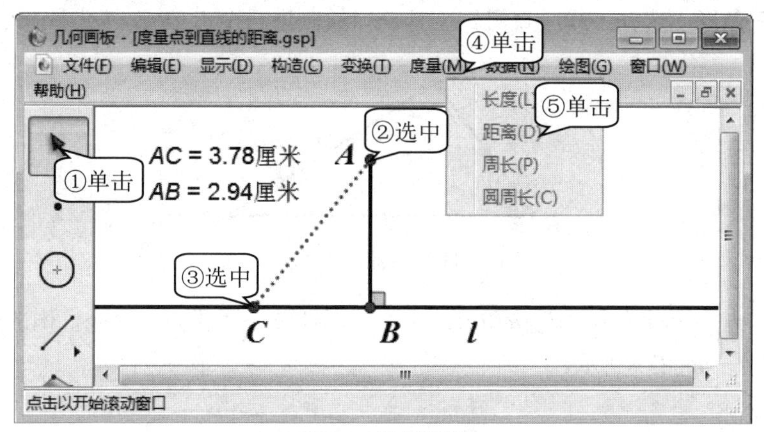

图3.4 测量距离

- **验证结论** 如图3.5所示，通过拖动点*C*，可以得出当点*C*与点*B*重合时，线段*AC*的长度最短，由此可以得到点*A*与直线*l*上所有点的连线段中，垂线段最短。

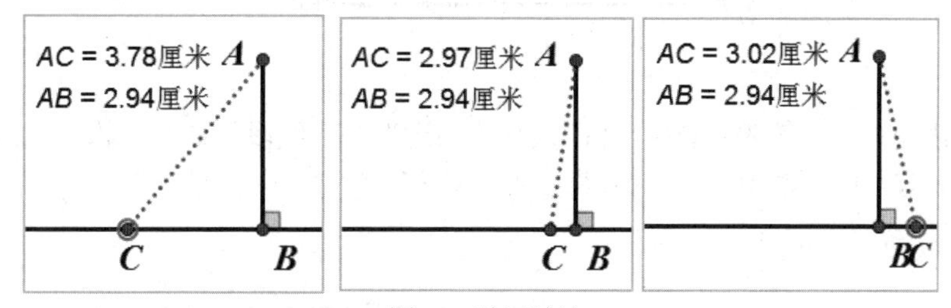

图3.5 验证结论

实例2 验证三角形的中位线定理

课件运行界面如图 3.6 所示，分别度量出三角形中位线的长度和底边的长度，然后拖动三角形的顶点，改变两者的长度，通过数值的观察，可以验证出三角形的中位线定理。

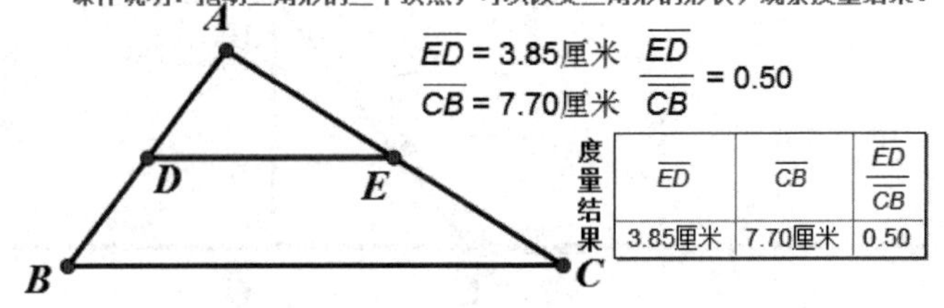

图3.6　课件“验证三角形的中位线定理”效果图

首先绘制一个三角形和一条中位线，然后利用“度量”→“长度”命令，度量出中位线和底边的长度，再通过制表的方法比较这两个长度的大小。

跟我学

- **绘制三角形**　选择“线段直尺”工具，绘制出一个△ABC，如图3.7所示。

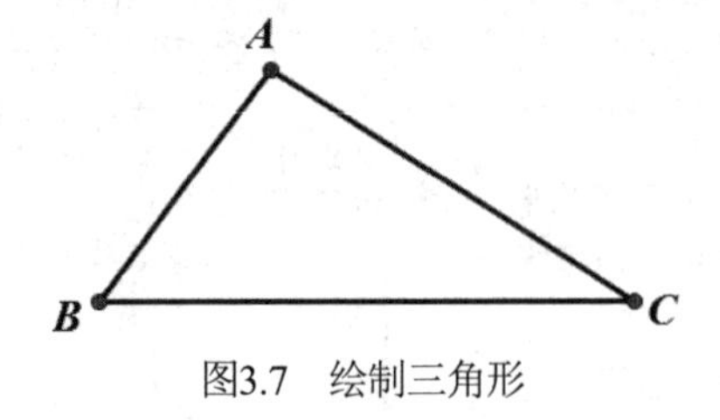

图3.7　绘制三角形

- **构造中点**　同时选中线段AB和AC，执行“构造”→“中点”命令，构造出两线段的中点D和E，如图3.8所示。

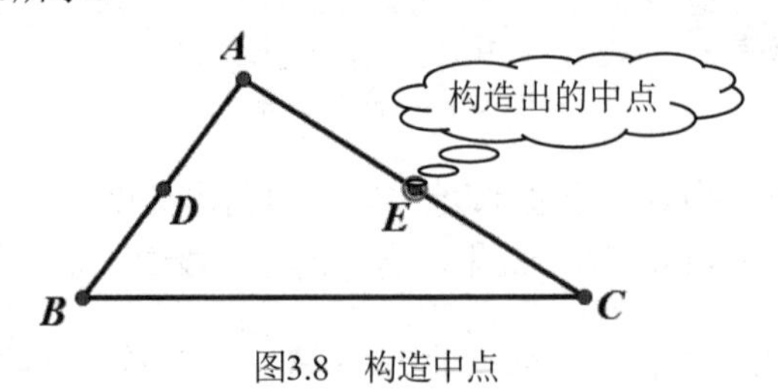

图3.8　构造中点

- **构造线段**　同时选中点D和点E，执行“构造”→“线段”命令，构造出线段DE。
- **度量长度**　同时选中线段DE和线段BC，执行“度量”→“长度”命令，度量出两条线段的长度，如图3.9所示。

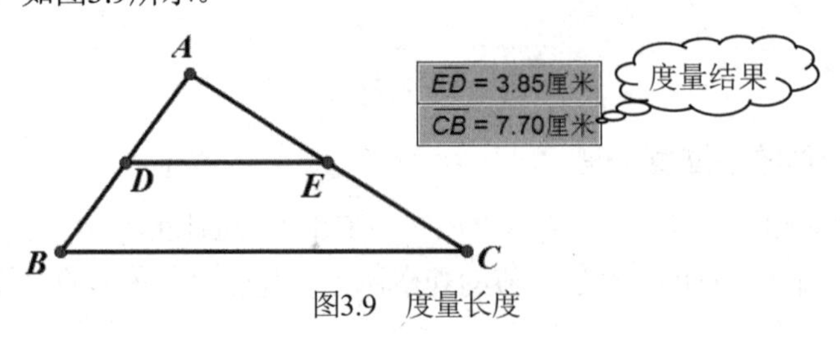

图3.9　度量长度

- **度量长度比值**　依次选中线段DE和线段BC，执行“度量”→“比”命令，度量出两条线段长度的比值，如图3.10所示。

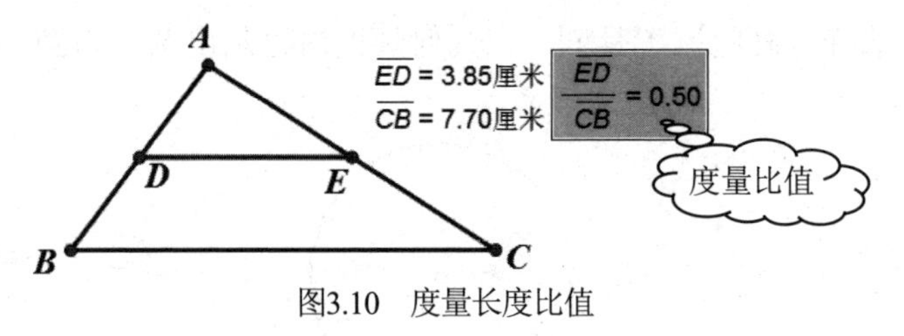

图3.10　度量长度比值

- **绘制表格**　依次选中线段DE、BC长度的度量结果和长度比值的度量结果，执行“数据”→“制表”命令，绘制出一个表格，如图3.11所示。

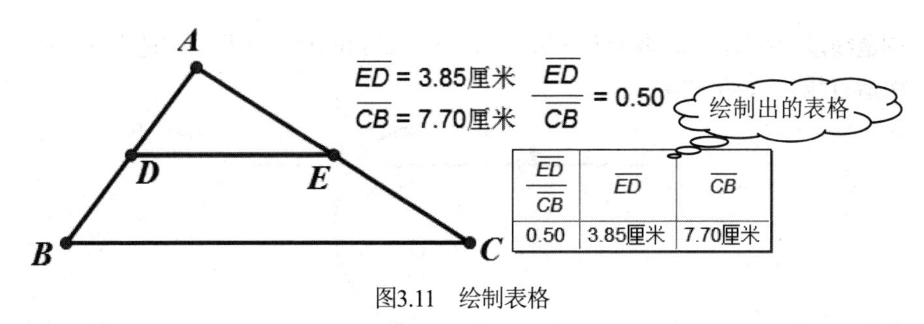

图3.11　绘制表格

实例 3　验证圆幂定理

课件运行界面如图 3.12 所示，拖动点 P、A、B 的位置，再通过度量和计算的结果做比较，可以很直观地验证圆幂定理。

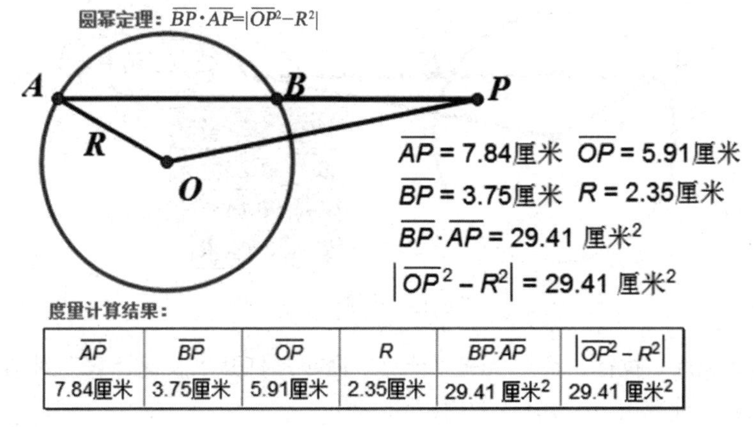

$\overline{AP}$	$\overline{BP}$	$\overline{OP}$	R	$\overline{BP}\cdot\overline{AP}$	$\lvert\overline{OP}^2-R^2\rvert$
7.84厘米	3.75厘米	5.91厘米	2.35厘米	29.41 厘米^2	29.41 厘米^2

图3.12　课件“验证圆幂定理”效果图

首先绘制出一个圆，然后绘制出与圆相交的直线，在直线上构造一点，度量出所需的数值，计算后，再通过表格的方式进行排列。

跟我学

- **绘制圆** 选择“画圆”工具，在几何画板内绘制出圆，将圆心标为O，如图3.13所示。

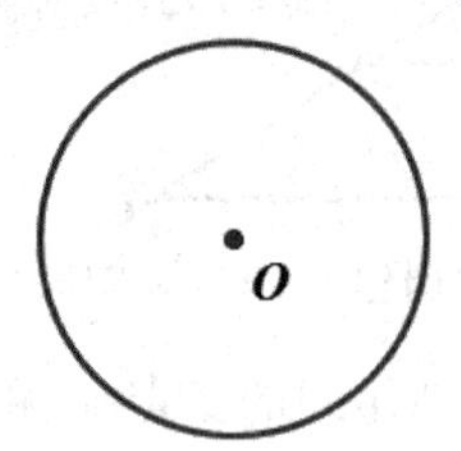

图3.13 绘制圆

- **构建线段** 在圆上绘制两点A和B，同时选中点A和点B，执行“构造”→“直线”命令，构造直线l，如图3.14所示。

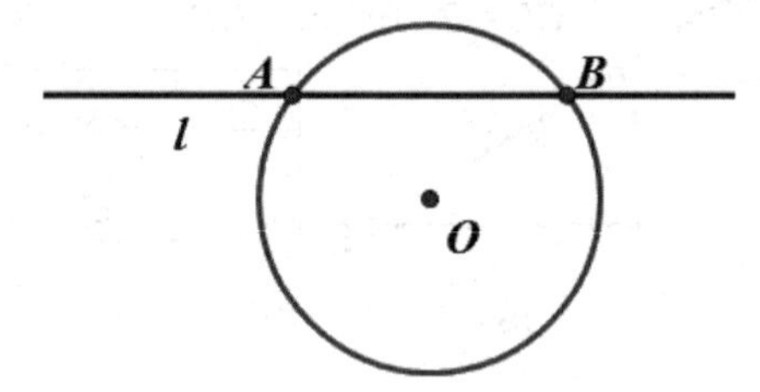

图3.14 构造直线

- **构建直线上的点** 选中直线l，执行“构造”→“直线上的点”命令，构造出点P，并隐藏直线l。
- **度量长度** 分别构造线段PA、PB、OP和OA，并将线段OA标为R，同时选中这四条线段，执行“度量”→“长度”命令，度量出长度，如图3.15所示。

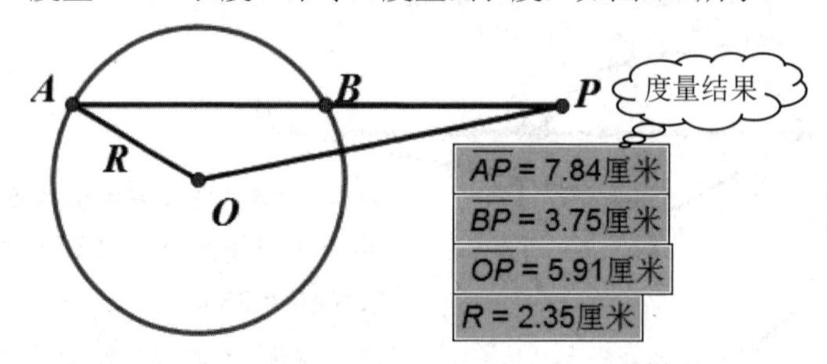

图3.15 度量长度

- **计算$\overline{AP}\cdot\overline{BP}$** 执行“数据”→“计算”命令，打开“新建计算”对话框，按图3.16所示操作，计算出$\overline{AP}\cdot\overline{BP}$的数值。

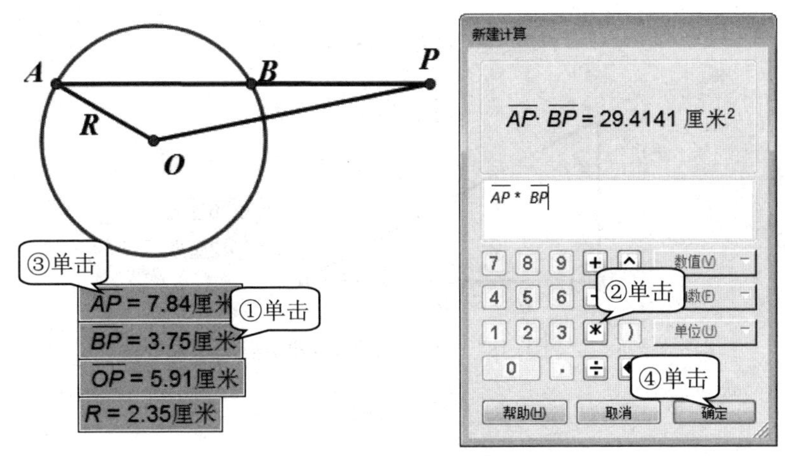

图3.16　计算$\overline{AP}\cdot\overline{BP}$

- **计算$|\overline{OP}^2-R^2|$**　再次执行“数据”→“计算”命令，打开“新建计算”对话框，在“函数”下拉菜单中选择“*abs*”函数，计算出$|\overline{OP}^2-R^2|$的数值，如图3.17所示。

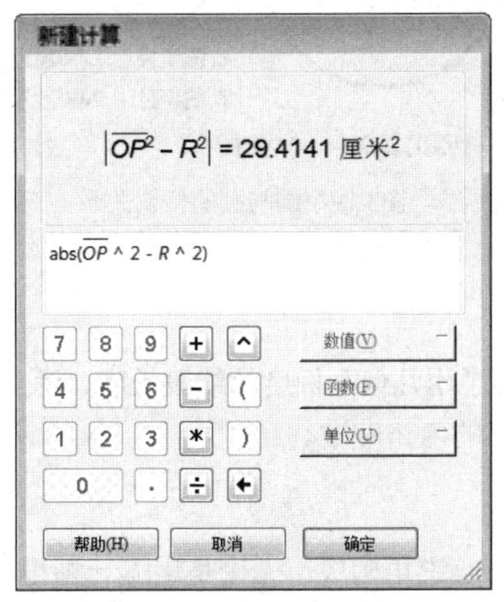

图3.17　计算$|\overline{OP}^2-R^2|$

- **绘制表格**　将这些度量结果和计算结果制成表格，如表3.1所示。

表3.1　度量计算结果

$\overline{AP}$	$\overline{BP}$	$\overline{OP}$	R	$\overline{BP}\cdot\overline{AP}$	$\lvert\overline{OP}^2-R^2\rvert$
7.84 厘米	3.75 厘米	5.91 厘米	2.35 厘米	29.41 厘米^2	29.41 厘米^2

创新园

1. 勾股定理作为直角三角形的一个性质，能体现几何图形与数量关系之间的密切联系。在几何画板中制作课件，用度量法验证勾股定理，效果如图 3.18 所示。

2. 圆与圆的位置关系是在学习点与圆及直线与圆的位置关系的基础上，对圆与圆的位置关系进行的研究。使用几何画板制作课件，探究圆与圆的位置关系，效果如图 3.19 所示。

用度量法验证勾股定理

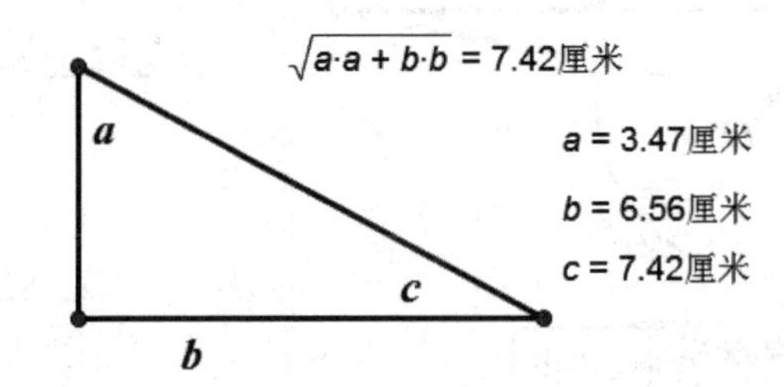

图3.18 用度量法验证勾股定理

圆与圆的位置关系

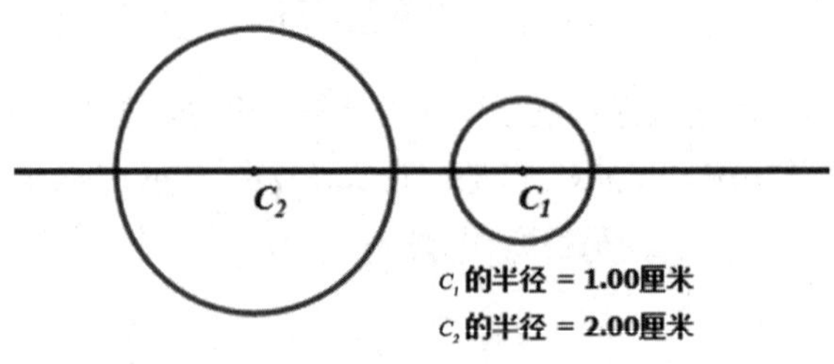

图3.19 圆与圆的位置关系

3.1.2 度量角度

前面的教程中给大家介绍了用几何画板度量线段长度、两点之间的距离，这里我们来看一看几何画板是如何度量三角形的内角度数。

实例 4 三角形的内角和

度量角度

一个三角形由钝角、直角或锐角构成，无论是用哪一种角组成的三角形，三角形的内角和都是 180°。如图 3.20 所示，使用几何画板软件的度量、计算工具可以很直观地验证这一定理。

【三角形的内角和】

结论：三角形三个内角和为180°。

操作：拖动A、B、C点，任意改变三角形形状，观察内角和变化。

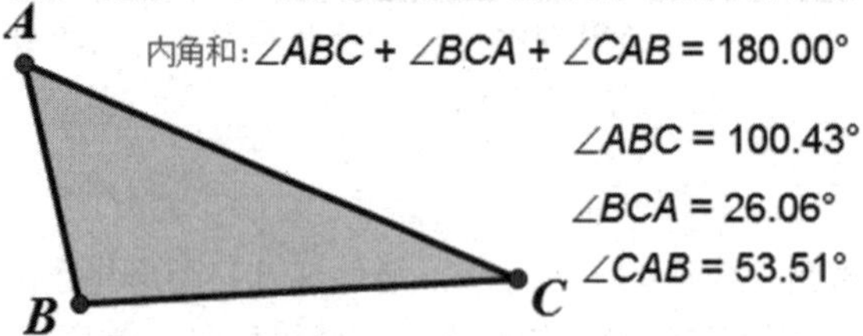

图3.20 课件“三角形的内角和”效果图

首先绘制一个任意大小的△*ABC*，使用测量工具分别度量∠*ABC*、∠*BCA* 和∠*CAB* 的度数，计算∠*ABC*+∠*BCA*+∠*CAB*=180°。任意改变△*ABC* 的形状，∠*ABC*+∠*BCA*+∠*CAB* 的结果始终等于 180°，即可验证三角形的内角和定理。

跟我学

- **绘制顶点** 运行“几何画板”软件，选择“点”工具，按住Shift键，在画布上绘制不在同一直线上的3个点作为三角形的顶点。
- **绘制三角形** 执行“构造”→“线段”命令，绘制三角形，效果如图3.21所示。

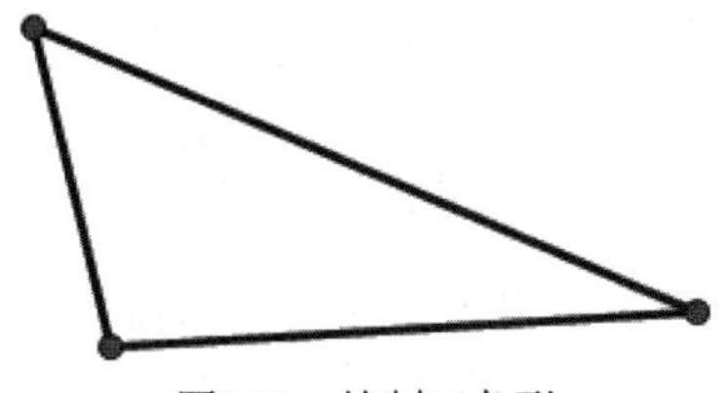

图3.21 绘制三角形

- **三角形填充颜色** 选择“移动箭头”工具，选中三角形的3个顶点，执行“构造”→“三角形的内部”命令，为三角形填充颜色，效果如图3.22所示。

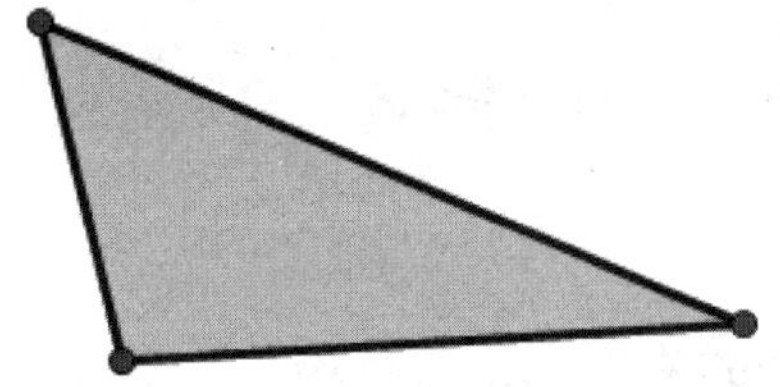

图3.22 三角形填充颜色

- **度量角度** 选择“移动箭头”工具，依次选择三角形的3个顶点，执行“度量”→“角度”命令，测量∠*ABC*的度数，使用相同的方法测量∠*BCA*、∠*CAB*的度数，效果如图3.23所示。

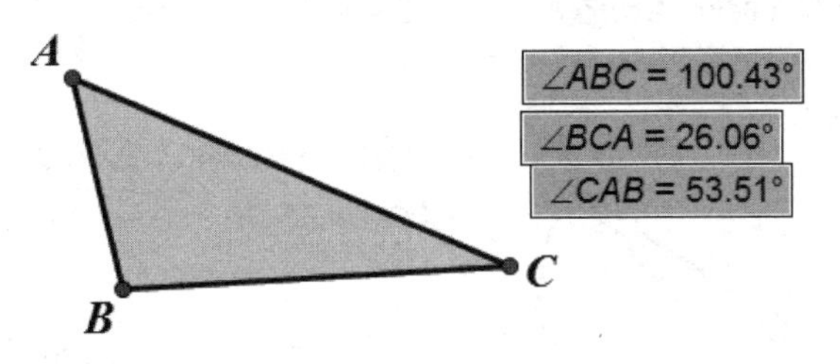

图3.23 度量角度

- **计算内角和** 执行“数据”→“计算”命令，打开“新建计算”对话框，如图3.24所示，单击输入“∠*ABC*+∠*BCA*+∠*CAB*”，计算三角形的内角和。

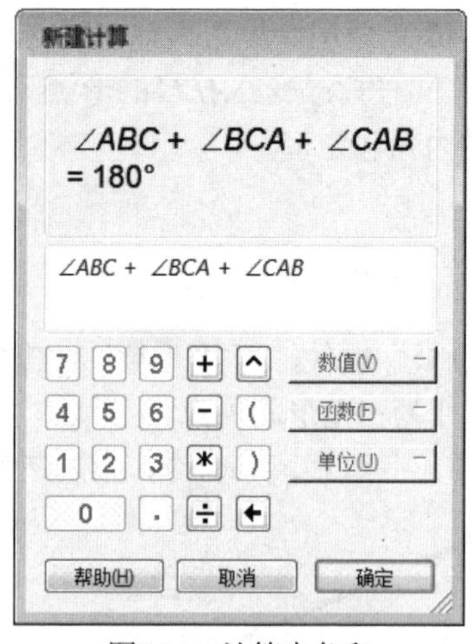

图3.24　计算内角和

- **验证结果**　如图3.25所示，使用“选择”工具拖动三角形的顶点，动态演示内角和为180°。

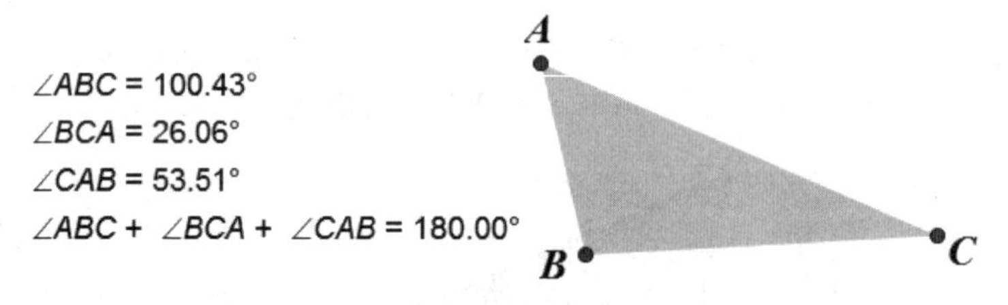

图3.25　验证内角和

实例 5　验证圆周角与圆心角的关系

如图 3.26 所示，拖动点 A、B、P，可以改变圆心角和圆周角，然后通过表格中角度的比较，来验证圆周角与圆心角的关系。

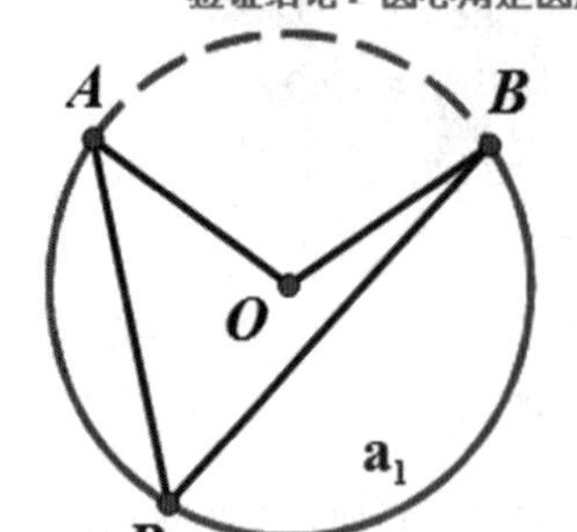

∠AOB	∠APB	∠AOB / ∠APB
110.49°	55.25°	2.00

图3.26　课件“验证圆周角与圆心角的关系”效果图

首先绘制出一个圆，然后构造出圆心角和圆周角，并度量度数，制出表格。

跟我学

- **绘制圆形**　选择“画圆”工具，在几何画板内绘制出圆，将圆心标为O。
- **构建圆弧**　依次选中点A、B和圆$a1$，执行“构造”→“圆上的弧”命令，构建出优弧AB，如图3.27所示。

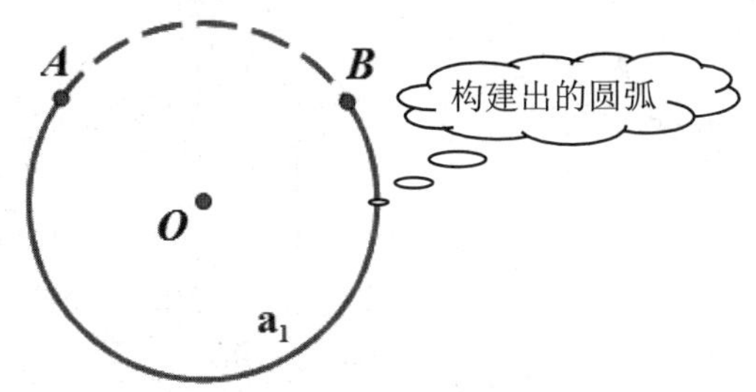

图3.27　构建圆弧

- **构建点P**　选中优弧AB，执行“构造”→“弧上的点”命令，构建出一点P。
- **构建线段**　分别构造线段PA、PB、OA、OB，如图3.28所示。

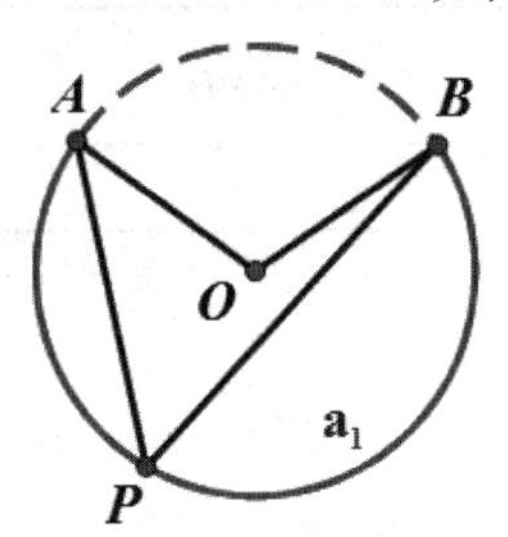

图3.28　构建线段

- **度量角度**　按实例4中的方法，分别度量出$\angle AOB$和$\angle APB$的度数，度量结果如图3.29所示。

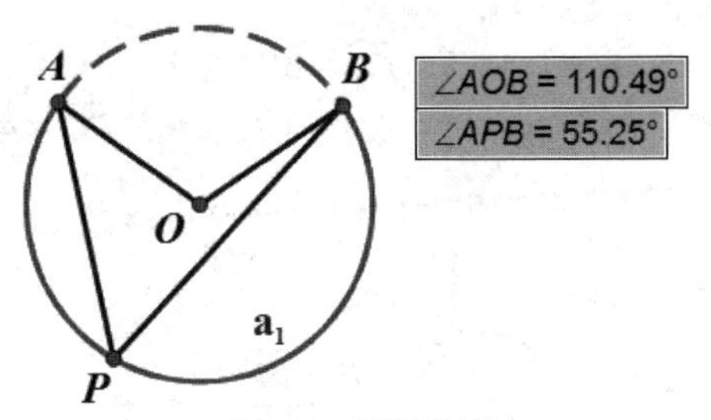

图3.29　度量角度

- **计算角度比值**　执行“数据”→“计算”命令，打开“新建计算”对话框，按图3.30所示操作，计算出两个角度的比值。

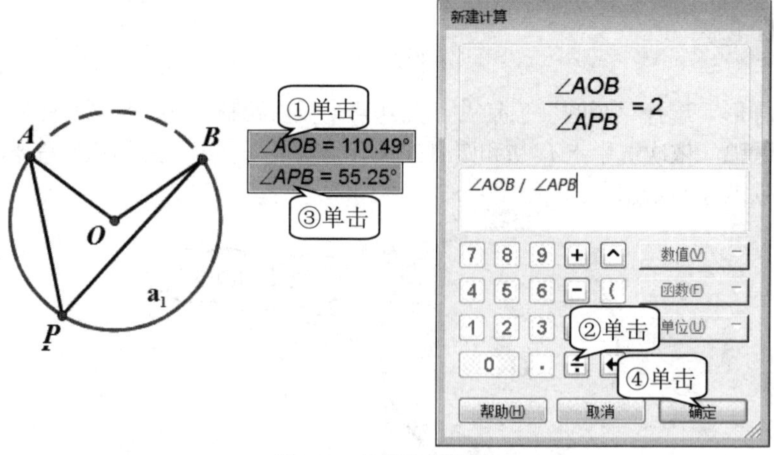

图3.30　计算角度比值

- **制表**　将角度的度量结果和计算结果制成表格，如表3.2所示。

表3.2　度量计算结果

∠AOB	∠APB	$\frac{\angle AOB}{\angle APB}$
110.49°	55.25°	2.00

创新园

1．绘制出切割线，根据切割线定理度量和计算出相应的数值，再制表，利用此方法制作一个验证切割线定理的课件，如图 3.31 所示。

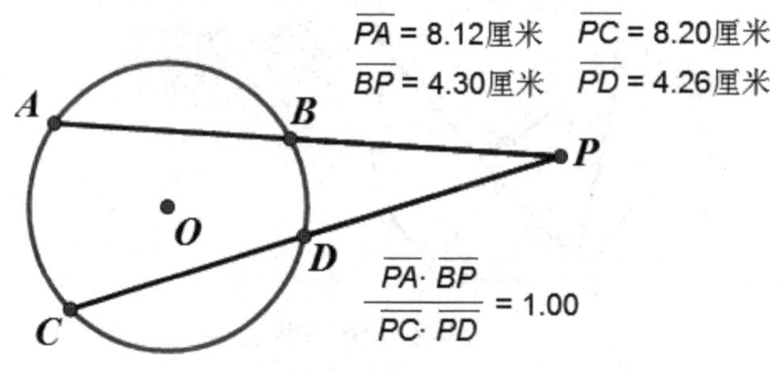

图3.31　课件“切割线定理”效果图

2．如图 3.32 所示，∠ABC、∠BCD、∠CDA、∠DAB 是四边形的内角，使用“几何画板”软件制作课件，再使用数据计算验证四边形内角和为 360°。

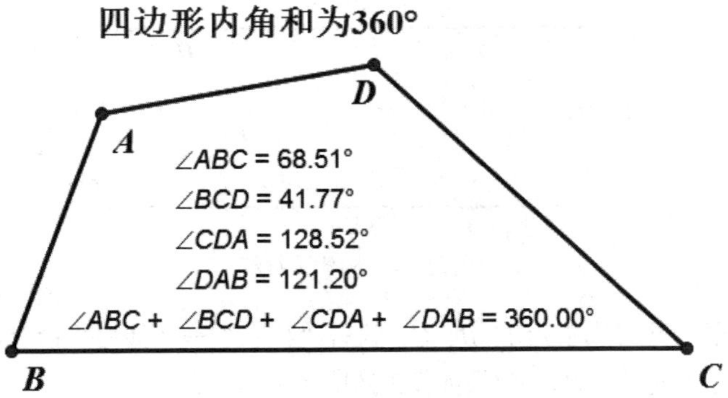

图3.32 课件“四边形内角和为360°”效果图

3.1.3 度量面积

几何画板内的面积可以直接度量，这就可以很方便地制作出一些关于面积的课件，如验证同底等高的三角形面积相等、验证三角形的面积公式等，甚至可以利用度量面积的方法验证勾股定理。

度量面积

实例 6 验证同底等高三角形面积相等

如图 3.33 所示，直线 j 与直线 k 平行，AB 为△ABC 和△ABD 的底，使用度量和计算功能制作课件，验证同底等高的三角形面积相等。

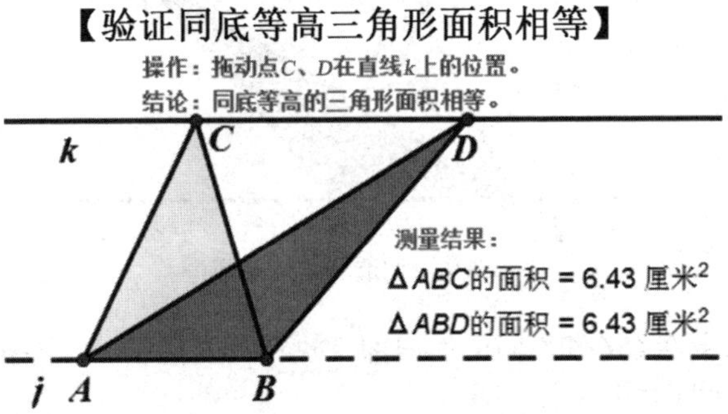

图3.33 课件“验证同底等高三角形面积相等”效果图

首先绘制出两条平行线，然后绘制出三角形，其中顶点在平行线上，底边在另一条平行线上，再构造出三角形的内部，度量出面积。

跟我学

- **绘制点** 单击“直线”工具，绘制出一条直线j，并在直线上绘制两点A和B。
- **构建平行线** 在直线外绘制一点C，同时选中点C和直线j，执行“构造”→“平行线”命令，构造出平行线k，在直线k上绘制一点D，如图3.34所示。

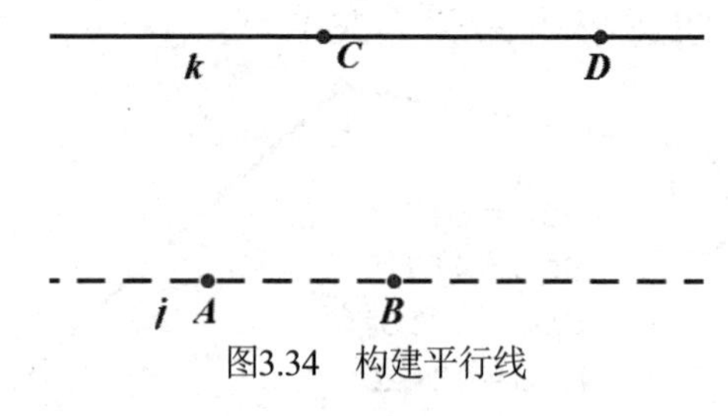

图3.34　构建平行线

- **构造三角形**　同时选中点A、B、C，执行“构造”→“线段”命令，构造出$\triangle ABC$，用相同的方法构造$\triangle ABD$，效果如图3.35所示。

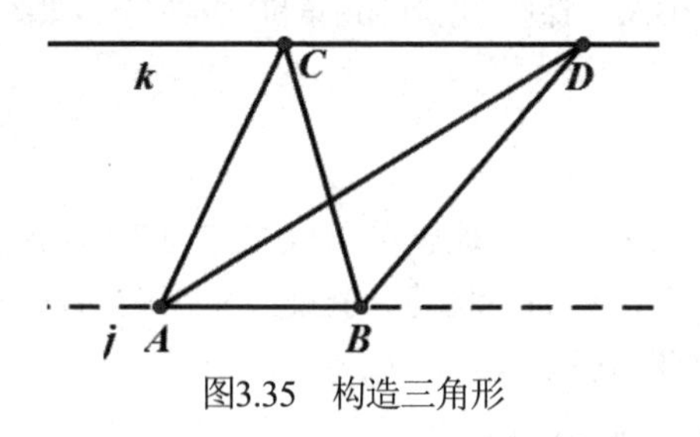

图3.35　构造三角形

- **构造三角形内部**　依次选中点A、B、C，执行“构造”→“三角形内部”命令，构造出$\triangle ABC$的内部，用相同的方法构造$\triangle ABD$的内部，效果如图3.36所示。

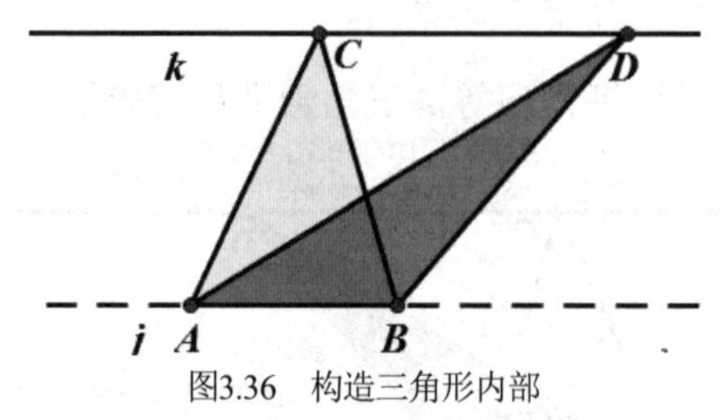

图3.36　构造三角形内部

- **度量面积**　选中$\triangle ABC$和$\triangle ABD$的内部，执行“度量”→“面积”命令，度量出三角形的面积，如图3.37所示。

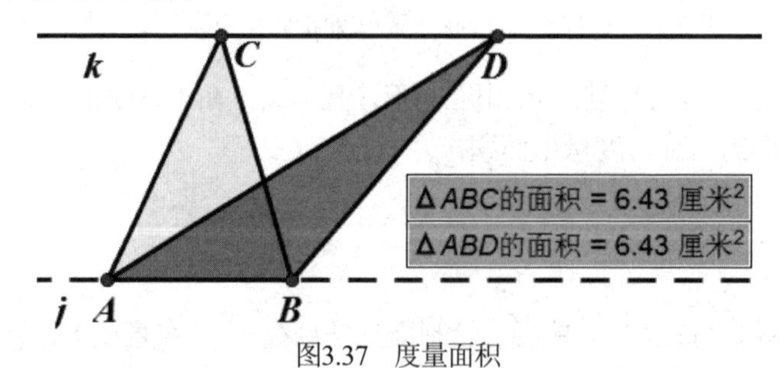

图3.37　度量面积

实例 7　验证三角形的面积公式

课件运行界面如图 3.38 所示，利用面积公式计算出的数值和直接度量的数值进行比较，并可以拖动点 A 改变三角形的形状。

【验证三角形的面积公式】

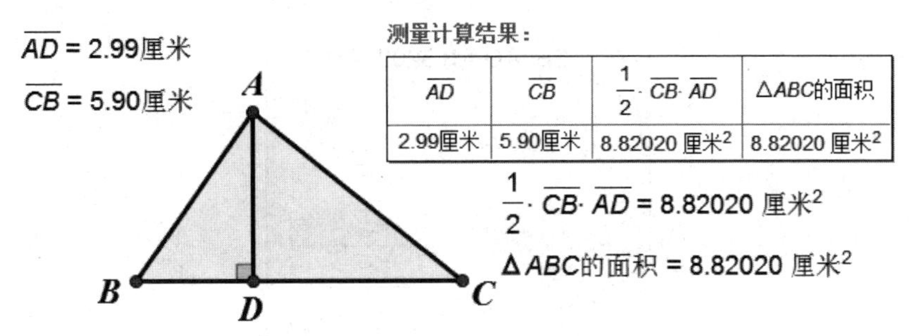

图3.38　课件“验证三角形的面积公式”效果图

首先绘制出三角形和三角形的一条高，然后使用面积公式计算并度量出三角形的面积。

跟我学

- **绘制三角形**　选择“线段直尺”工具，绘制出一个△*ABC*，如图3.39所示。

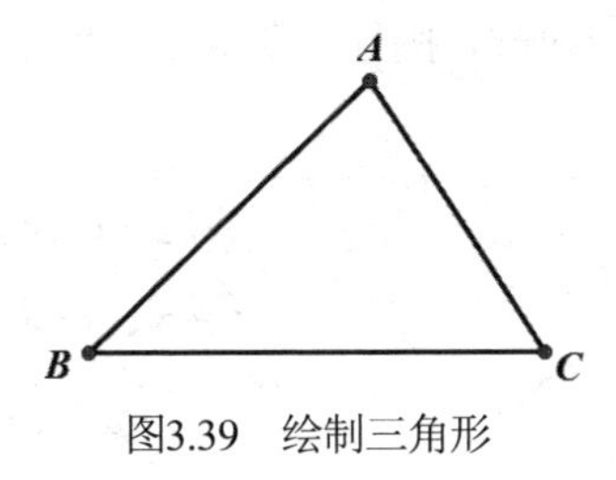

图3.39　绘制三角形

- **绘制三角形的高**　选择“自定义”工具→“线工具”→“垂线段工具”按钮，绘制出△*ABC*的高*AD*，如图3.40所示。

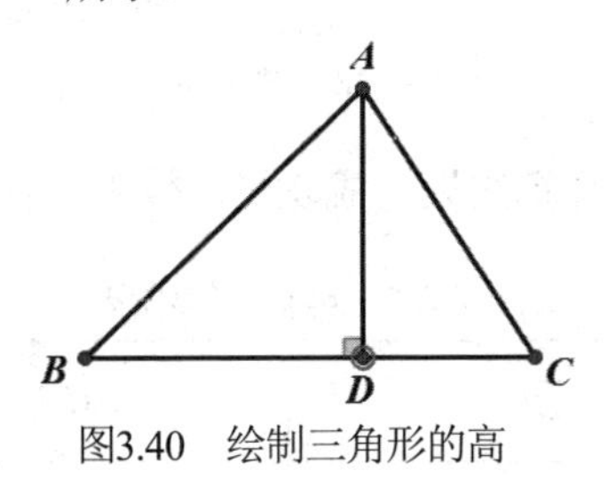

图3.40　绘制三角形的高

- **度量长度**　同时选中线段*AD*和线段*BC*，执行“度量”→“长度”命令，度量出两线段的长度。

- **计算面积**　执行“数据”→“计算”命令，弹出“新建计算”对话框，计算出$\frac{1}{2}\cdot\overline{CB}\cdot\overline{AD}$的值，如图3.41所示。

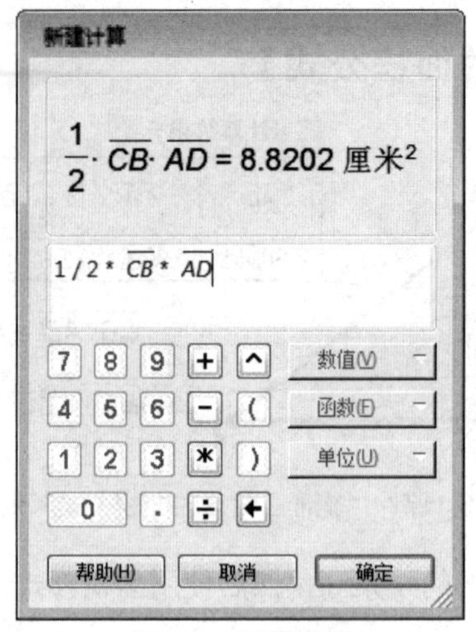

图3.41　计算面积

- **构建三角形内部**　同时选中点A、B、C，执行“构造”→“三角形内部”命令，构造出$\triangle ABC$的内部。
- **度量面积**　选中三角形的内部，执行“度量”→“面积”命令，度量出面积，如图3.42所示。

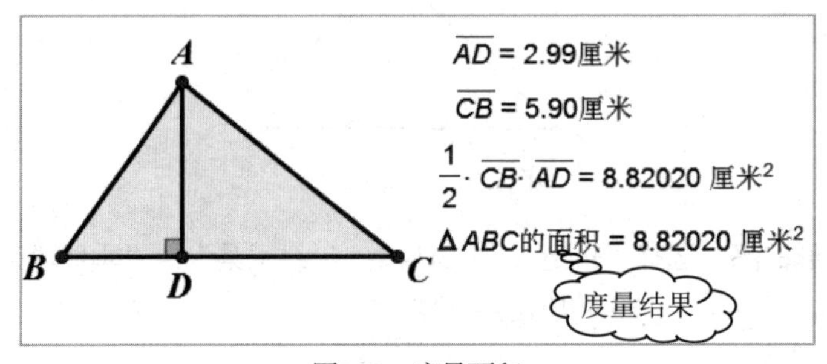

图3.42　度量面积

- **制表**　将各度量结果和计算结果绘成表格，效果如表3.3所示。

表3.3　度量计算结果

$\overline{AD}$	$\overline{CB}$	$\frac{1}{2}\cdot\overline{CB}\cdot\overline{AD}$	ΔABC的面积
2.99 厘米	5.90 厘米	8.82020 厘米^2	8.82020 厘米^2

创新园

1．制作一个效果如图 3.43 所示的课件，用于三角形面积探究，其中三角形的面积被中位线分成两部分，这两部分的面积比为 1∶3。

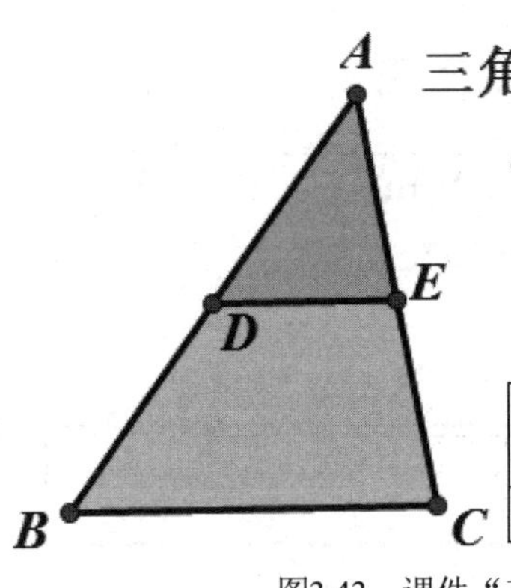

三角形面积探究

ΔADE的面积 = 2.64 厘米^2

$DBCE$的面积 = 7.92 厘米^2

$\dfrac{DBCE\text{的面积}}{\Delta ADE\text{的面积}} = 3.00$

ΔADE的面积	$DBCE$的面积	$\dfrac{DBCE\text{的面积}}{\Delta ADE\text{的面积}}$
2.64 厘米^2	7.92 厘米^2	3.00

图3.43　课件“三角形面积探究”效果图

2. 平行四边形的面积计算公式为“底×高”，制作一个验证平行四边形的面积公式的课件，效果如图 3.44 所示。

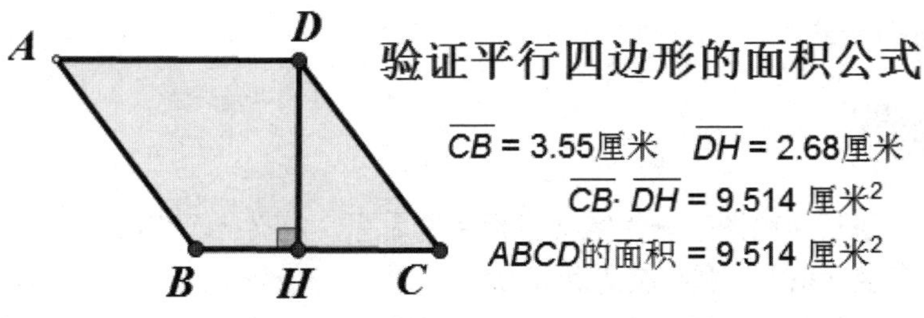

图3.44　课件“验证平行四边形的面积公式”效果图

3.2　巧用数据计算

为了验证数学公式，需要对度量的结果进行数据计算，“几何画板”软件中集成了数据计算功能，非常便于度量型课件的制作。

3.2.1　简单计算

使用“几何画板”软件制作课件，巧用数据计算功能，可以方便地验证某些数学公式，如两点间的距离公式、正弦定理、余弦定理等。

简单计算

实例 8　验证两点间的距离公式

如图 3.45 所示，A 和 B 是坐标系可随意拖动的两点，表格中为两点的横坐标、纵坐标和用距离公式计算出的数值，以及直接度量出的两点的坐标距离，拖动两点时观察表格中各个数据的变化情况。

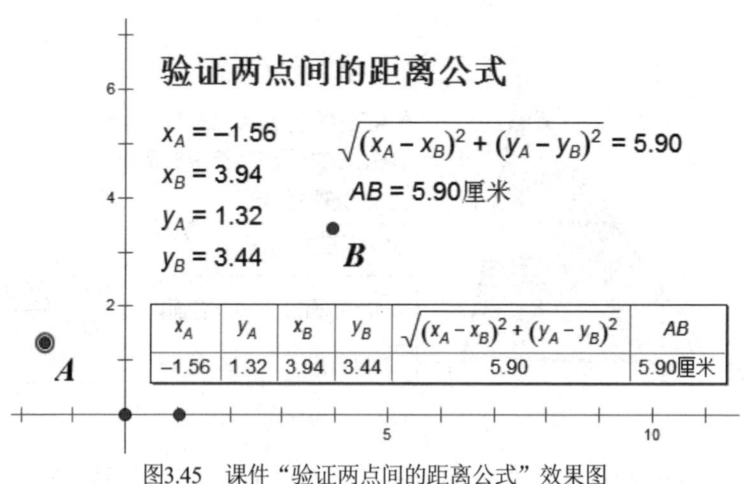

图3.45　课件“验证两点间的距离公式”效果图

首先定义一个坐标系，然后任意绘制两点，再度量出两点的纵坐标和横坐标，通过计算来验证两点间的距离公式。

跟我学

- **绘制点**　执行“绘图”→“定义坐标系”命令，定义一个坐标系，选择“画点”工具，在坐标系中任意绘制两点*A*和*B*。
- **度量点A的横坐标**　选中点*A*，执行“度量”→“横坐标”命令，度量出点*A*的横坐标。
- **度量点A的纵坐标**　再选中点*A*，执行“度量”→“纵坐标”命令，度量出点*A*的纵坐标。
- **度量点B的横坐标和纵坐标**　按同样的方法，度量出点*B*的横坐标和纵坐标，如图3.46所示。

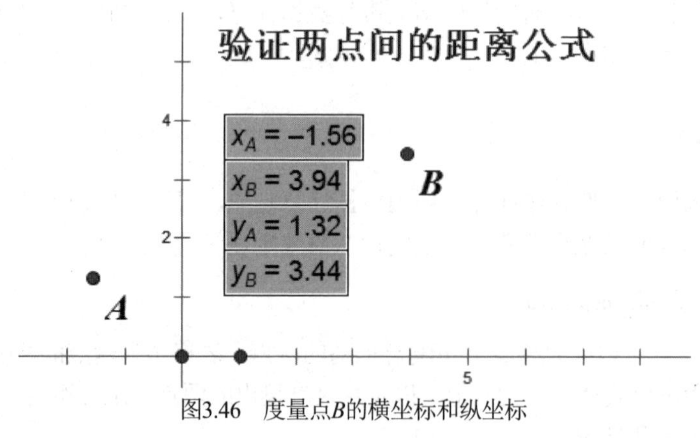

图3.46　度量点*B*的横坐标和纵坐标

- **计算**　按照图3.47所示操作，计算出$\sqrt{\left(x_A - x_B\right)^2 + \left(y_A - y_B\right)^2}$的值。
- **度量距离**　依次选中点*A*和点*B*，执行“度量”→“坐标距离”命令，度量出两点间的坐标距离。

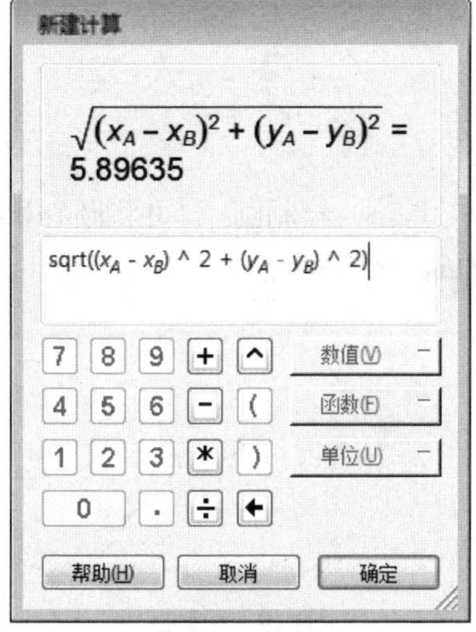

图3.47　计算

- **绘制表格**　将各度量结果和计算结果绘制成表格，如表3.4所示。

表3.4　度量计算结果

x_A	y_A	x_B	y_B	$\sqrt{(x_A-x_B)^2+(y_A-y_B)^2}$	AB
-1.56	1.32	3.94	3.44	5.90	5.90 厘米

实例 9　验证正弦定理

如图 3.48 所示，拖动三角形的 3 个顶点可以改变三角形的形状，此时可在表格中观察到数值的变化。

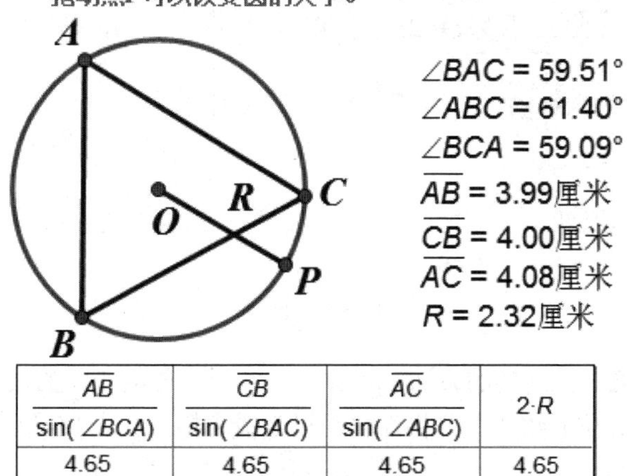

$\frac{\overline{AB}}{\sin(\angle BCA)}$	$\frac{\overline{CB}}{\sin(\angle BAC)}$	$\frac{\overline{AC}}{\sin(\angle ABC)}$	$2\cdot R$
4.65	4.65	4.65	4.65

图3.48　课件“验证正弦定理”效果图

首先绘制一个圆，构造出一个圆内接三角形，再度量出所需要的角度和长度，然后计算出所需数值，再制表。

跟我学

- **绘制圆** 选择“画圆”工具，绘制圆c_1，并将圆心和圆的控制点分别标为点O、P，构造出线段PO，并标为R，如图3.49所示。

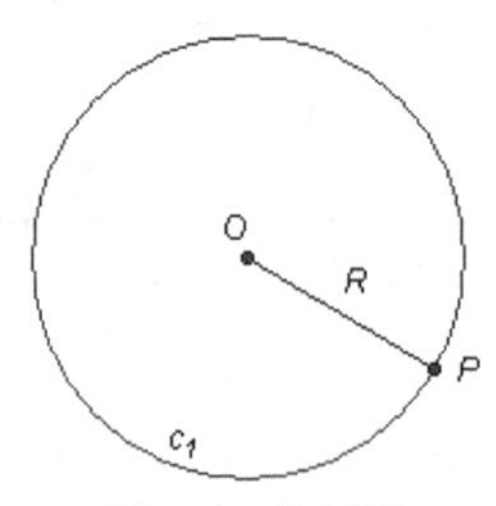

图3.49 绘制圆

- **构造三角形** 在圆上任意绘制三点A、B、C，并构造出△ABC。
- **度量角度** 度量出△ABC的3个内角的度数。
- **度量长度** 同时选中△ABC的边和线段OP，执行“度量”→“长度”命令，度量出这些线段的长度。
- **计算比值** 执行“数据”→“计算”命令，弹出“新建计算”对话框，输入如图3.50所示的公式，计算出$\dfrac{\overline{AB}}{\sin\angle BCA}$的数值。

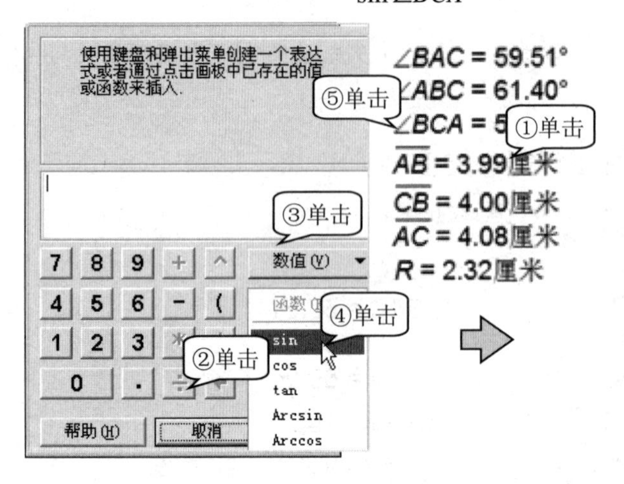

图3.50 计算比值

- **计算正弦比值** 按同样的方法，计算出边和对应角的正弦的比值，如图3.51所示。
- **制表** 计算出$2R$的数值，并将计算结果制成表格，如表3.5所示。

$\dfrac{\overline{AB}}{\sin(\angle BCA)}$ = 4.6470厘米

$\dfrac{\overline{CB}}{\sin(\angle BAC)}$ = 4.6470厘米

$\dfrac{\overline{AC}}{\sin(\angle ABC)}$ = 4.6470厘米

图3.51　计算结果

表3.5　度量计算结果

$\dfrac{\overline{AB}}{\sin(\angle BCA)}$	$\dfrac{\overline{CB}}{\sin(\angle BAC)}$	$\dfrac{\overline{AC}}{\sin(\angle ABC)}$	$2 \cdot R$
4.6470 厘米	4.6470 厘米	4.6470 厘米	4.6470 厘米

实例 10　验证两平行线间的斜率关系

如图 3.52 所示，表格中显示的是两条平行线的斜率，拖动点 B 可以改变直线的斜率，同时表中的数据也发生变化。

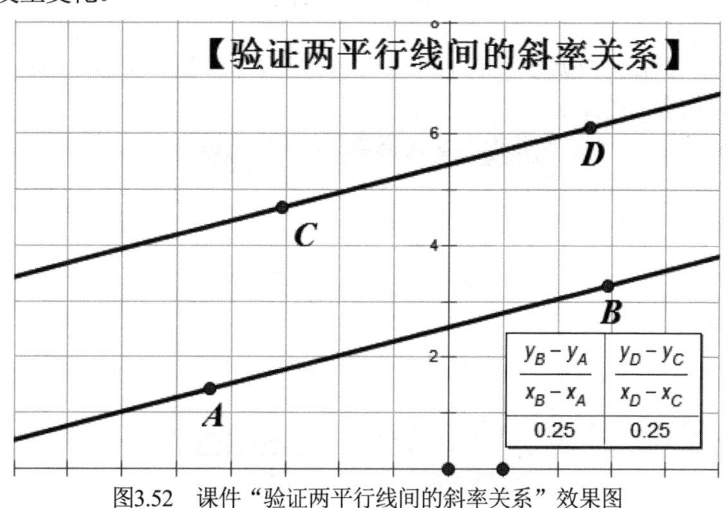

图3.52　课件“验证两平行线间的斜率关系”效果图

首先绘制两条平行线，然后度量出线上两点的横坐标和纵坐标，通过计算得到线的斜率，再制成表格。

跟我学

- **绘制直线**　执行“绘图”→“定义坐标系”命令，定义一个坐标系，在坐标系中绘制一条直线AB，如图3.53所示。
- **绘制点D**　在直线AB外绘制一点C，依次选中点C和直线AB，执行“构造”→“平行线”命令，构造出平行线，并在平行线上绘制一点D。

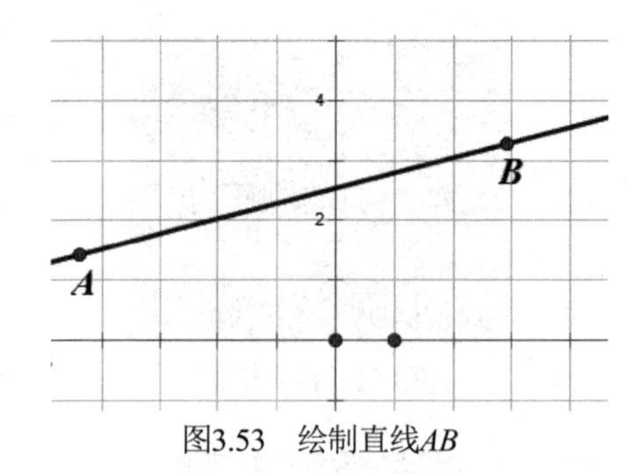

图3.53　绘制直线*AB*

- **度量距离**　分别度量出点*A*、*B*、*C*、*D*的横坐标和纵坐标，如图3.54所示。

$x_A = -4.39$	$y_A = 1.43$
$x_B = 2.91$	$y_B = 3.28$
$x_C = -3.07$	$y_C = 4.68$
$x_D = 2.57$	$y_D = 6.11$

图3.54　度量横坐标和纵坐标

- **计算斜率**　执行“数据”→“计算”命令，弹出“新建计算”对话框，计算出直线*AB*的斜率，如图3.55所示。

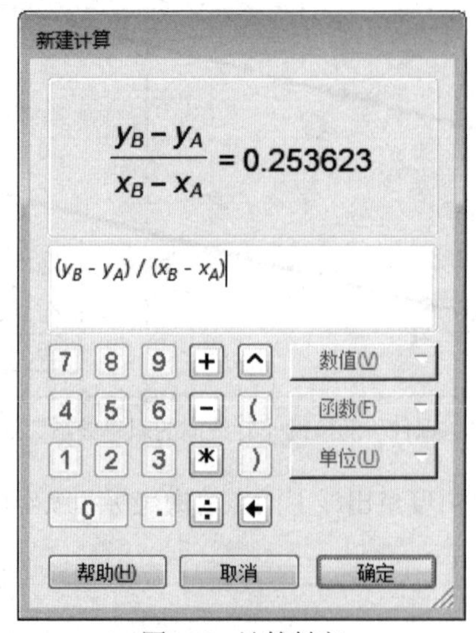

图3.55　计算斜率

- **计算直线*CD*的斜率**　用同样的方法，计算出直线*CD*的斜率。
- **完善课件**　将斜率的计算结果制表，并参照实例效果，将课件制作完整。

1．制作一个验证直线斜率公式的课件，效果如图 3.56 所示。

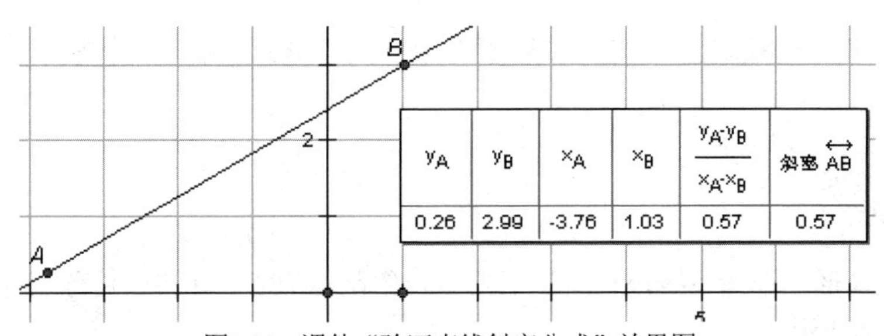

图3.56　课件“验证直线斜率公式”效果图

2．验证正弦的半角运算公式课件，如图 3.57 所示。

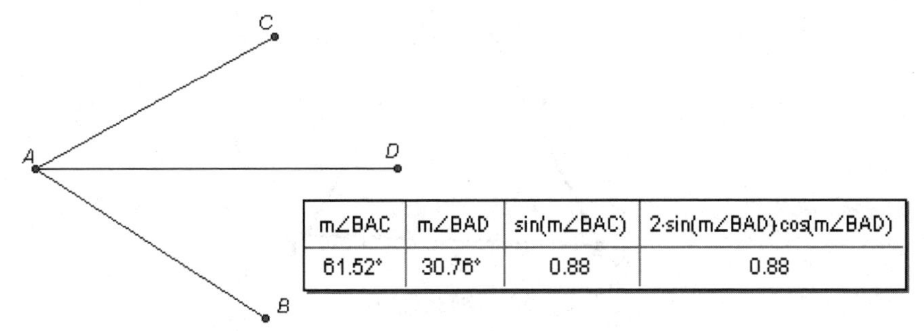

图3.57　课件“验证正弦的半角运算公式”效果图

3.2.2　复杂计算

在数学中，通常有一些公式比较复杂，如正弦定理等，但是这些比较复杂的计算都可以用几何画板内的计算工具计算出来，这也为制作一些比较复杂的课件提供了有利的工具。

复杂计算

实例 11　验证余弦定理

课件界面如图 3.58 所示，拖动三角形的 3 个顶点可以改变三角形的形状，同时在表格中显示各个度量结果和计算后的数值。

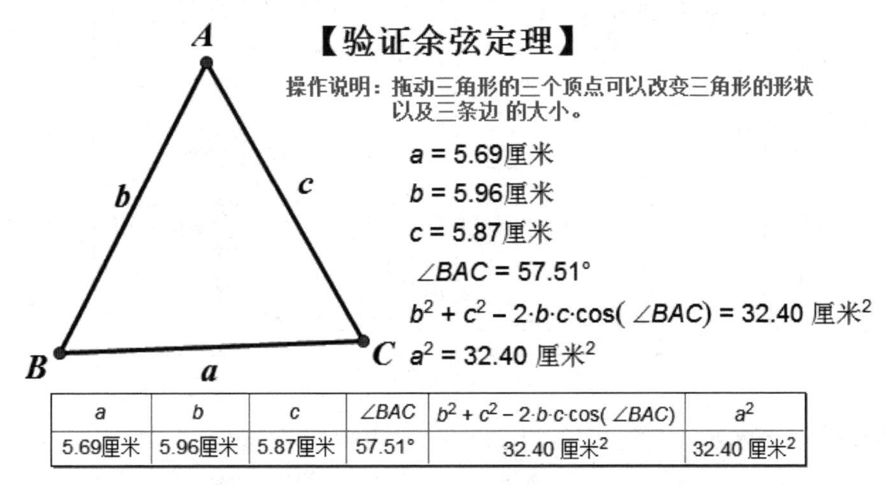

a	b	c	∠BAC	$b^2+c^2-2\cdot b\cdot c\cdot\cos(\angle BAC)$	a^2
5.69厘米	5.96厘米	5.87厘米	57.51°	32.40 厘米^2	32.40 厘米^2

图3.58　课件“验证余弦定理”效果图

制作本课件时，先绘制出一个三角形，再度量出三角形的三边和一个内角，然后通过计算得到所需的数值。

跟我学

- **绘制三角形**　选择“线段直尺”工具，绘制△ABC，并将三边分别标为a、b、c，如图3.59所示。

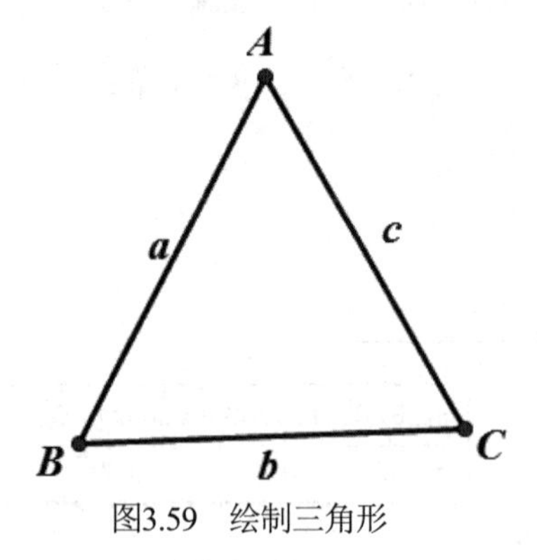

图3.59　绘制三角形

- **度量长度**　同时选中三角形的3条线段，执行“度量”→“长度”命令，度量出线段的长度。
- **度量角度**　依次选中点B、A、C，执行“度量”→“角度”命令，度量出$\angle BAC$的角度。
- **计算数值**　打开“新建计算”对话框，分别计算出$b^2+c^2-2\cdot b\cdot c\cdot\cos(\angle BAC)$和$a^2$的数值，如图3.60所示。

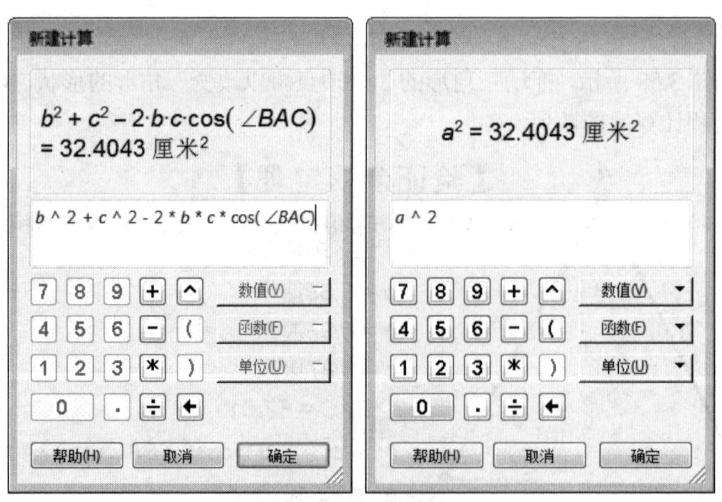

图3.60　计算数值

- **制表**　将各度量和计算结果绘制成表格，如表3.6所示。

表3.6 度量计算结果

a	b	c	$\angle BAC$	$b^2+c^2-2\cdot b\cdot c\cdot\cos(\angle BAC)$	a^2
5.69 厘米	5.96 厘米	5.87 厘米	57.51°	32.40 厘米^2	32.40 厘米^2

实例 12 分段函数图像

本实例课件是绘制的一个分段函数的图像，界面如图 3.61 所示。其中，当 $x\in[-2.0,0.0]$时，为 $y=2-x$；当 $x\in(0.0,2.0)$时，为 $y=x+2$。

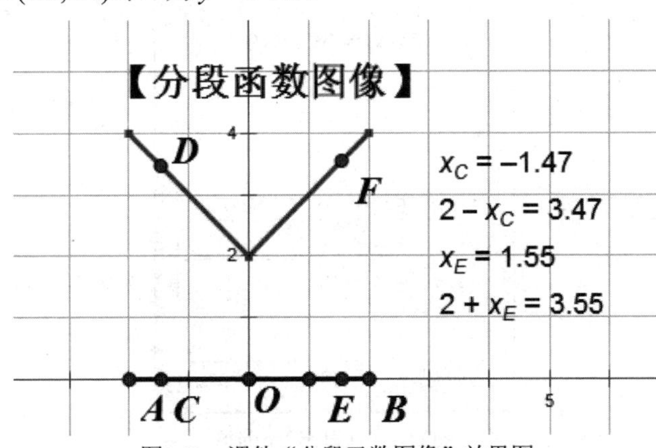

图3.61 课件“分段函数图像”效果图

在制作课件时，首先绘制出各区间上的线段，然后通过计算来构造出点，再利用构造轨迹的方法将分段函数绘制出来。

跟我学

- **显示网格** 打开“几何画板”软件，执行“绘图”→“显示网格”命令，显示出网格。
- **绘制点A** 执行“绘图”→“绘制点”命令，弹出“绘制点”对话框，按图3.62所示操作，绘制出点$A(-2.0,0.0)$。

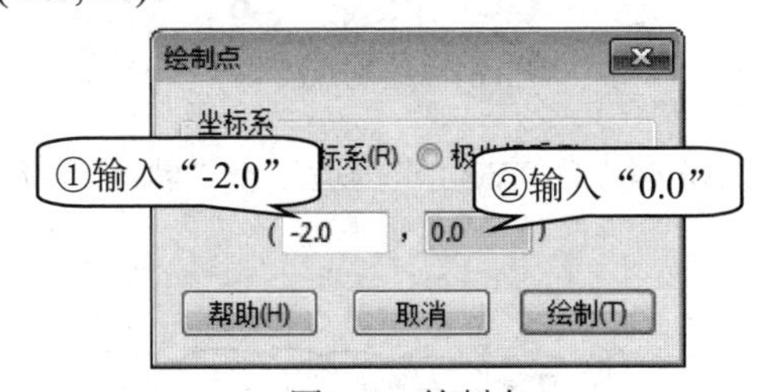

图3.62 绘制点A

- **绘制点O、B** 按同样的方法，依次绘制出点$O(0.0,0.0)$和点$B(2.0,0.0)$，单击“完成”按钮，如图3.63所示。

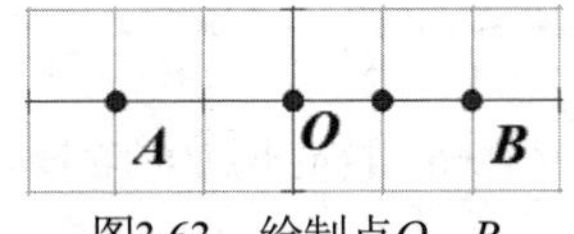

图3.63 绘制点O、B

- **构造点C** 同时选中点A和点O，构造线段AO，选中线段AO，执行"构造"→"线段上的点"命令，构造线段上一点C。
- **度量横坐标** 选中点C，执行"度量"→"横坐标"命令，度量出点C的横坐标。
- **计算** 执行"数据"→"计算"命令，弹出"新建计算"对话框，计算出$2-x_c$的值，单击"确定"按钮，如图3.64所示。

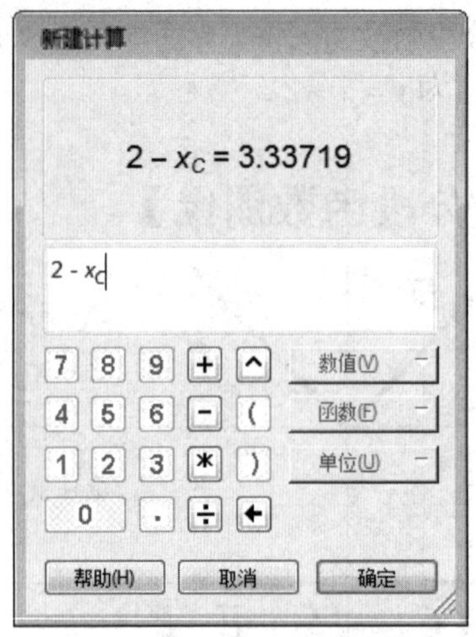

图3.64 计算出$2-x_c$的值

- **绘制点D** 依次选中点C横坐标的度量结果和计算结果，执行"绘图"→"绘制(x,y)"命令，绘制出点D，如图3.65所示。

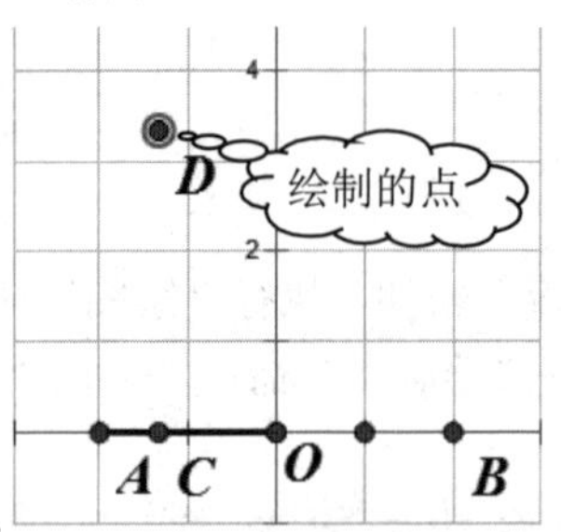

图3.65 绘制点D

- **构造轨迹** 依次选中点D和点C，执行"构造"→"轨迹"命令，构造出点D的轨迹，如图3.66所示。

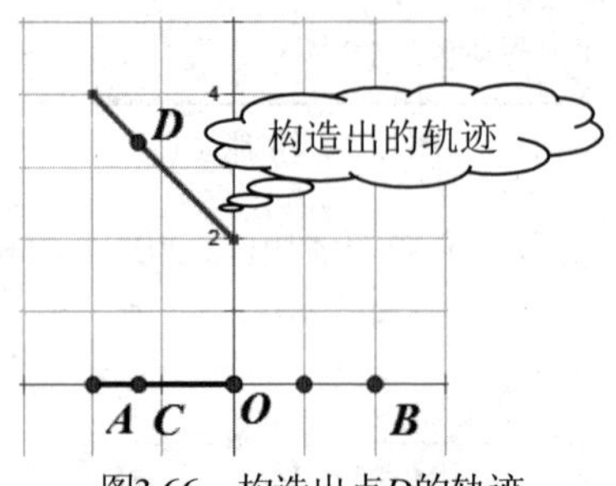

图3.66 构造出点D的轨迹

- **绘制其他图像**　按照同样的方法，可绘制出函数$y=x+2$在区间(0.0,2.0)上的图像，如图3.67所示。

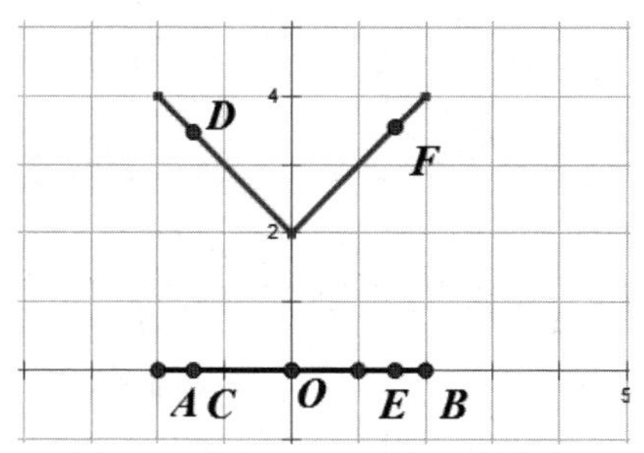

图3.67　绘制另一分段的函数图像

创新园

1. 制作“验证两直线夹角的计算公式”课件，效果如图 3.68 所示。

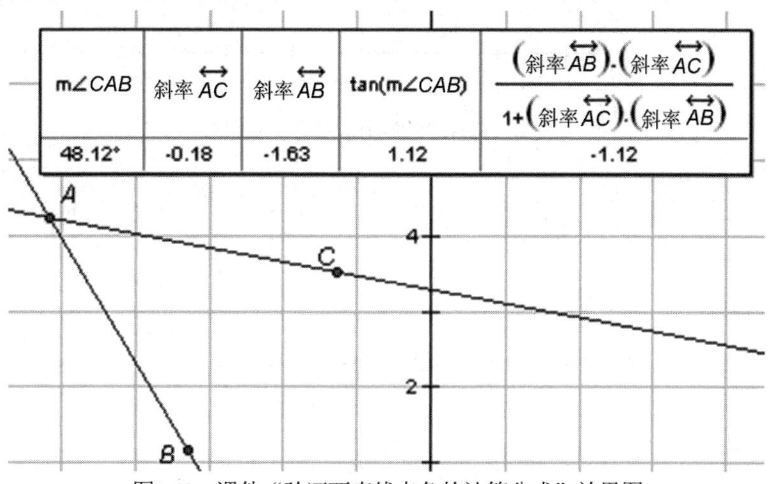

m∠CAB	斜率 $\overleftrightarrow{AC}$	斜率 $\overleftrightarrow{AB}$	tan(m∠CAB)	$\frac{(斜率\overleftrightarrow{AB})\cdot(斜率\overleftrightarrow{AC})}{1+(斜率\overleftrightarrow{AC})\cdot(斜率\overleftrightarrow{AB})}$
48.12°	-0.18	-1.63	1.12	-1.12

图3.68　课件“验证两直线夹角的计算公式”效果图

2. 制作一个验证正弦角的和差公式的课件，效果如图 3.69 所示。

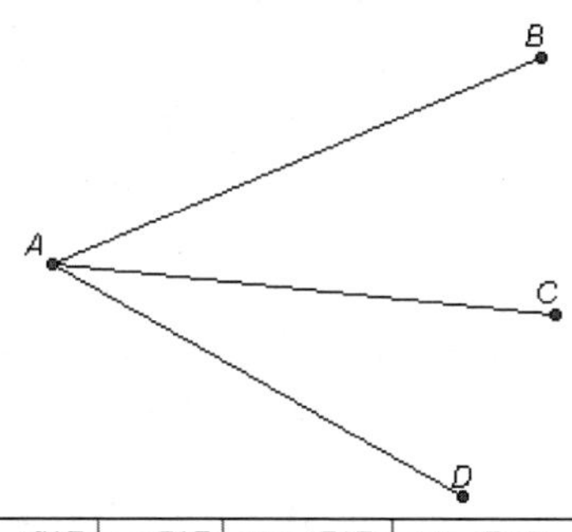

m∠BCA	m∠CAD	m∠BAD	sin(m∠BAD)	sin(m∠BAC)·cos(m∠CAD)+cos(m∠BAC)·sin(m∠CAD)
27.96°	23.31°	51.26°	0.78	0.78

m∠BCA	m∠CAD	m∠BAD	cos(m∠BAD)	cos(m∠BAC)·cos(m∠CAD)-sin(m∠BAC)·sin(m∠CAD)
27.96°	23.31°	51.26°	0.63	0.63

图3.69　课件“验证正弦角的和差公式”效果图

3．绘制一个分段函数，在区间[-2.0,0.0]时为 $y = x^2 + 2$，在区间[2.0,4.0]时为 $y = x^2 - 1$，效果如图 3.70 所示。

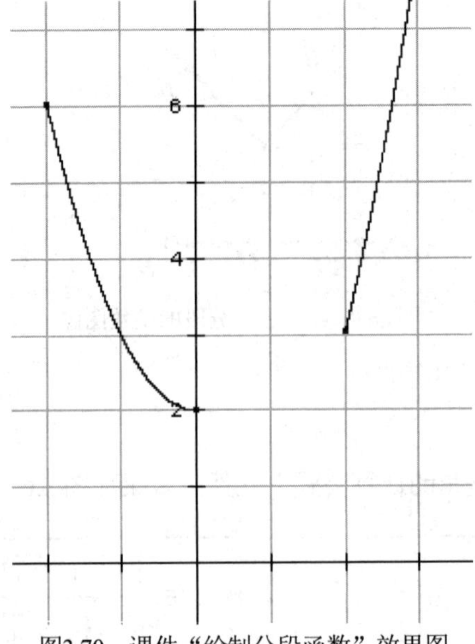

图3.70 课件“绘制分段函数”效果图

第4章 控制几何画板课件

在制作课件时，我们总希望能够控制对象的运行，如对象的显示和隐藏、物体的移动和动态效果的实现、页面的跳转和链接的控制等。而几何画板中的一些工具和操作类按钮，即可实现在同一画页上不同课件之间的转化和操作，以及同一课件的分步操作和演示，使得流程清晰，操作便捷，展示的内容突出准确。

■ 学习内容

- 设置课件显示效果
- 使用按钮控制课件

4.1 设置课件显示效果

“几何画板”软件默认的是手动显示标签，但为了方便课件的制作与阅读，可借助文字工具对对象进行设置来显示标签。“显示”菜单共分为标签的显示、几何对象的外观显示、轨迹的追踪、文本与控制的显示、动画的显示等。

4.1.1 标签的显示

标签是指用来标识对象的符号，也就是给所绘制的点、线、圆等几何图形所起的名字。用几何画板绘图，系统都会自动配置一个标签，通常，点的标签用大写字母 A、B、C…表示，直线型对象的标签用小写字母 a、b、c…表示，圆的标签用 c1、c2、c3…表示。

标签显示

实例 1 对象为点的显示

当绘图区绘制了一个或多个点、面，但没有给点设置标签时，可通过“显示标签”的方法一次性地按点出现的先后顺序标记上标签，如图 4.1 所示。

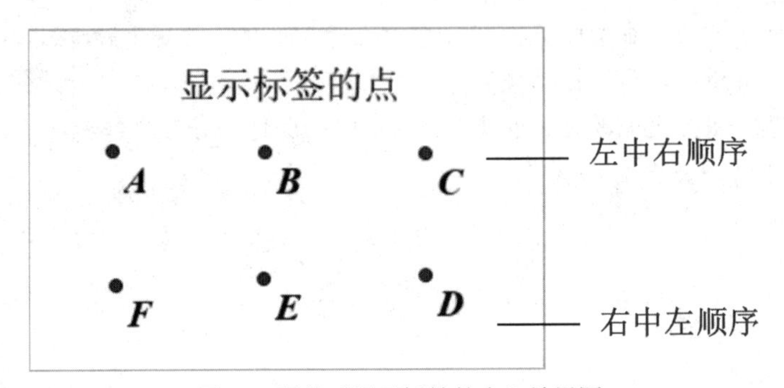

图4.1 课件“显示标签的点”效果图

跟我学

- **绘制点** 运行“几何画板”软件，选择“点”工具，在绘图区绘制点对象。
- **显示标签** 同时选中所有的点，执行“显示”→“显示标签”命令，显示点标签，效果如图4.1所示。
- **保存文件** 执行“文件”→“保存”命令，并以“显示标签的点”为名保存文件。

实例 2 对象为封闭图形的显示

当绘图区绘制了一条或多条线段或一个封闭的几何图形而没有标签时，可通过“显示标签”的方法将其线、点均标记上标签，如图 4.2 所示。

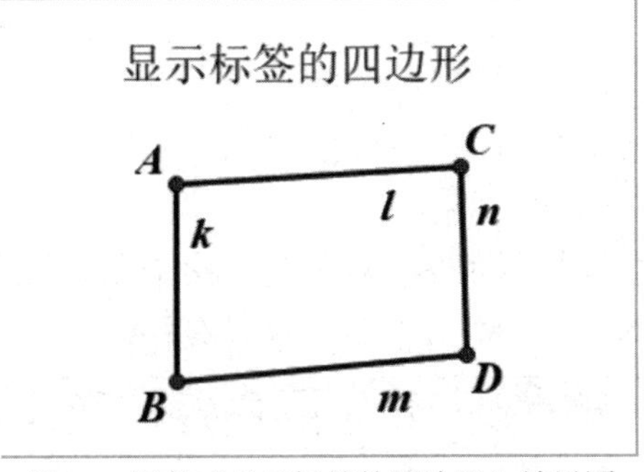

图4.2　课件“显示标签的四边形”效果图

跟我学

- **绘制四边形**　运行“几何画板”软件，单击“线段直尺”工具，在绘图区绘制四边形。
- **显示标签**　选中四边形，执行“显示”→“显示标签”命令，显示四边形的点和边的全部标签，效果如图4.2所示。
- **保存文件**　执行“文件”→“保存”命令，并以“显示标签的四边形”为名保存文件。

实例 3　封闭图形的顶点显示

在绘制三角形或四边形时，多数情况下只显示其顶点而不显示其边，因此在选取对象时可只选取顶点而不选取全部显示，如图 4.3 所示。

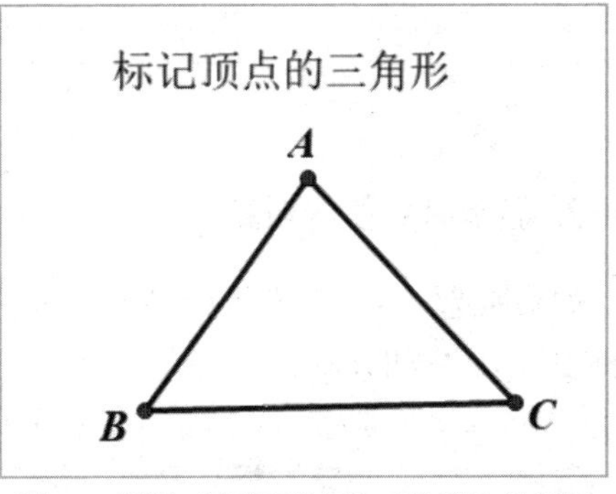

图4.3　课件“标记顶点的三角形”效果图

跟我学

- **绘制三角形**　运行“几何画板”软件，单击“线段直尺”工具，在绘图区绘制三角形。
- **显示标签**　选择“移动箭头”工具，选中所有的点，执行“显示”→“显示标签”命令，显示三角形的点的全部标签，效果如图4.3所示。
- **保存文件**　执行“文件”→“保存”命令，并以“标记顶点的三角形”为名保存文件。

创新园

1. 改变点对象的标签，尝试将点 A 的标签改为点 B_1。
2. 改变一组对象的标签，选中两个以上的点、线、圆或其他几何对象，改变其标签。

1. 自动显示标签

几何画板 5.0 默认的是手动显示标签，要想自动显示标签需进行如下设置：执行“编辑”→“参数选项”命令，按图 4.4 所示操作，将标签设置为自动显示。

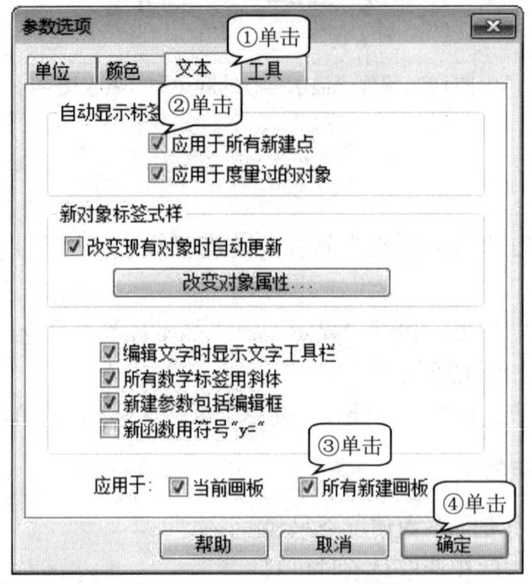

图4.4 设置自动显示标签

2. 显示有标签的对象

如果所选对象已经有了标签，则在进行“显示”操作时，可按图 4.5 所示操作，选择“点的标签”或“线的标签”。

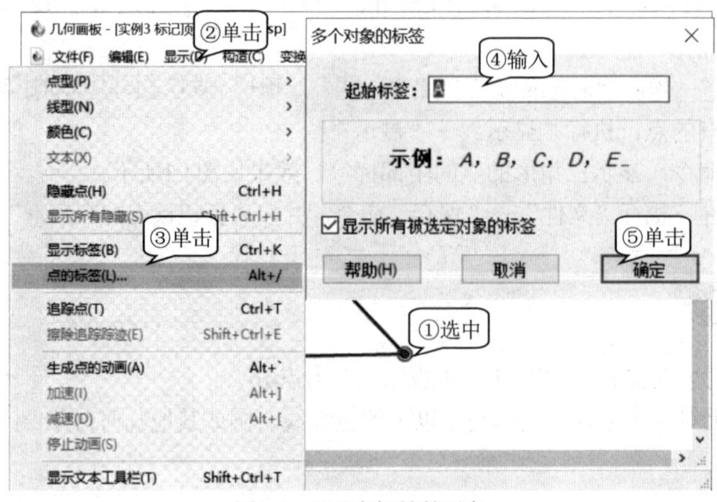

图4.5 显示有标签的对象

3. 颜色的设置

对于选定的几何对象(点、面、封闭图形内部等)均可进行颜色设置或改变，操作如下：当选定几何对象后，执行“显示”→“颜色”命令，设置选定对象的颜色；或者选定对象后右击，然后选择“颜色”选项，即可弹出“颜色”对话框，再设置选定对象的颜色。

4.1.2 几何对象的外观显示

几何对象的外观显示主要包含了点的外观显示、线型的外观显示等，合理调整几何对象的外观显示，可以更有效地帮助学生观看课件。

几何对象的外观显示

实例 4 三角形顶点的外观对比

点的外观有 4 种情形：最小、稍小、中等、最大，如图 4.6 所示，三角形 *ABC* 和三角形 *A'B'C'*中点的外观显示分别为中等和最大。

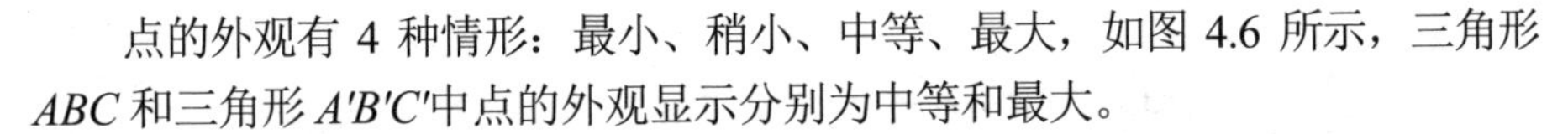

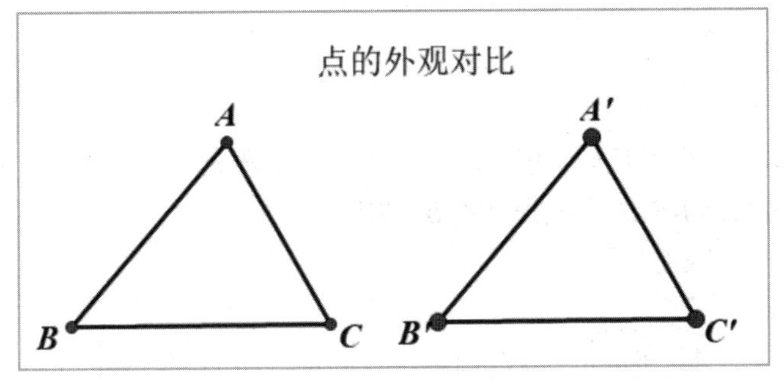

图4.6 课件“三角形顶点的外观对比”效果图

跟我学

- **绘制三角形** 运行“几何画板”软件，选择“线段直尺”工具，按图4.7所示操作，分别绘制三角形*ABC*和三角形*A'B'C'*(软件默认的点的大小为“中等”)。

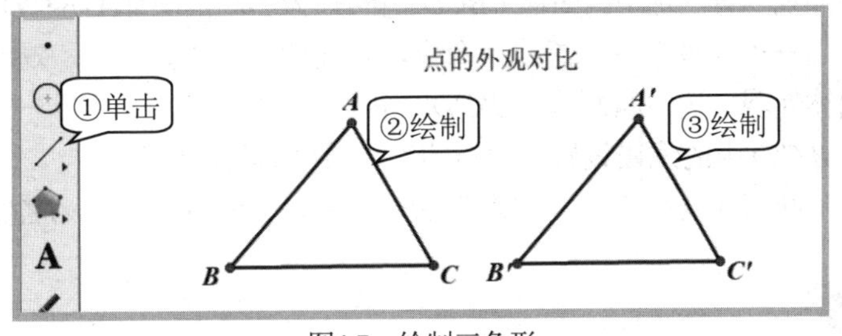

图4.7 绘制三角形

- **设置点的外观** 选中三角形*A'B'C'*的3个点*A'*、*B'*、*C'*，执行“显示”→“点型”→“最大”命令，将点的外观设置为最大，效果如图4.6所示。
- **保存文件** 执行“文件”→“保存”命令，并以“三角形顶点的外观对比”为名保存文件。

实例 5 线型的外观显示

线型的外观共有 4 种线径和 3 种线型，能形成 12 种组合，如图 4.8 所示，若要改变线型则需先选定线段(直线、射线)。

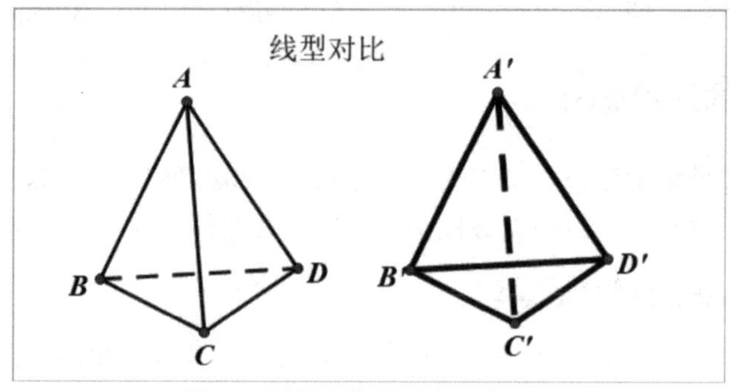

图4.8 课件“线型对比”效果图

跟我学

- **绘制四面体** 运行“几何画板”软件，选择“线段直尺”工具，按图4.9所示操作，分别绘制四面体*A*-*BCD*和四面体*A*′-*B*′*C*′*D*′。

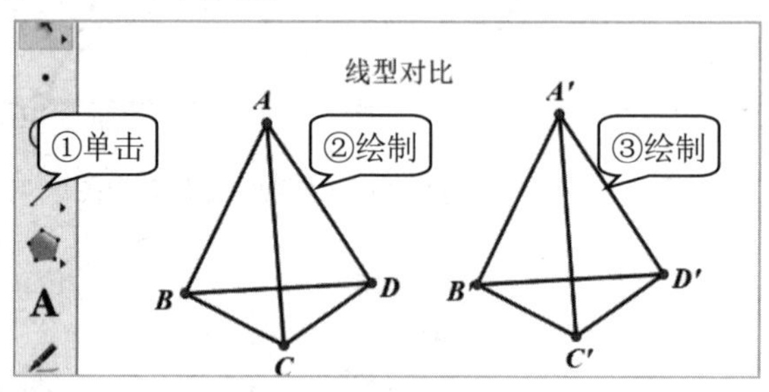

图4.9 绘制四面体

- **设置线型外观** 分别选中四面体*A*-*BCD*中的线段*BD*和四面体*A*′-*B*′*C*′*D*′中的线段*A*′*C*′，执行“显示”→“线型”→“虚线”命令，将其设置为“虚线”，效果如图4.8所示。
- **设置四面体外观** 选中四面体*A*′-*B*′*C*′*D*′，执行“显示”→“线型”→“粗线”命令，将四面体*A*′-*B*′*C*′*D*′中的线段设置为“粗线”，效果如图4.8所示。
- **保存文件** 执行“文件”→“保存”命令，并以“线型对比”为名保存文件。

创新园

1. 将课件中的三角形 *ABC* 和三角形 *A*′*B*′*C*′的点分别设置为“最小”和“最大”。
2. 将课件中的四面体 *A*-*BCD* 的线段设置为“细线”和“点线”。

4.1.3 轨迹的追踪

轨迹是指主动点在路径上运动时，被动对象跟随主动点运动时所留下的痕迹。探求动点的轨迹或求动点的轨迹在中学数学中很常见，借助几何画板的有关“轨迹”操作有助于该问题的解决。

轨迹制作

实例 6 轨迹的形成

线段 CD 的端点 C 在定圆 A 上运动，制作线段 CD 的垂直平分线与直线 AC 的交点的轨迹(椭圆)，如图 4.10 所示。

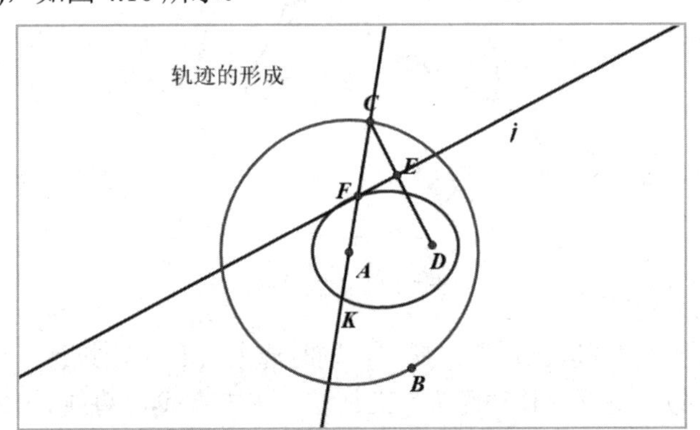

图4.10 课件“轨迹的形成”效果图

使用“构造”菜单中的“轨迹”命令产生被动几何对象的轨迹方法是：同时选中主动点与被动对象(无先后)，然后执行“构造”→“轨迹”命令，但是主动点(只能是点)要画在它的运动路径上。主动点运动的路径可以是线(线段、射线、直线)、圆，也可以是点的轨迹、函数图像，还可以是被填充的多边形(或扇形、弓形)的边界(选择时只能选择其内部，不能选择边界)。

跟我学

- **绘制圆** 运行“几何画板”软件，选择“圆”工具，绘制圆A。
- **隐藏圆上的点** 点B是圆A上的点，拖动它可以改变圆的大小，选中点B，执行“显示”→“隐藏点”命令，隐藏点B。
- **绘制线段** 选择“线段直尺”工具，绘制线段CD，使点C在圆上，点D在圆内，效果如图4.11所示。

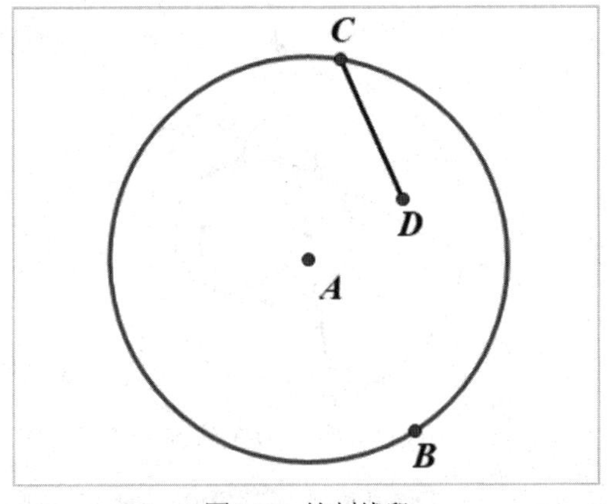

图4.11 绘制线段

- **绘制垂线** 选中线段CD，按Ctrl+M键，作出线段CD的中点E，执行“构造”→“垂线”命令，过点E绘制线段CD的垂线j，效果如图4.12所示。

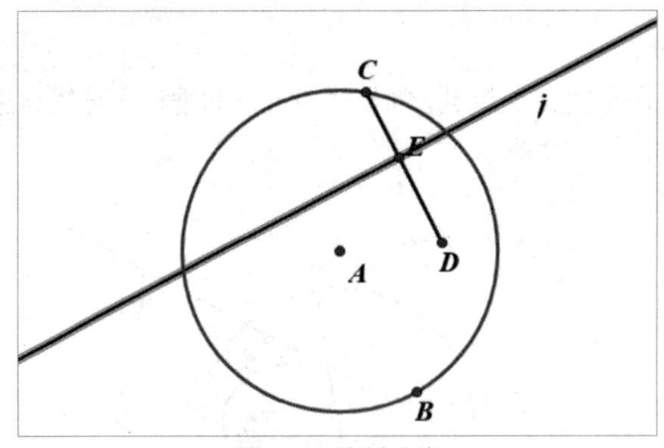

图4.12　绘制垂线

- **绘制交点** 选择“线段直尺”工具，同时选中点A、C，执行“构造”→“直线”命令，绘制直线k，选择“移动箭头”工具，单击直线j与直线k的交点处，作出交点F，效果如图4.13所示。

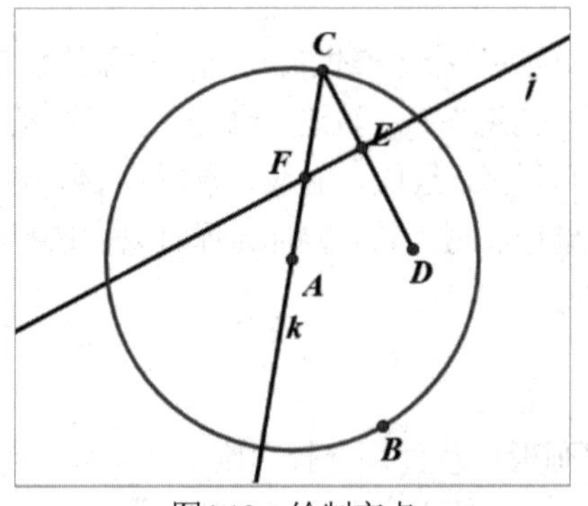

图4.13　绘制交点

- **构造点F的轨迹** 选择“移动箭头”工具，同时选中主动点C和被动点F，执行“构造”→“轨迹”命令，按图4.14所示操作，作出点F的轨迹(椭圆)。

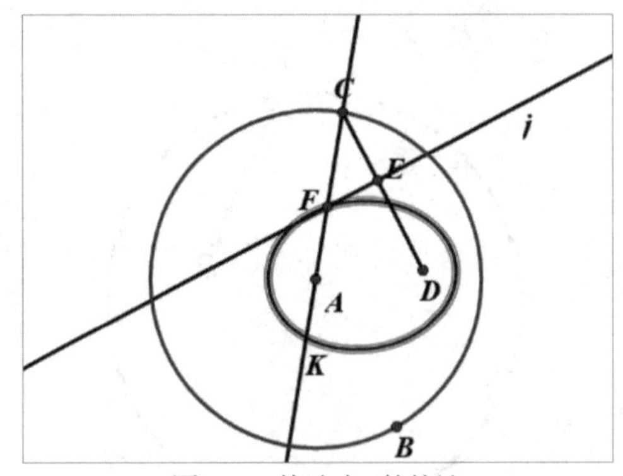

图4.14　构造点F的轨迹

- **保存文件** 执行“文件”→“保存”命令，并以“轨迹的形成”为名保存文件。

1. 在“轨迹的形成”课件中试一试把点 D 拖到圆外。

2. 设三角形 ABC 的顶点 A 在定圆 O 上运动，点 B、C 固定，作出三角形的外心 W，先猜一猜点 W 的轨迹形状，然后再作出它的轨迹。拖动点 C 到各种不同的位置，观察点 W 的轨迹变化。

1. “踪迹”与“轨迹”的区别

“踪迹”与“轨迹”的区别如表 4.1 所示。

表4.1　“踪迹”与“轨迹”的区别

序号	项目	踪迹	轨迹
1	产生条件	选择几何对象或其他对象的轨迹	由主动点(在路径上)或参数控制；同时被选中主动点(或参数)与被动对象，单击“构造”菜单的轨迹
2	菜单项	显示	构造
3	选择	不能被选中	可以被选中
4	标签	不能加注	若轨迹由点生成，可以加注
5	在上面画点	不可以	若轨迹由点生成，则可以
6	作交点	不可以	可作出与线、圆的交点
7	制作按钮	不能	若轨迹由点生成，可以制作其他点在该轨迹上的“动画点”按钮
8	追踪	不可以	可以再追踪形成轨迹的踪迹
9	快捷键	Ctrl+T(开关)	无

2. 使用参数控制被动点的轨迹

在几何画板中，构造轨迹的形成还可以通过用参数控制被动点的形成。

- **新建参数**　执行“数据”→“新建参数”命令，按图4.15所示操作，新建参数 t_1。

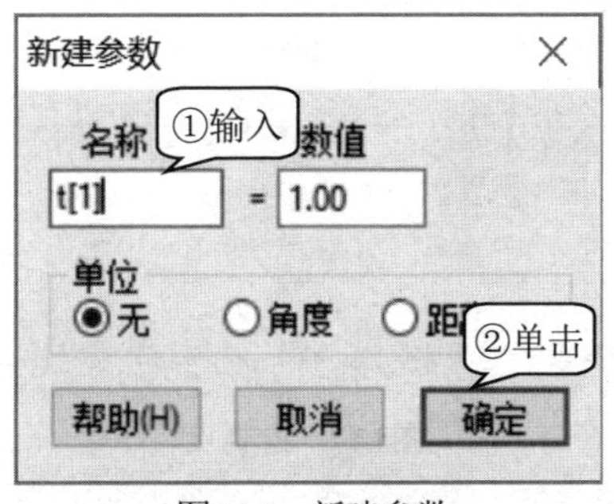

图4.15　新建参数

● **数据计算** 执行“数据”→“计算”命令，打开“新建计算”对话框，按图4.16所示操作，分别计算$5cos(t_1)$、$3sin(t_1)$。

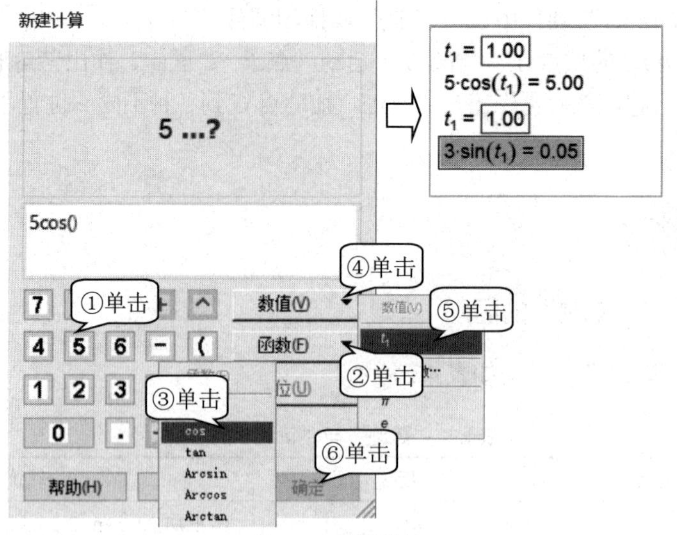

图4.16　数据计算

● **绘制点** 先后选中$5cos(t_1)$、$3sin(t_1)$，执行“绘图”→“绘制点(x,y)”命令，按图4.17所示操作，绘制点A。

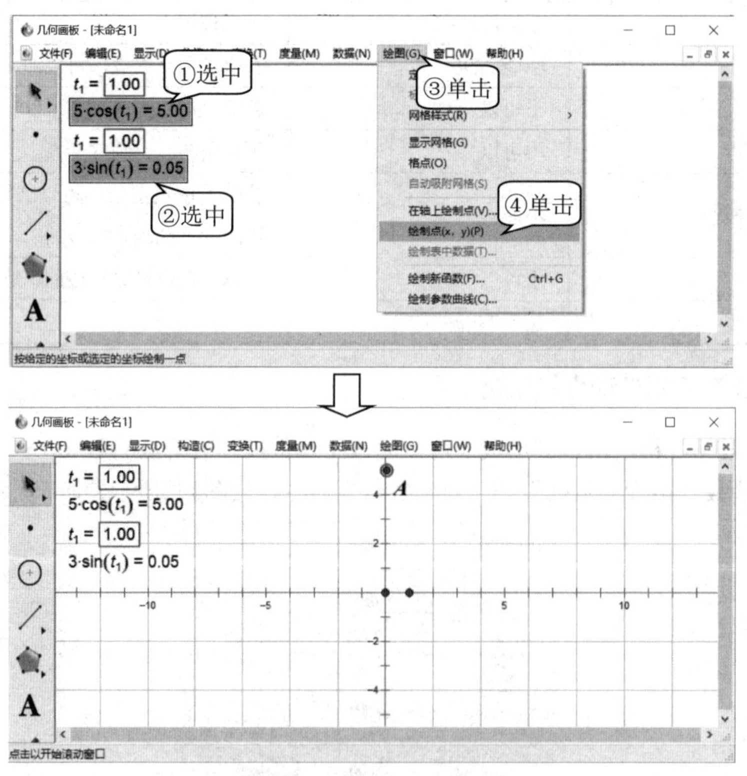

图4.17　绘制点

- **构造轨迹** 同时选中参数t_1、点A，执行“构造”→“轨迹”命令，即可绘制椭圆。

4.1.4 文本与控制的显示

在设计课件时，除了绘制精确的几何图形，还需要一些文字注释对教学内容加以说明。“文本”工具**A**主要用于显示/隐藏点、线、圆的标签或添加文本说明。

文本与控制的显示

实例 7 创建文字注释

使用几何画板制作课件时，可通过添加文字注释对教学内容进一步说明，帮助学习者理解教学内容，如图 4.18 所示。

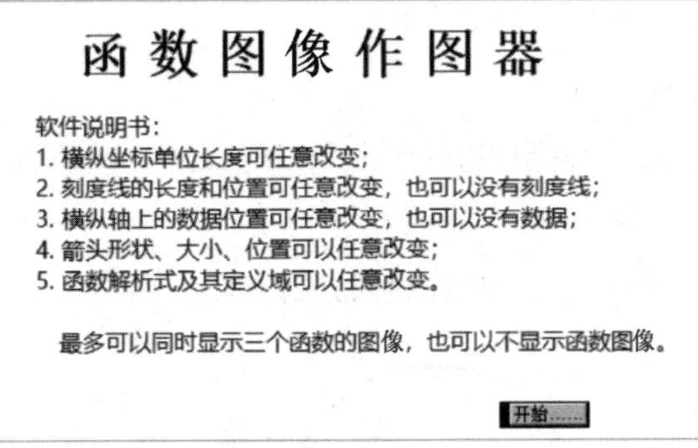

图4.18 课件“创建文字注释”效果图

跟我学

- **输入文本** 运行“几何画板”软件，选择“文本”工具**A**，将鼠标移到画板的适当位置，按住鼠标左键不放并拖动，拖出一个矩形的文本编辑框，在文本框中输入内容即可。
- **显示工具栏** 执行“显示”→“显示文本工具栏”命令，显示“文本”工具栏。
- **设置字体** 选中文本，设置文本框中的文字字体为“微软雅黑”、大小为“16”、字体颜色为“蓝色”，效果如图4.19所示。

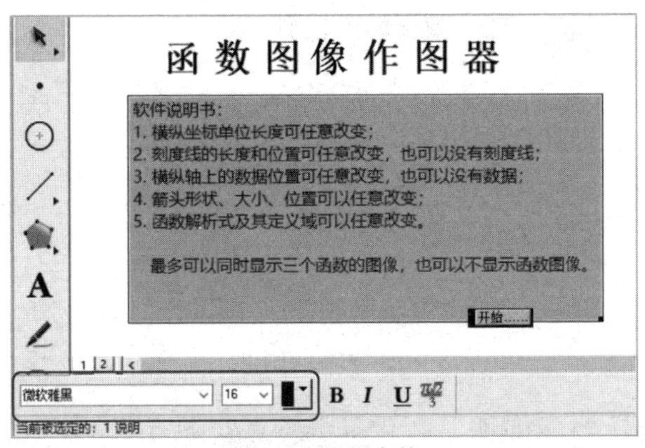

图4.19 设置字体

- **保存文件** 执行“文件”→“保存”命令，并以“创建文字注释”为名保存文件。

创新园

1. 在“创建文字注释”课件中将标题文字“函数图像作图器”设置为“仿宋”“加粗”“32”。
2. 利用“数学符号面板”中的数学符号在课件中输入需要的常用数学符号。

4.1.5 动画的显示

在几何画板中，动画是点按一定的轨迹运动的过程。通常，具有动画效果的课件不仅能使绘制的图形更加生动、逼真，还能帮助学生理解图形变化的规律和特点，有利于重难点知识的讲解和突破。

动画显示

实例 8 点在圆上的运动

在课件中，先利用编辑操作类按钮得到动画按钮，再显示其动画，就可动态展示点在圆上的运动，如图 4.20 所示。

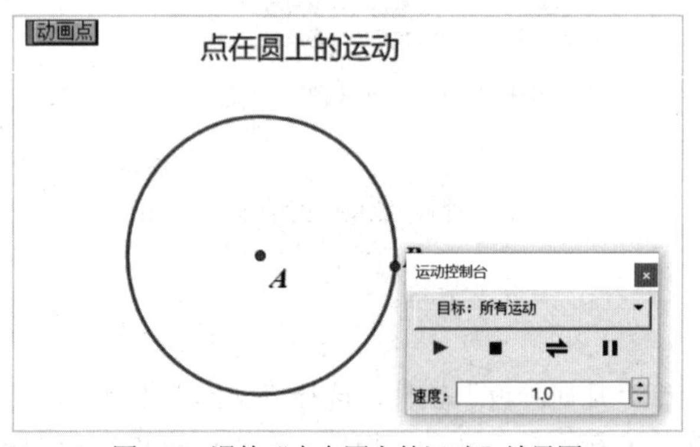

图4.20 课件“点在圆上的运动”效果图

跟我学

- **绘制点** 运行“几何画板”软件，选择“圆”工具，绘制圆A，再选择“点”工具，在圆A上任取一点B，效果如图4.21所示。

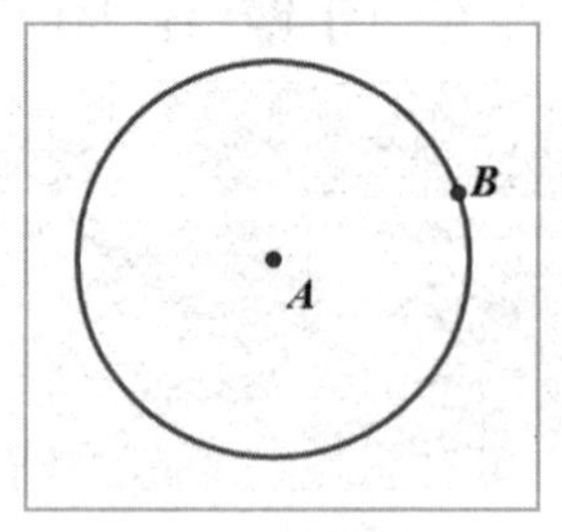

图4.21 绘制点

- **作点动画** 选择“移动箭头”工具，选取点B，执行“编辑”→“操作类按钮”→“动画”命令，按图4.22所示操作，作出点*B*的动画。

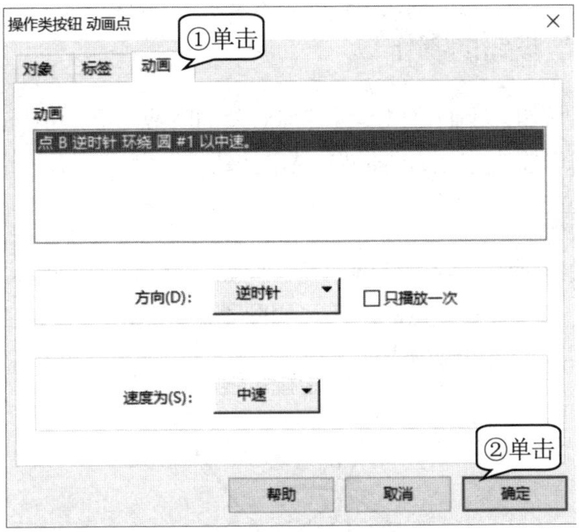

图4.22 作点动画

- **动画显示** 选中点*B*，执行“显示”→“生成点的动画”命令，弹出“运动控制台”，效果如图4.23所示，同时点*B*在圆*A*上运动。

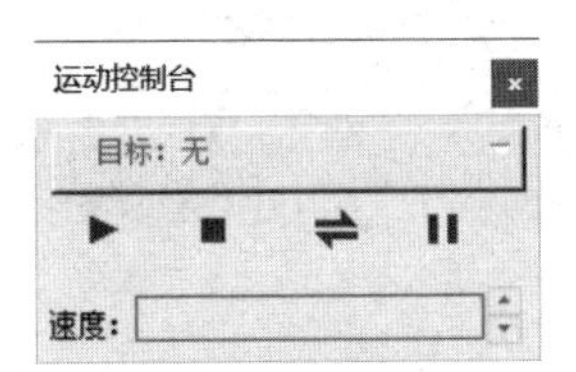

图4.23 动画显示

- **保存文件** 执行“文件”→“保存”命令，并以“点在圆上的运动”为名保存文件。

创新园

1. 参照课件“点在圆上的运动”，制作课件“点在直线上的运动”或“点在平面上的运动”，实现“快速”“顺时针”动画效果。

2. 动画播放时，请利用动画播放栏中的相关按钮尝试操作，实现动画的“加速”“减速”“停止动画”效果。

4.2 使用按钮控制课件

在制作教学课件时，我们总是希望能够控制对象的运行，如对象的显示和隐藏、图形的移动和动态效果的实现、页面的跳转和链接的控制等。而几何画板的显著特点就是其能以“动画”形式生动地展示课件内容，而实现这些动画效果的关键则在于操作类按钮的制作。操作类按钮主要包括“隐藏/显示”按钮、“动画”按钮、“移动”按钮、“链接”按钮、“系列”按钮、“声音”按钮和“滚动”按钮。

4.2.1 “隐藏/显示”按钮的制作

通过“隐藏/显示”按钮，我们可以实现几何对象的隐藏与显示功能。此外，在几何画板中我们还可以将文字设置为隐藏/显示按钮。

隐藏显示按钮

实例 9 显示/隐藏垂线

制作圆时的两个关键因素是圆心和圆半径，例如，绘制外接圆时，其圆心是三角形的垂心，半径是垂心到顶点的距离，如图 4.24 所示。

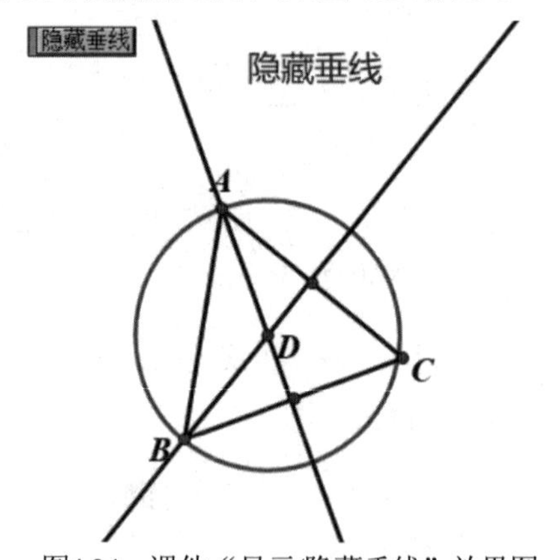

图4.24 课件“显示/隐藏垂线”效果图

跟我学

- **绘制三角形** 运行“几何画板”软件，选择“线段直尺”工具，在绘图区绘制三角形ABC。
- **构造垂线1** 单击选中线段BC，执行“构造”→“中点”命令，再选中点A和线段BC，执行“构造”→“垂线”命令，得到过点A作线段BC的垂线，效果如图4.25所示。

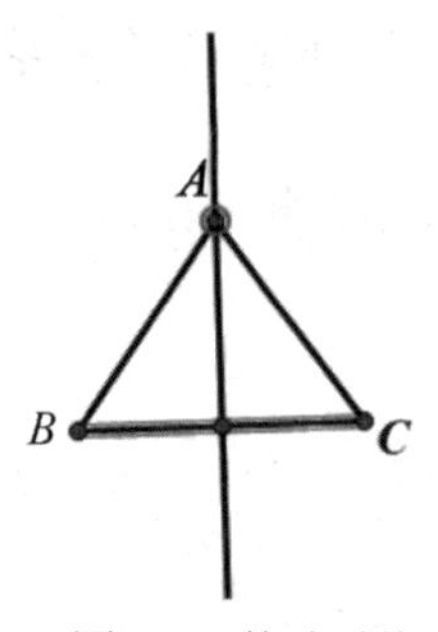

图4.25 构造垂线

- **构造垂线2** 按照上述方法，制作过点B作线段AC的垂线。
- **构造交点** 选中构造好的两条垂线，执行“构造”→“交点”命令，得到两垂线的交点，即三角形的外心D，效果如图4.26所示。

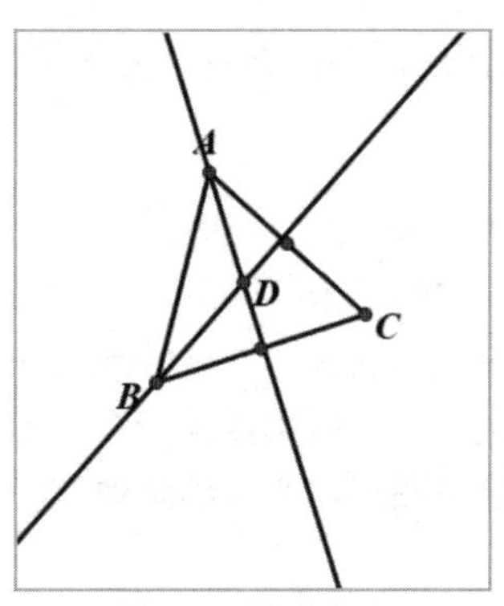

图4.26　构造交点

- **构造外接圆**　选中点D和点A，执行“构造”→“以圆心和圆周上的点绘制圆”命令，得到三角形的外接圆，效果如图4.27所示。

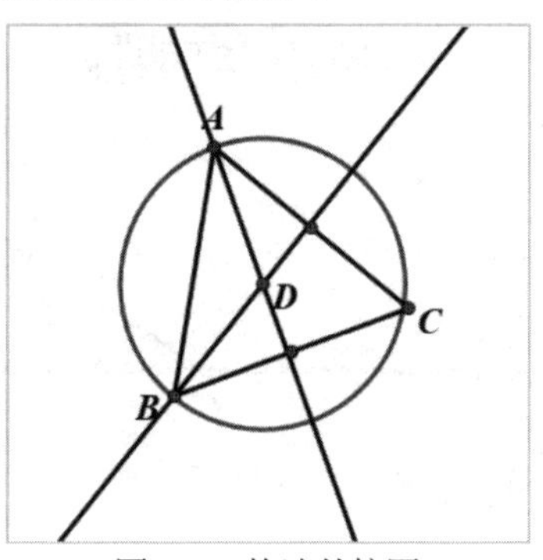

图4.27　构造外接圆

- **制作隐藏/显示按钮**　选中两条垂线，执行“编辑”→“操作类按钮”→“隐藏/显示”命令，得到隐藏/显示按钮，效果如图4.28所示。

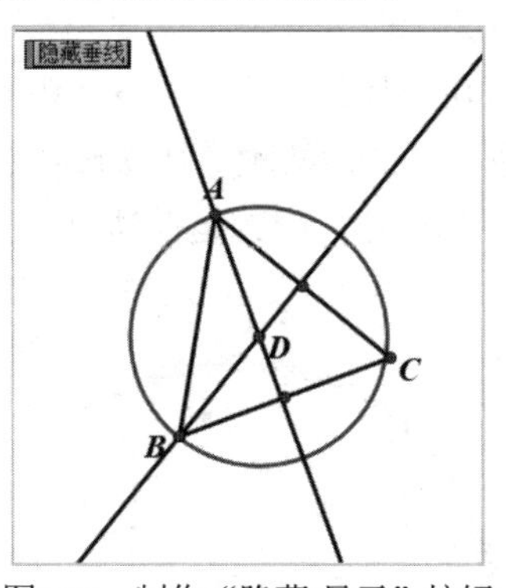

图4.28　制作“隐藏/显示”按钮

- **保存文件**　执行“文件”→“保存”命令，并以“隐藏垂线”为名保存文件。

创新园

1. 通过修改“隐藏垂线”按钮的属性，将标签名称修改为“隐藏三角形的垂线”。

2. 通过修改“隐藏垂线”按钮的属性，选择“总是隐藏对象”，取消使用“淡入淡出”效果。

4.2.2 “动画”按钮的制作

通常，将数学问题通过动画的形式展现，能很好地将抽象的问题形象化、复杂的问题简单化。同样地，利用几何画板可以使一个点沿某条轨迹运动，使静态变动态，绘制出美观有趣的动态图形，实现动画效果。

动画按钮制作

实例 10 线段对折动画

线段对折动画，其实就是线段上的中点与该线段构成的圆弧上的任一点再次构成的线段沿着圆弧运动的轨迹，如图 4.29 所示。

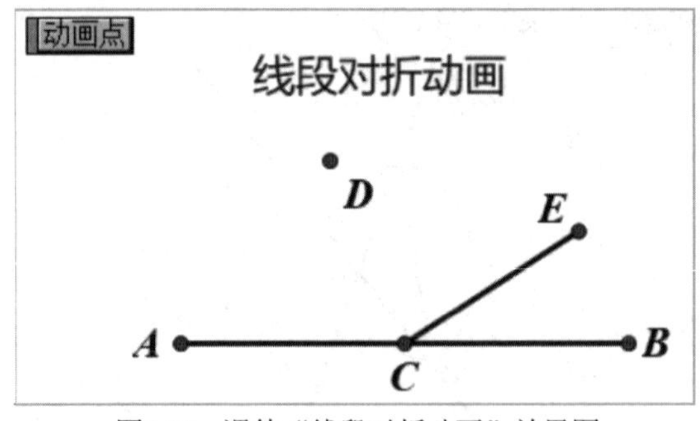

图4.29 课件“线段对折动画”效果图

跟我学

- **绘制线段** 运行“几何画板”软件，选择“线段直尺”工具，在绘图区绘制一条线段*AB*。
- **构造中点** 单击选中线段*AB*，执行“构造”→“中点”命令，作出线段*AB*的中点*C*。
- **构造弧** 在线段*AB*附近画一点*D*，按顺序依次选择点*A*、*D*、*B*，执行“构造”→“过三点的弧”命令，构造出点*A*移到点*B*的运动轨迹，效果如图4.30所示。

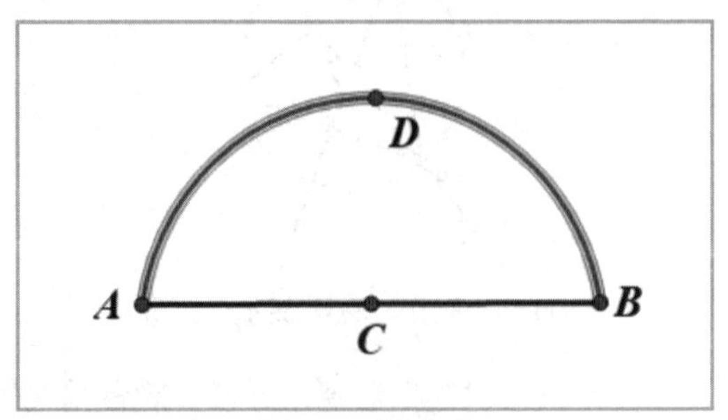

图4.30 构造弧

- **作动画按钮** 选择“点”工具，在弧*ADB*上作一点*E*(不与*D*重合)，执行“编辑”→“操作类按钮”→“动画”命令，按图4.31所示操作，作出点*A*沿弧*ADB*从点*A*到点*B*移动的动画。

图4.31　作动画按钮

- **构造线段**　选中点E和点C，执行“构造”→“线段”命令，构造线段CE(CE就是CA)。
- **隐藏弧**　选定弧ADB，执行“显示”→“隐藏弧”命令，隐藏弧ADB，效果如图4.29所示。
- **保存文件**　执行“文件”→“保存”命令，并以“线段对折动画”为名保存文件。

创新园

1. 通过修改“动画点”按钮的属性，将标签名称修改为“线段对折动画”。
2. 通过修改“动画点”按钮的属性，选择动画的方向为“向前”，速度为“快速”。

4.2.3　“移动”按钮的制作

移动功能是定义“点到点的运动”。几何画板中除了动画功能，其移动功能也可以实现几何图形的动态变化效果。

移动按钮制作

实例 11　移动的小鸭子

单击“移动 $F \to A$”按钮，小鸭子从 F 点移到 A 点，类似地，单击其他移动按钮，可以让小鸭子从 F 点移到目的点，如图 4.32 所示。

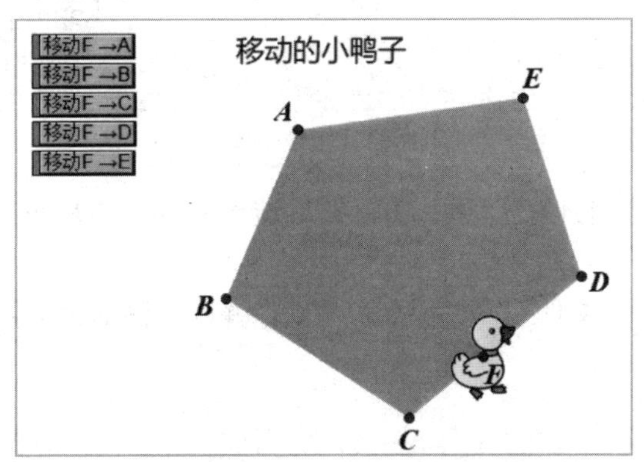

图4.32　课件“移动的小鸭子”效果图

跟我学

- **绘制多边形** 运行“几何画板”软件，选择“多边形”工具，在绘图区绘制五边形*ABCDE*。
- **构造边界上的点** 使用“移动箭头”工具选中五边形*ABCDE*，执行“构造”→“边界上的点”命令，在五边形*ABCDE*的边上构造一点*F*。
- **复制图片** 将“小鸭子”图片通过“复制”→“粘贴”命令，粘贴到*F*点上，效果如图4.33所示。

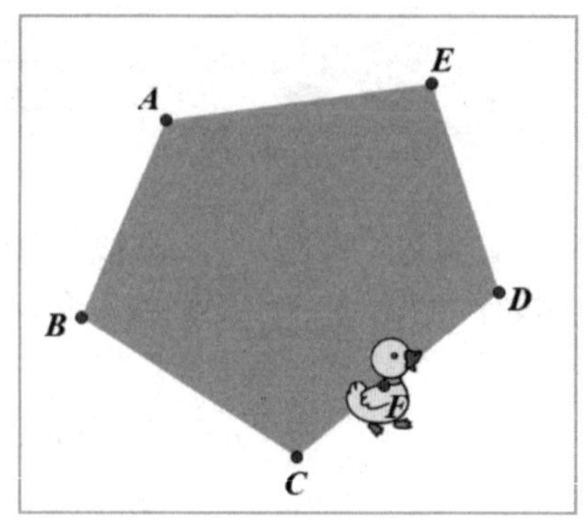

图4.33 复制图片

- **作移动按钮** 选中点*F*和点*A*，执行“编辑”→“操作类按钮”→“移动”命令，按图4.34所示操作，将点*F*移到点*A*上。

图4.34 作移动按钮

- **作其他移动按钮** 按照上述操作方法，构造点*F*到*B*、点*F*到*C*、点*F*到*D*、点*F*到*E*的移动按钮。
- **保存文件** 执行“文件”→“保存”命令，并以“移动的小鸭子”为名保存文件。

创新园

1. 通过修改“移动 $F \to A$”按钮的属性，将标签名称修改为“小鸭子从 *F* 移到 *A*”。

2. 通过修改“移动 $F \to A$”按钮的属性，选择移动的速度为“慢速”及“移到目标初始位置”。

4.2.4　“链接”按钮的制作

在演示多个几何画板文件时，若想在它们之间相互切换；或者制作几何画板课件时将多个文件做成一个目录，通过目录去演示指定的几何画板文件；或者在制作几何画板课件过程中需要链接到其他几何画板课件；或者在制作过程中需要链接到因特网上的资源；或者需进行本机文件的链接等，此时使用“链接”按钮就很方便。

链接按钮制作

实例 12　分别演示圆形、三角形、四边形

将“圆形”“三角形”“四边形”3 个文件做成一个目录，即第 1 页的目录页，通过目录去演示指定的文件，如图 4.35 所示。

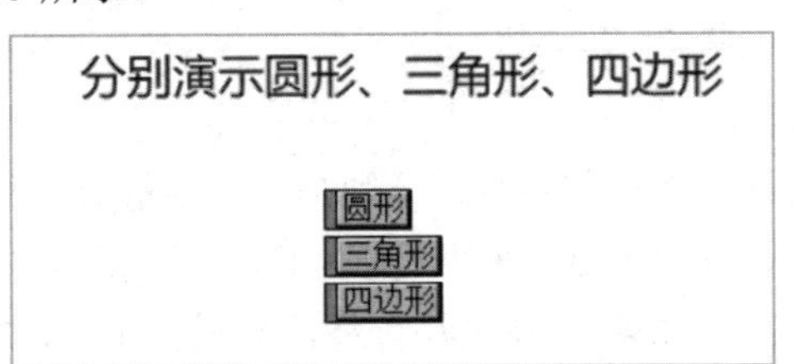

图4.35　课件“分别演示圆形、三角形、四边形”效果图

跟我学

- **增加页面**　运行“几何画板”软件，执行“文件”→“文档选项”命令，按图4.36所示操作，增加页面数直到满足要求。

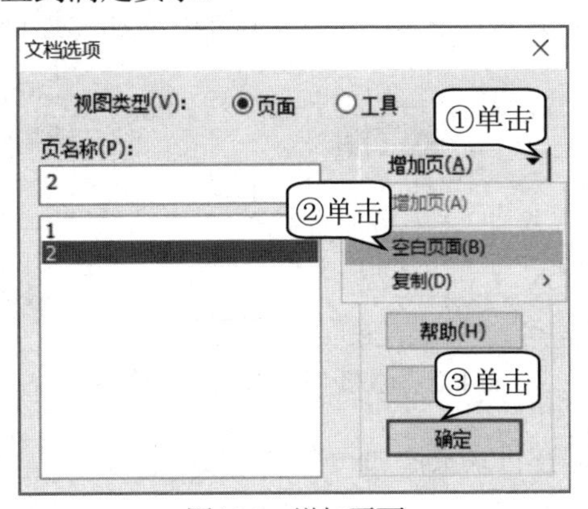

图4.36　增加页面

- **制作目录页**　单击 1 ，将页面1作为目录页，执行“编辑”→“操作类按钮”→“链接”命令，按图4.37所示操作，将链接到第2页的“圆形”，然后修改标签为“圆形”。

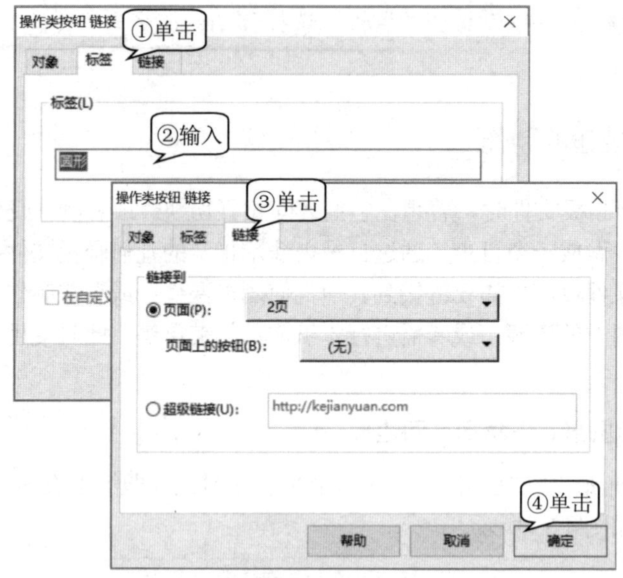

图4.37　制作目录页

- **制作其他链接**　按照上述操作步骤，分别制作“三角形”和“四边形”的链接。
- **制作圆形**　选中 2 ，在第2页中使用“圆”工具绘制圆*A*。
- **制作三角形**　选中 3 ，在第3页中使用“线段直尺”工具绘制三角形*ABC*
- **制作四边形**　选中 4 ，在第4页中使用“多边形”工具绘制四边形*ABCD*。
- **保存文件**　执行“文件”→“保存”命令，并以“分别演示圆形、三角形、四边形”为名保存文件。

创新园

1. 为了达到更好的演示效果，在第 2、3、4 页中增加“返回目录”的链接按钮，效果如图 4.38 所示。

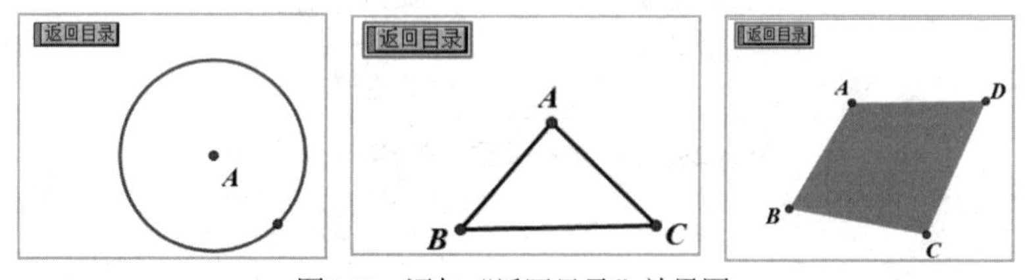

图4.38　添加“返回目录”效果图

2. 参照上述操作步骤，在目录页添加一个“链接”按钮——“双曲线”。

知识库

1. 链接到因特网上的资源

使用链接按钮可以链接到因特网上的资源，执行“编辑”→“操作类按钮”→“链接”命令，按图 4.39 所示操作，选择链接到“安徽基础教育资源应用平台”。

图4.39 链接到因特网上的资源

2. 实现本地文件的超链接

使用链接按钮可以实现本地文件的超链接，执行“编辑”→“操作类按钮”→“链接”命令，按图 4.40 所示操作，选择链接到“*D*:\音乐\1.mp3”，注意，输入文件名时必须要输入扩展名。

图4.40 实现本地文件的超链接

4.2.5 “系列”按钮的制作

系列按钮制作

“系列”按钮是为了使动画效果美观，将多个动画制作成一个动画来体现效果，即依次选中两个或两个以上的按钮，构造成一个“系列”按钮。执行一个“系列”按钮就相当于顺序地执行“系列”按钮中所包含的按钮。

实例 13 三角形、四边形交替显示

通过“隐藏/显示”“系列”按钮的制作，使单击“三角形”按钮时，只显示三角形，隐藏四边形；单击“四边形”按钮时，只显示四边形，隐藏三角形，如图 4.41 所示。

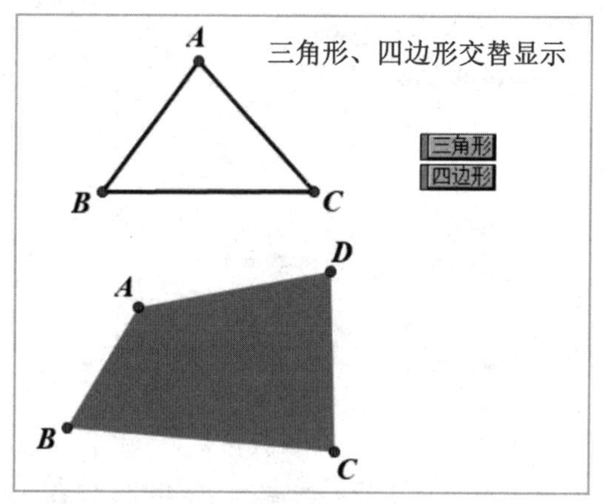

图4.41　课件“三角形、四边形交替显示”效果图

跟我学

- **绘制多边形**　运行“几何画板”软件，选择“线段直尺”工具，在绘图区绘制三角形*ABC*。
- **绘制多边形**　选择“多边形”工具，在绘图区绘制四边形*ABCD*。
- **隐藏/显示三角形**　选中三角形*ABC*，按住Shift键不放，执行“编辑”→“操作类按钮”→“隐藏/显示”命令，工作区会出现“显示对象”和“隐藏对象”两个按钮来控制三角形的显示与隐藏，同时修改这两个按钮的标签为“显示三角形”和“隐藏三角形”。
- **隐藏/显示四边形**　按照上述操作方法，制作“显示四边形”和“隐藏四边形”两个按钮来控制四边形的隐藏与显示，效果如图4.42所示。

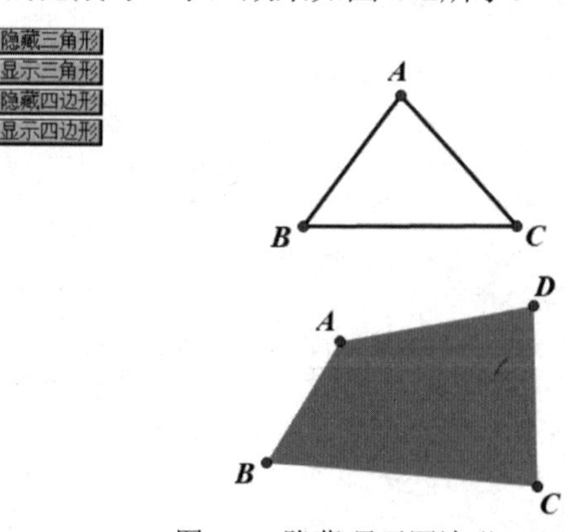

图4.42　隐藏/显示四边形

- **作“三角形”系列按钮**　选中“显示三角形”和“隐藏四边形”按钮，执行“编辑”→“操作类按钮”→“系列”命令，按图4.43所示操作，制作“三角形”系列按钮。

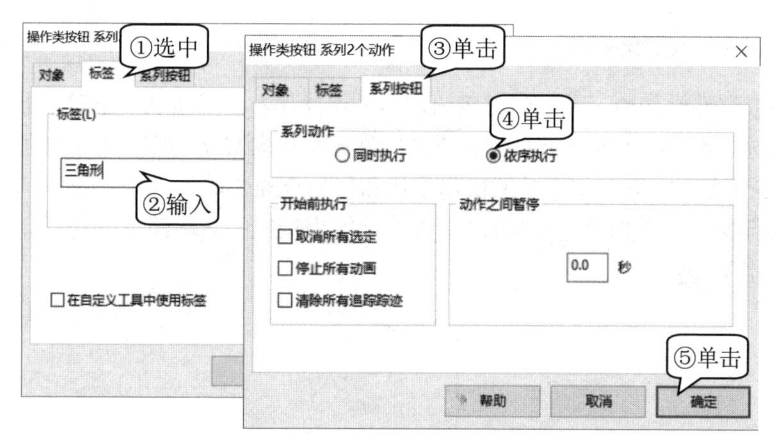

图4.43 作“三角形”系列按钮

- **作“四边形”系列按钮** 按照上述操作方法，选中“隐藏三角形”和“显示四边形”按钮，制作“四边形”系列按钮。
- **隐藏其他按钮** 选中“隐藏三角形”“显示三角形”“隐藏四边形”“显示四边形”4个按钮，按Ctrl+H键隐藏，只保留“三角形”和“四边形”两个按钮。
- **保存文件** 执行“文件”→“保存”命令，并以“三角形、四边形交替显示”为名保存文件。

创新园

1. 通过修改“三角形”按钮的属性，将其设置为“取消所有选定”和“动作之间暂停 0.2 秒”。

2. 通过“文本”工具添加“三角形”和“四边形”，并让其实现热交互，实现隐藏/显示三角形、四边形的动画效果。

知识库

1. “声音”按钮

几何画板 5.0 的“操作类按钮”中新增加了一个有趣的“声音”命令功能，利用这一功能我们可以轻松地构造出能够听取函数声音的按钮。单击该按钮，它便会发出与该函数图像对应的声音。

2. “滚动”按钮

“操作类按钮”中的最后一个命令是“滚动”命令。当页面内容过多而无法全部显示时，我们可以利用这个按钮来控制整个屏幕的滚动，其功能类似于其他软件中的“书签”功能，方便用户浏览和定位页面内容。

3. 防止误操作按钮的制作

在几何画板课件操作中，经常会对按钮进行了误操作，出现错误信息对话框或使某一对象操作后处于被选中状态，中断了课件的正常运行和破坏屏幕显示内容。为了避免以上问题的发生，下面给出一个解决方法：将单独的操作按钮和任一点的“显示/隐藏”按钮一起建立“系列”按钮，并将执行参数设置为“同时执行”，修改标签为相应的名称即可。这样建立的按钮，无论如何操作，都不会发生错误。

第5章 初等代数课件制作

初等代数是算术的继续和推广，其研究的对象是代数式的运算和代数方程的求解。几何画板强大的运算和图形功能可以在这方面大显身手，利用它能制作出各种函数图像和方程曲线，动态地显示对象的“轨迹”，并可通过按钮观察、控制图像的变化，研究函数曲线的特点和性质等。

学习内容

- 函数图像
- 方程求解

5.1 函数图像

函数图像在数学领域中占据着举足轻重的地位，因此，利用几何画板绘制函数图像成为一项至关重要的技能。新版几何画板加强了函数方面的应用，通过作图，我们可以有效地辅助学生深入理解函数的代数形式和几何特征。

5.1.1 一次函数

一次函数及其图像是初中代数的重要内容，也是高中解析几何的基石，一般形如 $y=kx+b$，其中 x 为自变量，使用几何画板可以呈现出带参数的一次函数图像。

一次函数

1. 功能描述

如图 5.1 所示，通过改变参数 a 的数值，并移动点 A 的位置，从而在横坐标中得出不同的函数数值，以绘制出不同参数的一次函数图像。

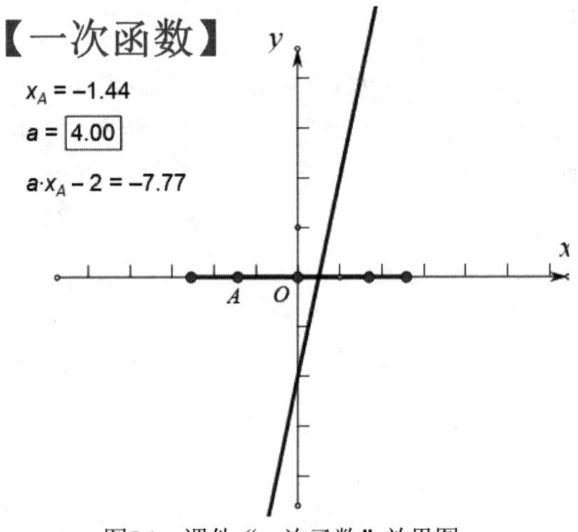

图5.1 课件“一次函数”效果图

2. 分析制作

本例用点的轨迹法绘制一次函数图像。制作课件时，应先建立坐标系并绘制线段，在线段上构造点并度量点的横坐标，然后新建参数并计算带参数的函数数值，再结合点的横坐标和函数数值来构造轨迹，即可直接绘制出带参数的一次函数图像。

跟我学

- **建立坐标系** 新建一个画板文件，并以“一次函数.gsp”为名保存文件。执行“绘图”→“定义坐标系”命令，定义坐标系，用“线段”工具在x坐标轴上任意绘制一条线段，如图5.2所示。

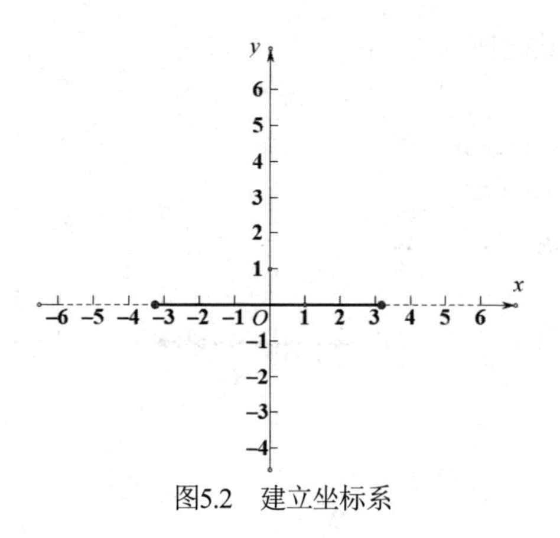

图5.2 建立坐标系

- **度量点横坐标** 选中绘制的线段，执行“构造”→“线段上的点”命令，构造点A；选择点A，执行“度量”→“横坐标”命令，得到点A的横坐标为 $x_A = -1.47$ 。
- **新建参数** 执行“数据”→“新建参数”命令，按图5.3所示设置，新建参数a。

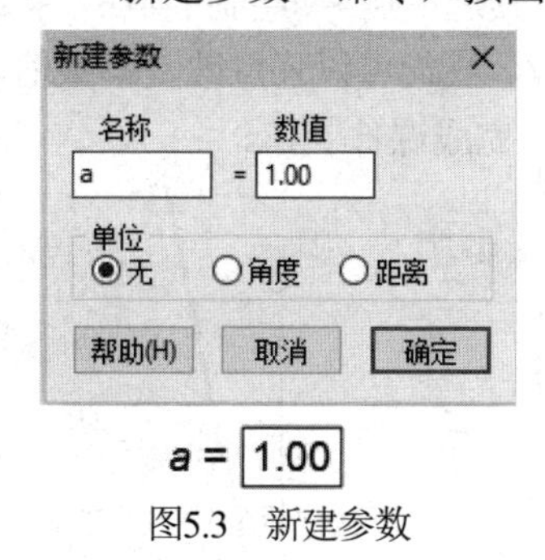

图5.3 新建参数

- **输入函数** 执行“数据”→“计算”命令，打开“新建计算”对话框，输入函数解析式，如图5.4所示。

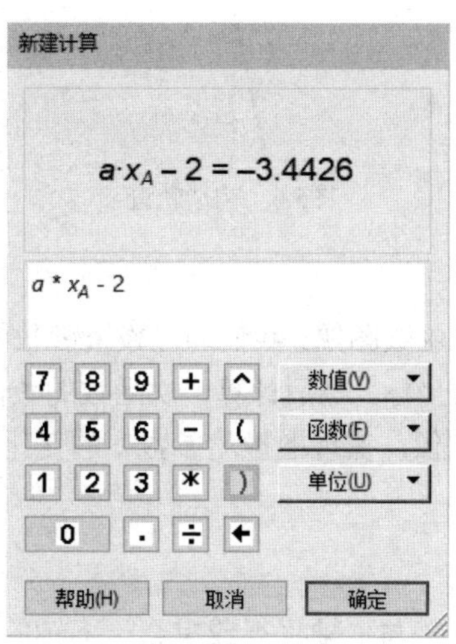

图5.4 输入函数

- **绘制点** 执行“绘图”→“绘制点”命令，先选择点A的横坐标值，再选择函数解析式，自动绘制点B，如图5.5所示。

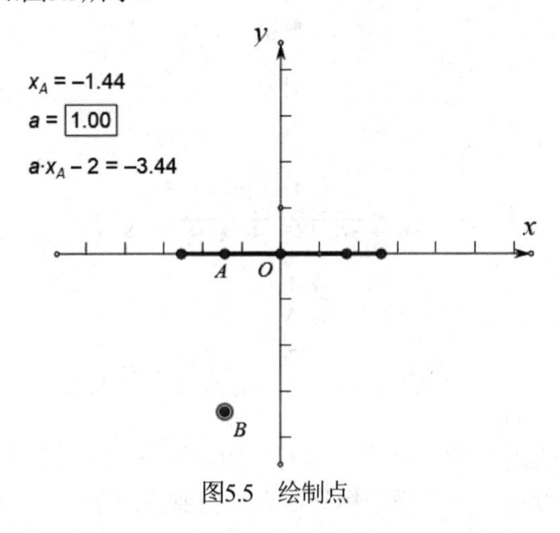

图5.5　绘制点

- **构造轨迹**　用“移动”工具选中点A和绘制的点B，执行“构造”→“轨迹”命令，得到带参数的一次函数图像，我们可以任意改变参数值，来获取不同的一次函数图像，如图5.6所示。保存文件，完成课件制作。

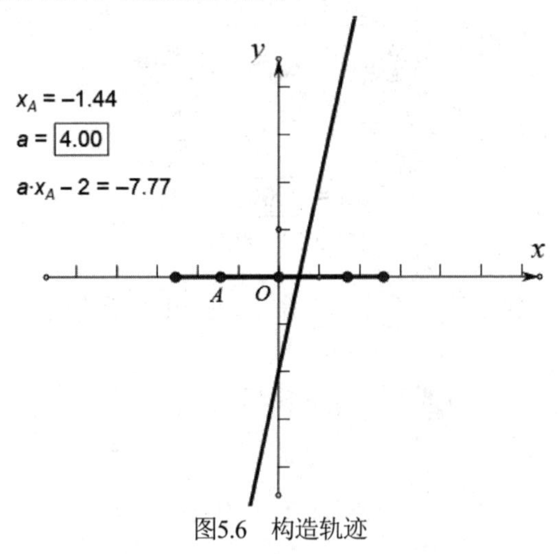

图5.6　构造轨迹

3. 课件总结

本例动态演示带参数的一次函数图像。我们通过设置参数的值来改变一次函数图像的关键是要构造线段上的点和度量其横坐标，然后计算一次函数的数值并绘制点，从而确定两个基本点，再绘制一条直线得出函数图像，实现图像随参数a的变化而变化。

5.1.2　二次函数

二次函数的图像是一条对称轴与y轴平行或重合于y轴的抛物线，其开口向上或向下。利用“几何画板”软件，可以动态地控制二次函数 $y=ax^2-bx+c$ 图像的变化。

二次函数

1. 功能描述

如图 5.7 所示，拖动线段端点的位置，改变参数 a、b、c 的值，函数解析式及其图像会随之改变。

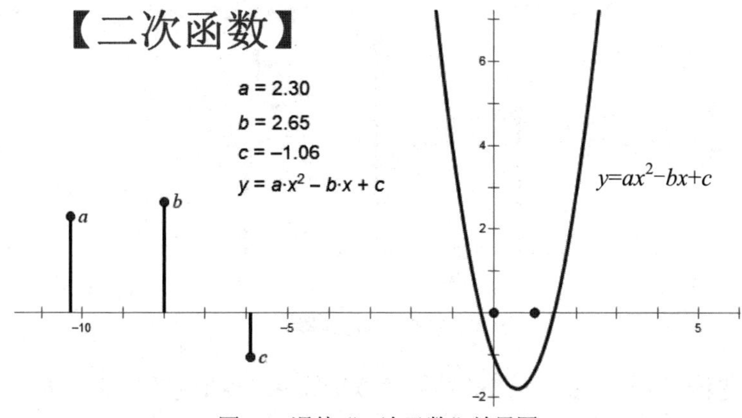

图5.7　课件“二次函数”效果图

2. 分析制作

在制作课件时，首先定义坐标系，其次在 x 轴上构造线段，再次度量线段上三个端点的纵坐标，最后新建二次函数并绘制图像。

跟我学

- **定义坐标系**　新建“二次函数.gsp”文件，执行“绘图”→“定义坐标系”命令，显示坐标系，再执行“绘图”→“隐藏网格”命令，隐藏网格。
- **构造垂线**　在x轴上任取3点A、B、C，同时选中点A、B、C和x轴，执行“构造”→垂线”命令，得到3条直线j、k、l，分别在3条直线j、k、l上各取一点，将这3点的标签分别命名为a、b、c，如图5.8所示。

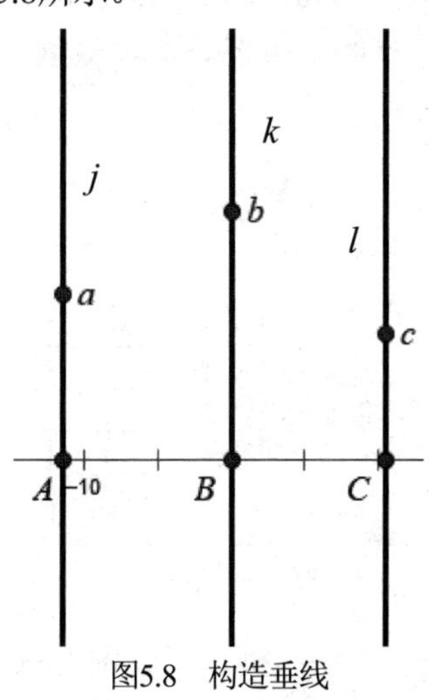

图5.8　构造垂线

- **构造线段** 选中3条垂线，按快捷键Ctrl+H，隐藏3条垂线。单击“线段”工具，分别连接a、b、c与x轴上对应的3点A、B、C，得到3条线段，同时选中x轴上的3点，按快捷键Ctrl+H，隐藏点A、B、C，如图5.9所示。

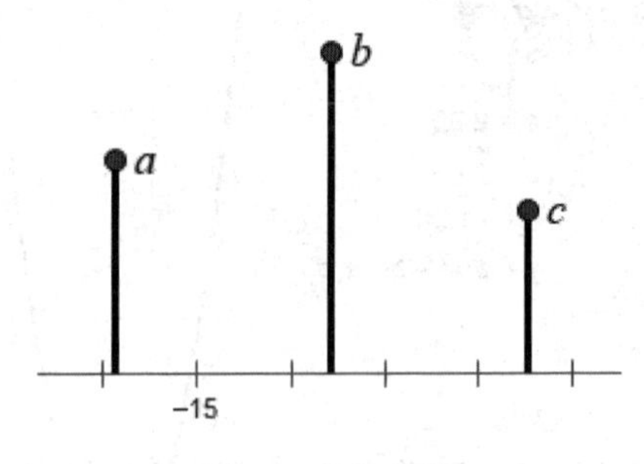

图5.9 构造线段

- **度量纵坐标** 选中3点a、b、c，执行“度量”→“纵坐标”命令，单击“文本”工具，双击度量值，分别将标签改为a、b、c，如图5.10所示。

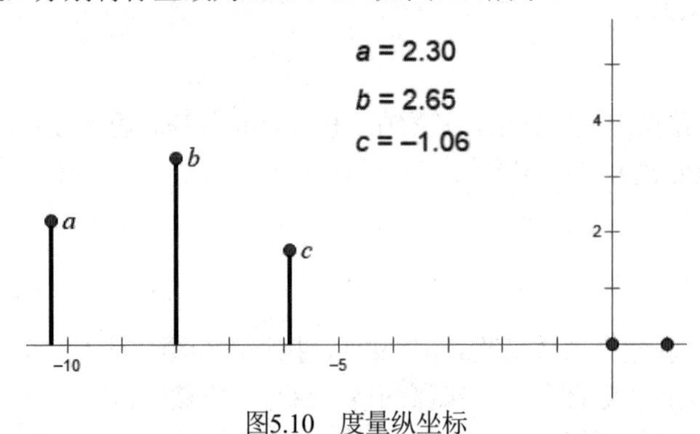

图5.10 度量纵坐标

- **新建函数** 执行“数据”→“新建函数”命令，打开“新建函数”对话框，输入ax^2-bx+c，如图5.11所示，单击“确定”按钮，新建函数$y=ax^2-bx+c$。

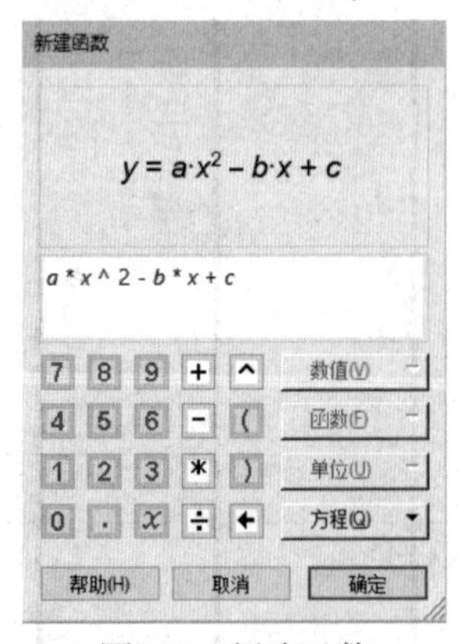

图5.11 新建函数

- **绘制函数** 选择函数$y=ax^2-bx+c$，执行“绘图”→“绘制函数”命令，绘制出函数$y=ax^2-bx+c$的图像，如图5.12所示，完成课件制作。

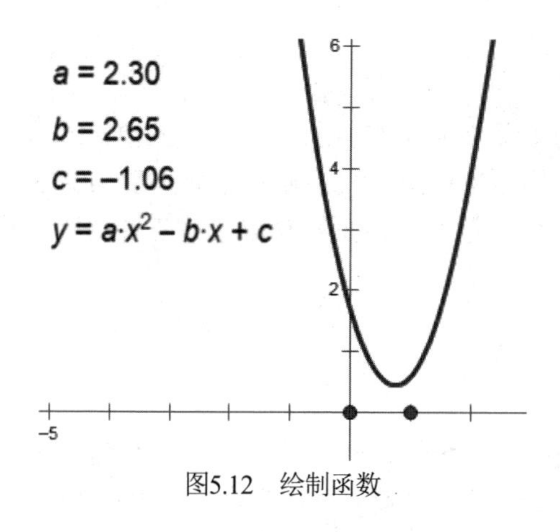

图5.12　绘制函数

3. 课件总结

本例主要介绍了如何动态演示二次函数的图像，首先绘制横坐标上的 3 条垂线，其次通过绘制垂线上的 3 个点，度量点的纵坐标来控制二次函数的参数变化值，最后新建带 3 个参数的二次函数并绘制图像，从而观察二次函数的图像和性质。

5.1.3　正弦函数

在直角坐标系中，给定单位圆，对任意角 α，当使角 α 的顶点与原点重合，始边与 x 轴非负半轴重合，终边与单位圆交于点 $P(u, v)$ 时，点 P 的纵坐标 v 被定义为角 α 的正弦函数，记作 $v=\sin\alpha$。基于这一原理，我们可以使用几何画板追踪点的轨迹绘制出正弦函数的图像。

正弦函数

1. 功能描述

如图 5.13 所示，单击“演示正弦函数”按钮，通过移动圆上点 D 的位置，改变 BD 的弧长，再将 DE 平移到 $D'E'$，随着点 D 的改变，追踪点 D'的位置，动态形成正弦函数的图像分布。

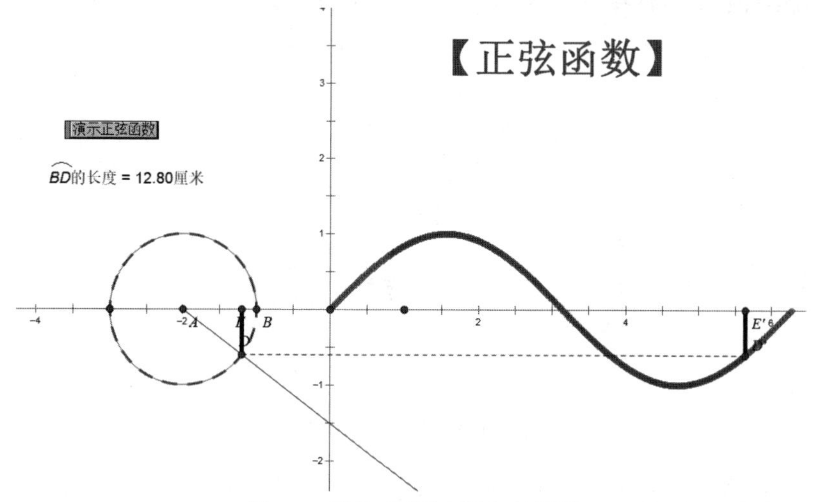

图5.13　课件“正弦函数”效果图

2. 分析制作

本例通过绘制追踪的平移点来动态演示正弦函数图像，通过按钮来启动演示绘制函数的过程。首先在坐标系中构造单位圆，其次在圆上取点后构造 x 轴的垂线，获取垂线与 x 轴的交点，并度量弧的长度，最后平移垂线获取平移点并追踪点进行绘制，从而动态获取正弦函数的图像。

跟我学

- **定义坐标系** 新建“正弦函数.gsp”文件，执行“绘图”→“定义坐标系”命令，显示坐标系，再执行“绘图”→“隐藏网格”命令，隐藏网格。
- **构造单位圆** 在空白处右击，再在对话框中单击“绘制点”，绘制$A(-2, 0)$和$B(-1, 0)$两个点，按顺序选中点A和点B，执行“构造”→“以圆心和圆周上的点绘圆”命令，构造一个单位圆，拖动单位点调整单位长度，如图5.14所示。

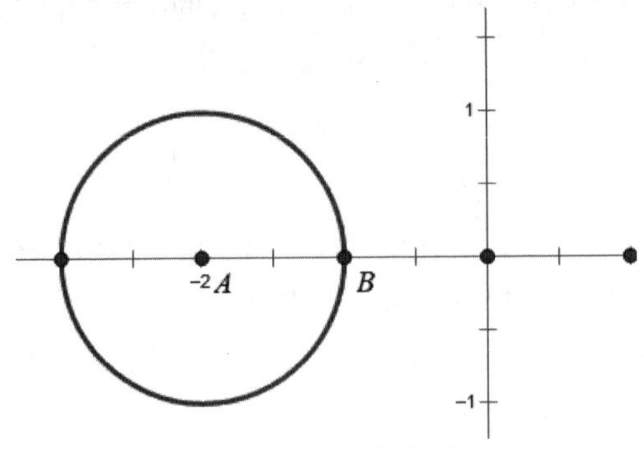

图5.14 构造单位圆

- **构造垂线** 在单位圆上取一点D，按顺序选中点A和点D，执行“构造”→“射线”命令，构造一条射线，过点D构造x轴的垂线交x轴于点E，隐藏垂线后，再构造线段DE并将其属性改为“蓝色”和“粗线”，如图5.15所示。

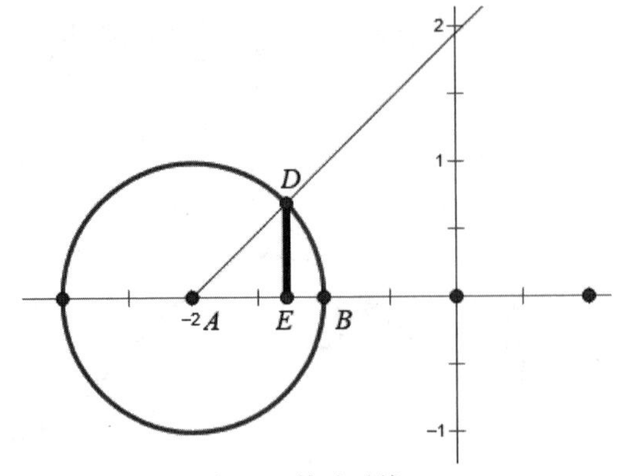

图5.15 构造垂线DE

● **标记距离**　按顺序选中点B、点D和圆，首先执行“构造”→“圆上的弧”命令，构造弧，其次执行“度量”→“弧长”命令，度量弧的长度，最后执行“变换”→“标记距离”命令，标记距离，如图5.16所示。

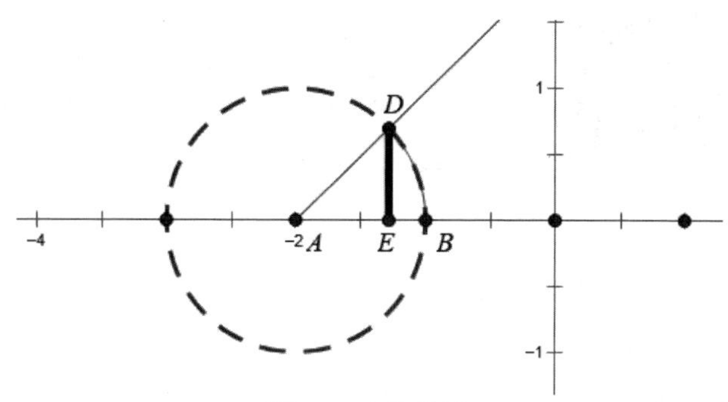

图5.16　标记距离

● **平移原点**　选中原点，执行“变换”→“平移”命令，将“固定角度”设置为0，并将原点平移到E'。

● **平移线段**　依次选中点E和点E'，执行“变换”→“标记向量”命令，选中线段DE和点D，再执行“变换”→“平移”命令，将线段DE平移到$E'D'$；连接DD'，并将线段改为虚线，如图5.17所示。

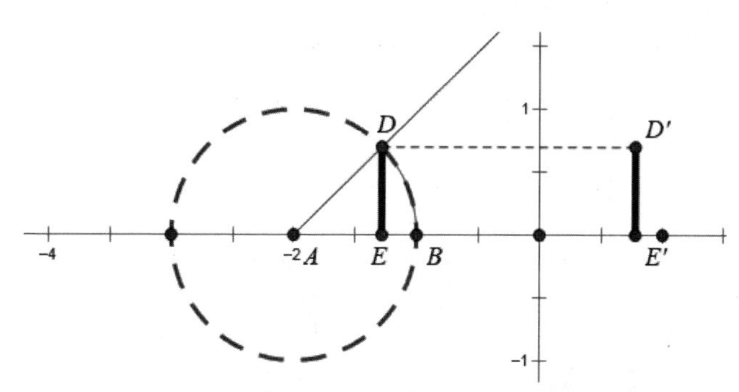

图5.17　平移线段DE

● **追踪点**　选中点D'，执行“显示”→“追踪点”命令，追踪点。

● **制作动画按钮**　选中点D，执行“编辑”→“操作类按钮”→“动画”命令，单击“确定”按钮，制作动画按钮，如图5.18所示。

● **完善课件**　修改按钮标签为“演示正弦函数”，单击按钮可以演示正弦函数图像，将图形和按钮调整到合适的位置。保存文件，完成课件制作。

3. 课件总结

本例通过按钮动态地展示正弦函数的图像构成，并通过绘制点来展示正弦函数的轨迹。在制作课件时，通过轨迹法构造函数图像，再迭代构造图像，从而制作出正弦函数的轨迹图，方便学生理解。

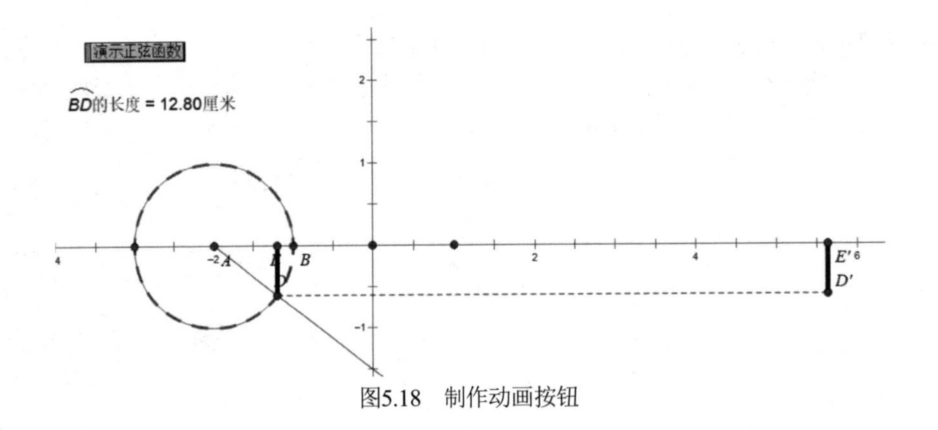

图5.18　制作动画按钮

5.1.4　分段函数

分段函数是指对于自变量 x 的不同取值范围，该函数具有不同的解析式。它被视为一个整体函数，而不是多个独立函数的集合。

分段函数

1. 功能描述

如图 5.19 所示，在自变量取值范围内，根据分段函数表达式绘制分段函数图像，分段函数分几段就出现几条图像。

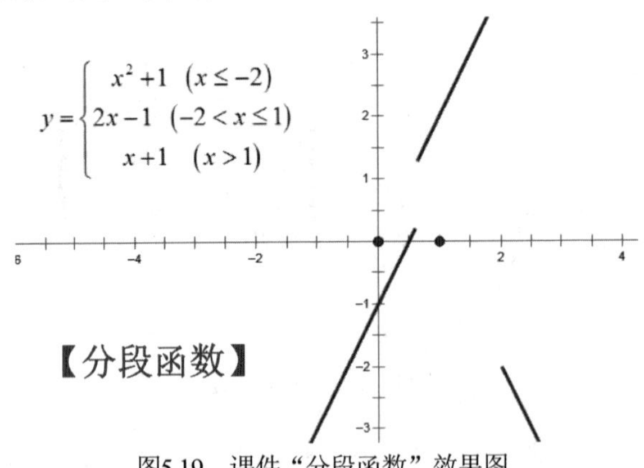

图5.19　课件“分段函数”效果图

2. 分析制作

本例首先利用绝对值函数和符号函数构造控制变量来设置自变量的取值范围，其次根据这些范围依次建立三个函数解析式，最后用一个解析式来表示出分段函数，在确定了控制变量的基础上，我们绘制出了这个分段函数的图像。

跟我学

- **新建文件**　运行“几何画板”软件，新建“分段函数.gsp”文件，定义坐标系。
- **构造控制变量m_1**　执行“数据”→“新建函数”命令，输入函数sgn(1+sgn(-2-x))，修改函数标签为m_1，构造变量$m_1(x)$=sgn(1+sgn(-2-x))，如图5.20所示。

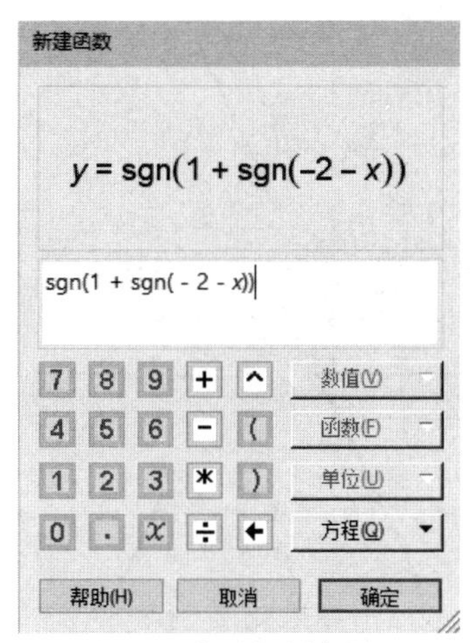

图5.20　构造控制变量m_1

- **构造控制变量m_2、m_3**　相同方法，构造变量$m_2(x)$=sgn(1+sgn((x+2)·(1-x))·sgn(|x+2|))，$m_3(x)$=sgn(1+sgn(x-1))·sgn(|x-1|)。
- **新建分段函数**　执行“数据”→“新建函数”命令，依次新建分段函数$r(x)=x^2+1$、$s(x)=2\cdot x-1$、$t(x)=x+1$，如图5.21所示。
- **新建函数**　执行“数据”→“新建函数”命令，依次新建函数$u(x)=m_1(x)\cdot r(x)$，$v(x)=m_2(x)\cdot s(x)$，$w(x)=m_3(x)\cdot t(x)$。

$m_1(x)$ = sgn(1 + sgn(−2 − x))
$m_2(x)$ = sgn(1 + sgn((x + 2)·(1 − x))·sgn(|x + 2|))
$m_3(x)$ = sgn (1 + sgn(x − 1))·sgn(|x − 1|)
$r(x) = x^2 + 1$
$s(x) = 2\cdot x - 1$
$t(x) = x + 1$

图5.21　新建分段函数

- **绘制分段函数**　执行“绘图”→“绘制新函数”命令，绘制函数$y=u(x)+v(x)+w(x)$的图像，如图5.22所示。

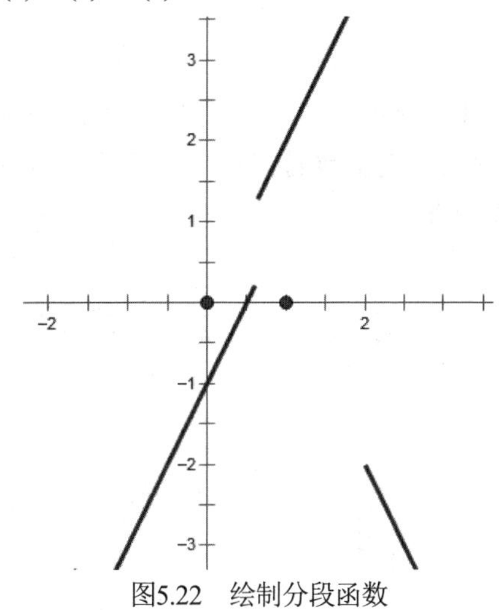

图5.22　绘制分段函数

- **绘制点**　分段函数是在每一段内其对应关系不同，在图像上任取一点A，能在各段图像上自由地移动，如图5.23所示。

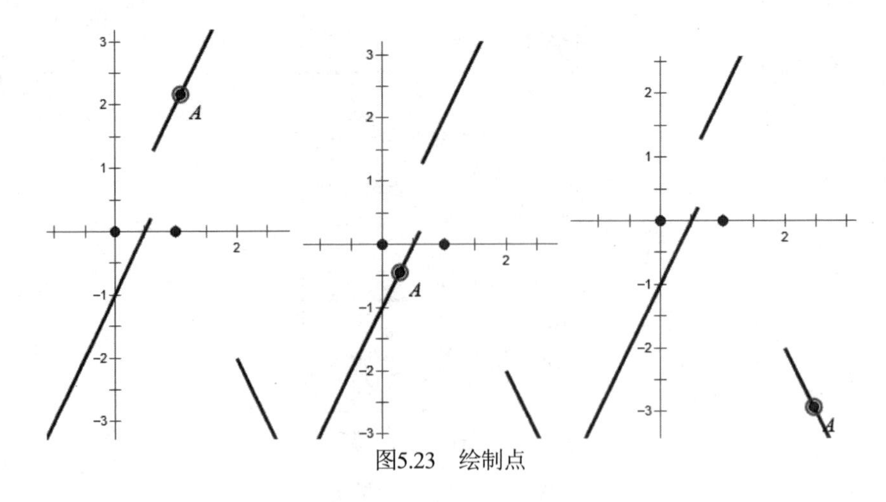

图5.23　绘制点

- **完善课件**　隐藏不必要的函数表达式，将图像调整至合适位置。保存文件，完成课件制作。

3. 课件总结

本例作图的关键就是根据每段函数的定义区间和表达式，在同一坐标系中作出其图像，首先要定义自变量的区间，然后在取值范围内绘制函数图像，作图时要注意每段曲线端点的虚实。

5.1.5　反比例函数

反比例函数的图像属于以原点为对称中心的双曲线，其中每一象限的每一条曲线会无限接近 x 轴和 y 轴，但不会与坐标轴相交($y\neq 0$)。

反比例函数

1. 功能描述

如图 5.24 所示，改变点 A 和点 B 的位置，度量出点 A 的横坐标值和点 B 的纵坐标值，将这两个坐标值作为反比例函数的变量，可以通过值的变化得出反比例函数的性质；改变点 B 的位置平移反比例函数图像。

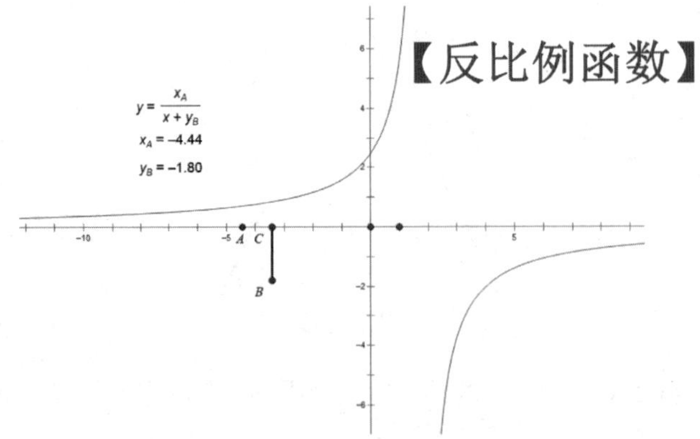

图5.24　课件“反比例函数”效果图

2. 分析制作

本例通过两个变量来控制反比例函数图像的分布，将其中一个变量设置为 x 轴上的点横坐标，另一个变量设置为 x 轴垂线上的点纵坐标，可以左右、上下拖动改变其值，从而改变反比例函数图像。

跟我学

- **新建文件** 运行“几何画板”软件，新建“反比例函数.gsp”文件。选择直角坐标系，隐藏网格。
- **绘制点A** 在x轴上任意位置绘制点A，执行“度量”→“横坐标”命令，度量点A横坐标。
- **构造垂线** 在x轴上方任意位置绘制点B，选中点B和x轴，执行“构造”→“垂线”命令构造垂线，取交点为C；按Ctrl+H键隐藏直线BC，使用“线段”工具绘制垂线BC，并度量点B的纵坐标，如图5.25所示。

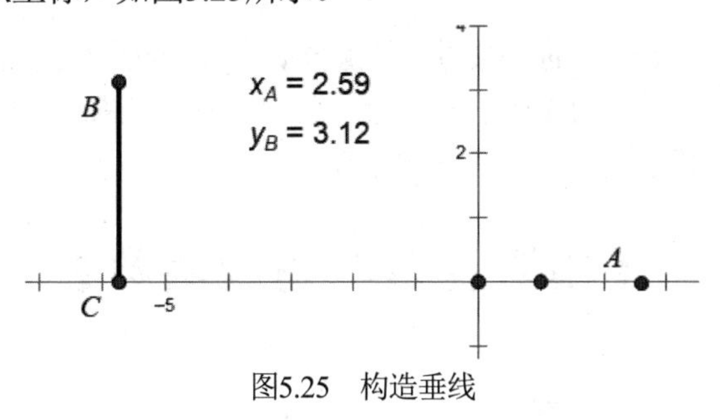

图5.25 构造垂线

- **新建函数** 执行“数据”→“新建函数”命令，新建反比例函数 $y=\dfrac{x_A}{x+y_B}$。
- **绘制函数** 执行“绘图”→“绘制函数”命令，绘制反比例函数图像，如图5.26所示。

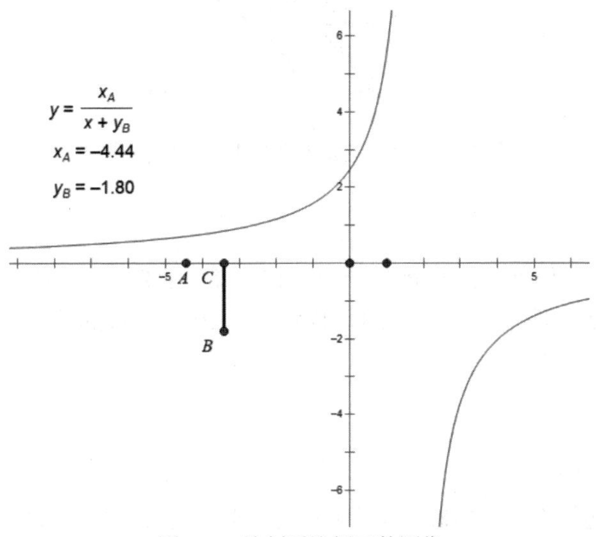

图5.26 绘制反比例函数图像

- **完善课件** 隐藏不必要的函数表达式，将图像调整至合适位置。保存文件，完成课件制作。

3. 课件总结

本例作图的关键就是根据变量的控制来得出反比例函数的性质，当点 A 的横坐标大于 0 时，双曲线的两支大致位于第一、第三象限；当点 A 的横坐标小于 0 时，双曲线的两支大致位于第二、第四象限。

5.1.6 指数函数与对数函数

函数 $y=a^x$(a 为常数且 $a>0$，$a\neq1$)叫作指数函数，函数 $y=\log_a x$($a>0$，且 $a\neq1$)叫作对数函数，指数函数与对数函数是一组反函数，并具有对称性。

指数函数与对数函数

1. 功能描述

利用动画演示指数函数 $y=3^x$ 的图像与对数函数 $y=\log_3 x$ 的图像之间的关系，单击按钮，动态演示函数 $y=3^x$ 的图像上的任意一点 C，关于直线 $y=x$ 的对称点 C'总是落在函数 $y=\log_3 x$ 的图像上，如图 5.27 所示。

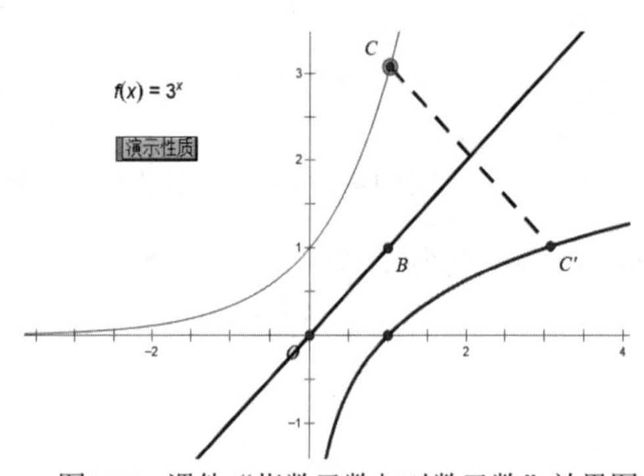

图5.27 课件“指数函数与对数函数”效果图

2. 分析制作

利用几何画板的函数功能绘出函数 $y=3^x$ 的图像，绘制直线 $y=x$ 作为对称轴，构造函数 $y=3^x$ 的图像上的任意一点 C 关于直线 $y=x$ 的对称点 C'，构造点 C'的轨迹就是对数函数 $y=\log_3 x$ 的图像。

跟我学

- **新建文件** 运行“几何画板”软件，新建“指数函数与对数函数.gsp”文件，选择直角坐标系，隐藏网格，定义原点标签为O。

- **绘制函数** 执行“绘制”→“绘制新函数”命令，绘制函数$f(x)=3^x$的图像，如图5.28所示。

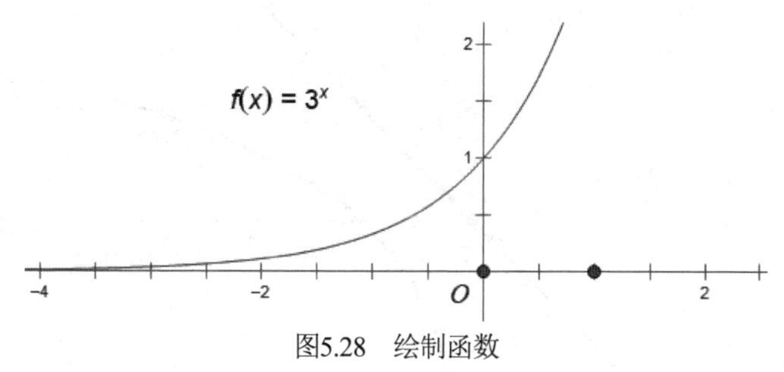

图5.28 绘制函数

- **绘制点** 执行“绘图”→“绘制点”命令，如图5.29所示，绘制点$B(1, 1)$。

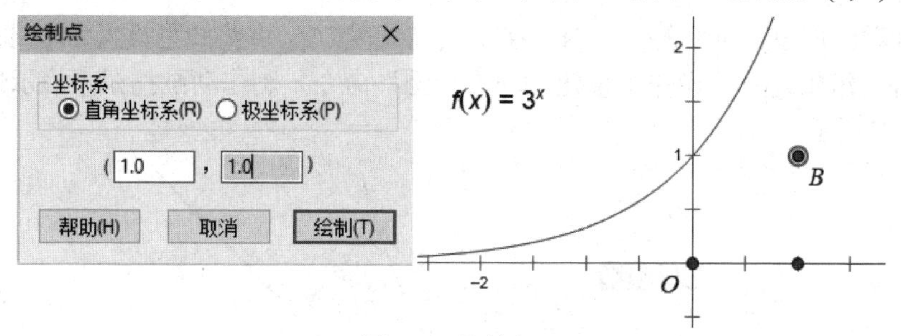

图5.29 绘制点B

- **构造镜面直线** 同时选中点O和点B，执行“构造”→“直线”命令，构造直线OB，选择直线OB，右击，在快捷菜单中标记为镜面。
- **构造反射点** 选择“点”工具，在函数$f(x)=3^x$的图像上任意绘制点C并选中，执行“变换”→“反射”命令，构造出反射点C'，如图5.30所示。

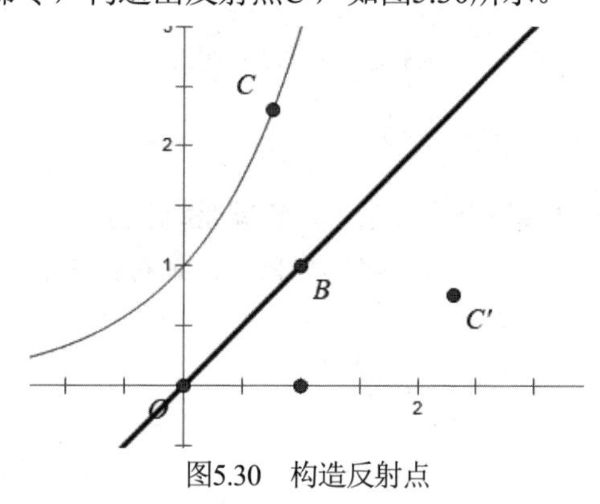

图5.30 构造反射点

- **构造轨迹** 同时选中点C和点C'，执行“构造”→“轨迹”命令，绘制函数$y=\log_3 x$的图像，如图5.31所示。

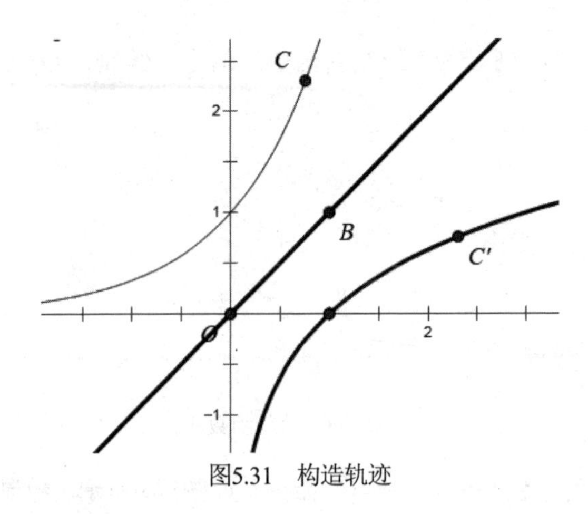

图5.31　构造轨迹

- **添加动画按钮**　同时选中点C和点C'，构造线段CC'，并将线型设置为虚线；选中点C，执行“编辑”→“操作类按钮”→“动画”命令，制作动画按钮“演示性质”，如图5.32所示。

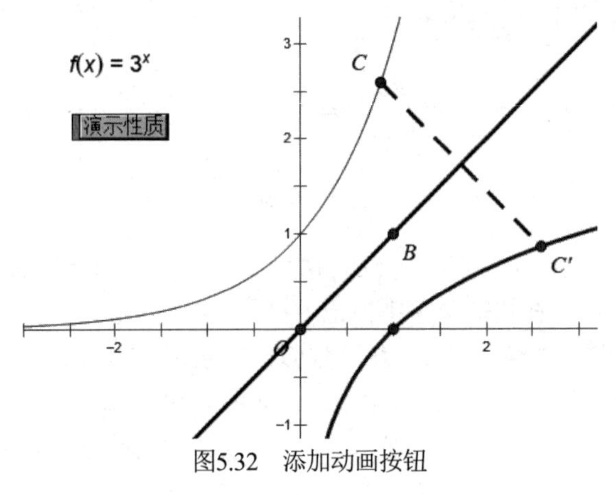

图5.32　添加动画按钮

3. 课件总结

本例作图的关键就是将直线设置为反射面，也就是标记镜面作为对称轴，平移一个点作为一条对称轴的对称点，这两点的连线与对称轴垂直，且到对称轴的距离相等，从而验证指数函数和对数函数的对称性。

1. 测量锐角三角函数

初中阶段求锐角的三角函数，一般是通过构造直角三角形来完成的。尝试制作课件，如图 5.33 所示，先度量出直角三角形的三边 a、b、c 和$\angle A$ 的大小，然后利用公式计算出 $\tan A$、$\sin A$、$\cos A$ 的值，再通过改变$\angle A$ 的大小，观察 $\tan A$、$\sin A$、$\cos A$ 的值的变化情况，从而得到三角函数的规律。

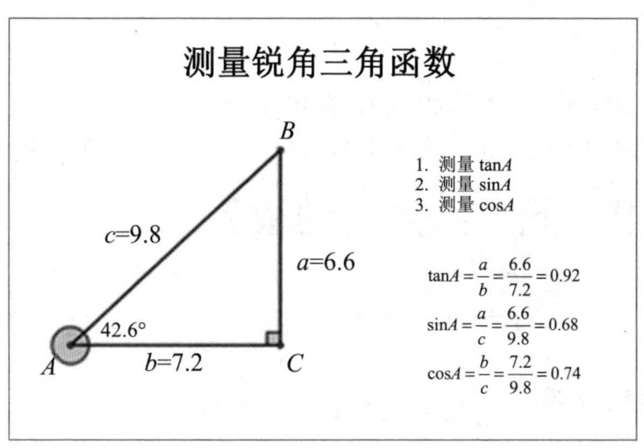

图5.33　课件“测量锐角三角函数”效果图

2. 平移反比例函数

制作如图 5.34 所示效果的课件，原始的函数图像是 $f(x)=1/x$，单击“左平移”按钮后，就可以将反比例函数向左平移两个单位，得到 $f(x)=1/(x+2)$的函数图像；单击“下平移”按钮，函数图像继续向下平移一个单位，得到 $f(x)=1/(x+2)-1$ 的函数图像。

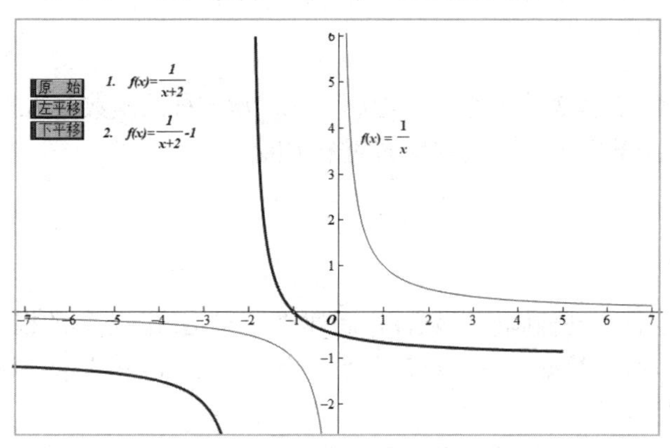

图5.34　课件“平移反比例函数”效果图

5.2　方程求解

方程的求解就是求出方程中所有未知数的值的过程，因此，利用几何画板求方程的解也是很重要的一个技能，通过作图可以有效辅助学生理解不同方程的解题思路。

5.2.1　求一元二次方程的根

对于二次函数 $y=ax^2+bx+c$，当 $y=0$ 时，二次函数为关于 x 的一元二次方程。此时，函数图像与 x 轴交点的横坐标即为方程的根。

求一元二次方程的根

1. 功能描述

在一元二次方程 $ax^2+bx+c=0$ 的教学中，系数 a、b、c 的值改变了，其新方程的根也会改变。结合二次函数图像，求出一元二次方程的两个实数根，如图 5.35 所示。

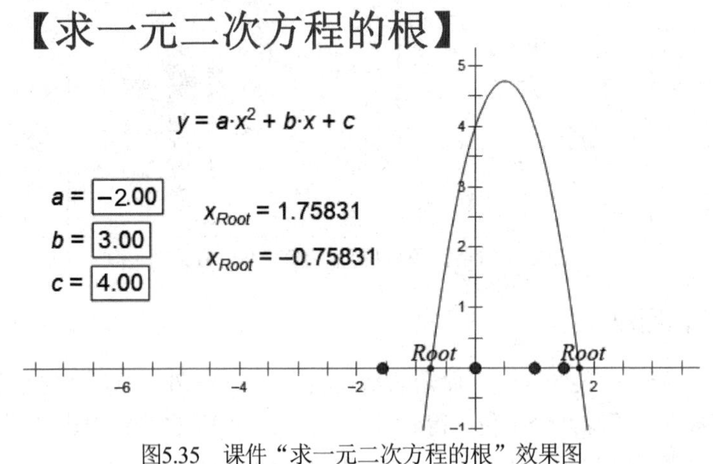

图5.35 课件“求一元二次方程的根”效果图

2. 分析制作

在制作课件时，先新建 3 个参数，再绘制一元二次方程的函数表达式 $y=ax^2+bx+c$，通过改变参数值，利用“函数”工具求出方程的两个实根。

跟我学

- **新建文件** 运行“几何画板”软件，新建“求一元二次方程的根.gsp”文件。
- **新建参数** 执行“数据”→“新建参数”命令，如图5.36所示，新建a、b、c三个可以随意改变值的参数。

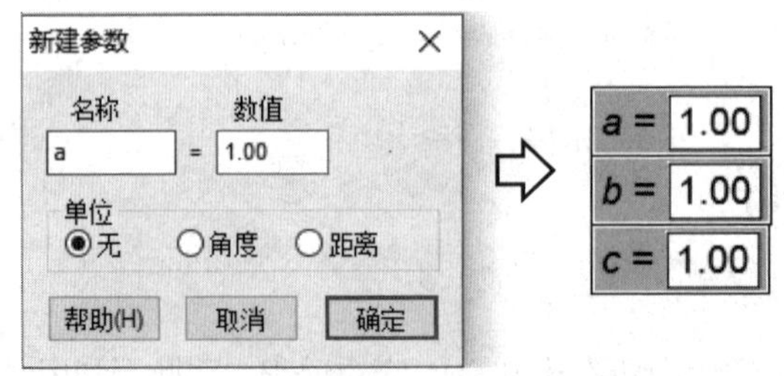

图5.36 新建参数

- **绘制新函数** 执行“绘图”→“绘制新函数”命令，绘制新函数$y=ax^2+bx+c$，如图5.37所示。

输入时，单击左上角的参数 a 即可，然后单击乘号*，再输入 x。其他参数的输入同理。

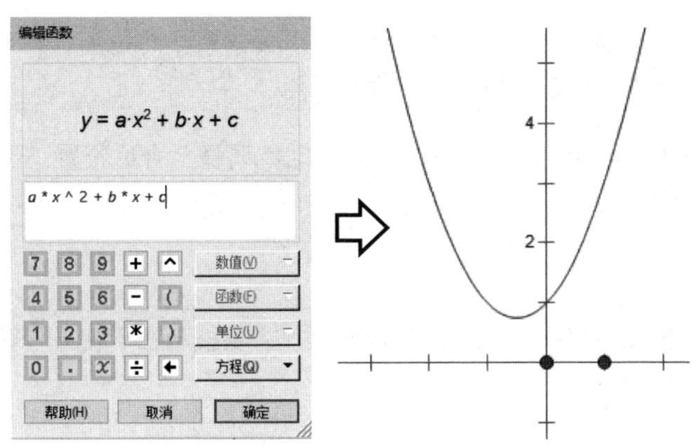

图5.37　绘制新函数

- **调整参数**　图5.37所示的图像与x轴没有交点，对应的一元二次方程无实数根。依次双击参数a、b、c，输入具体数值，如图5.38所示，让图像开口朝下，与x轴产生交点。

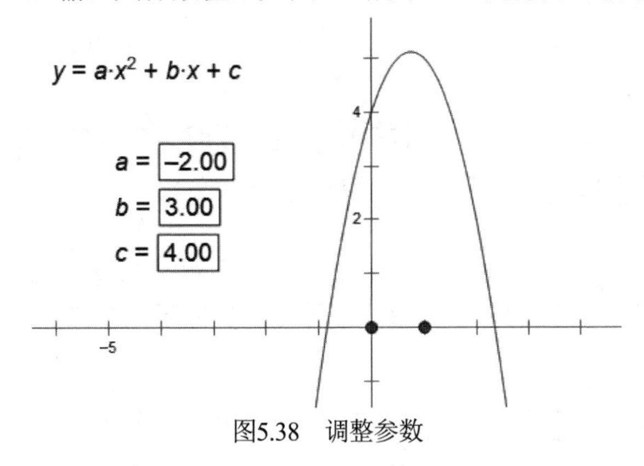

图5.38　调整参数

- **选择“函数”工具**　单击“自定义”工具按钮，执行“函数工具”→“$f(x)$=0的根”命令。
- **求方程的根**　单击函数解析式，移动光标，出现*Root*标签，显示第一个根，再次单击函数解析式，移动光标，出现另一个*Root*标签，显示第二个根，如图5.39所示。

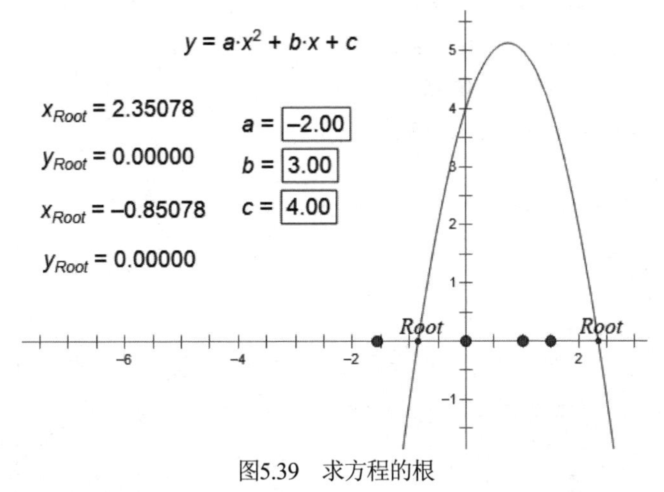

图5.39　求方程的根

> 注意，两个 x 的值才是根，y 是纵坐标。求任意系数的一元二次方程的根时，只要改变 a、b、c 的值，就会立即显示新方程的根。

- **完善课件** 隐藏不必要的函数表达式，将图像调整至合适位置。保存文件，完成课件制作。

3. 课件总结

本例利用几何画板图像法解一元二次方程的根，主要技巧在于将方程转化为函数，从而绘制出函数图像，即可轻松求出方程的解。

5.2.2 求一元二次方程组的解

用几何画板解一元二次方程组的根，通过绘制方程组中多个方程的图像，产生的交点即为方程组的解。

求一元二次方程组的解

1. 功能描述

如图 5.40 所示，本课件先展示出方程组中两个方程的函数图像，得出两个函数的交点 A 和 B，这两个点的坐标就是方程的解。

2. 分析制作

本课件通过绘制两个方程的函数图像，度量出函数图像的交点坐标，即可轻松求出方程的解。

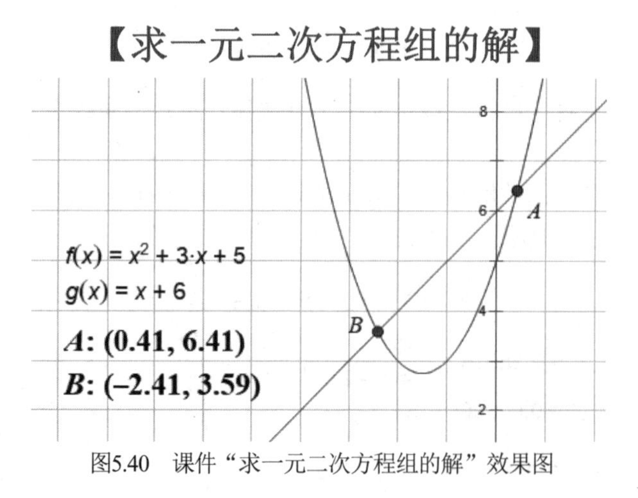

图5.40 课件“求一元二次方程组的解”效果图

跟我学

- **新建文件** 运行软件，新建“求一元二次方程组的解.gsp”文件，执行“绘图”→“显示网格”命令，新建网格。

- **绘制函数图像** 执行"绘图"→"绘制新函数"命令，依次绘制函数$f(x)=x^2+3x+5$、$g(x)=x+6$的图像，如图5.41所示。

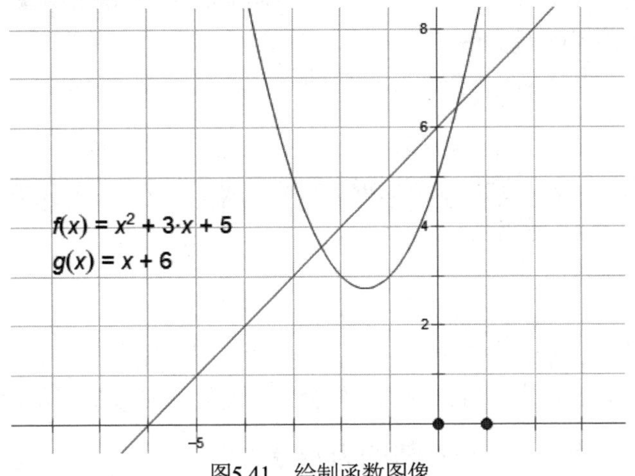

图5.41 绘制函数图像

- **绘制点** 使用"点"工具单击两个函数图像的交点，生成点A和点B，如图5.42所示。

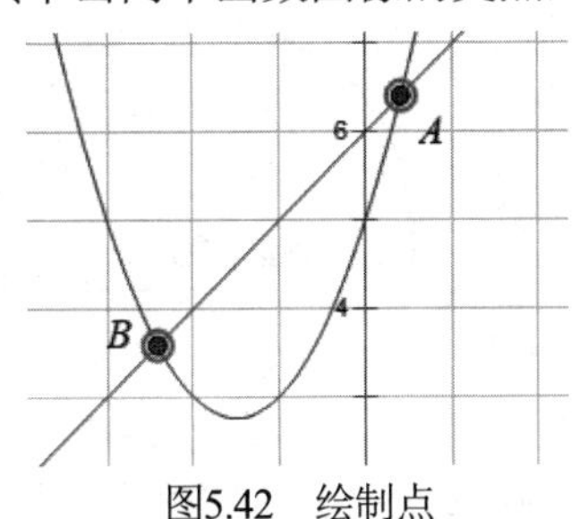

图5.42 绘制点

- **度量坐标** 选中函数交点A和B，执行"度量"→"坐标"命令，度量交点坐标，得到的坐标为函数的解，如图5.43所示。

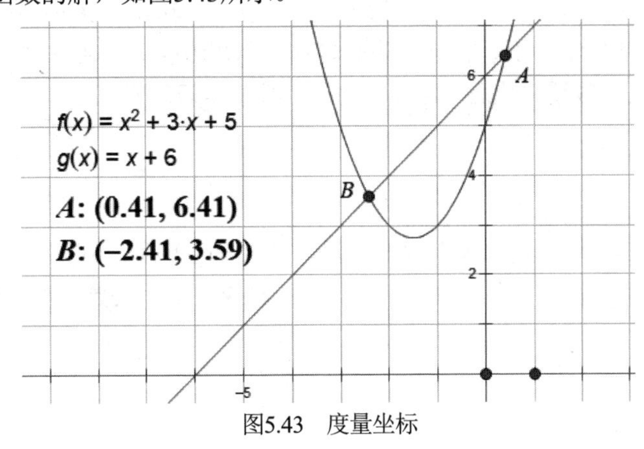

图5.43 度量坐标

- **完善课件** 将图像调整至合适的位置。保存文件，完成课件制作。

3. 课件总结

本课件用来探究多个方程求解的方法，使用几何画板中绘制函数图像的方法求解更加方便直观，取交点的坐标得到方程的解。

5.2.3 求圆的方程

在学习圆的相关知识时，我们了解到每个圆都对应着一个具有特定含义的方程，就如同函数有其独特的解析式一样。

求圆的方程

1. 功能描述

本课件使用几何画板绘制出圆形，并为圆形自动匹配方程，利用“移动箭头”工具来改变圆的位置和大小时，圆的方程会随之变化，如图5.44所示。

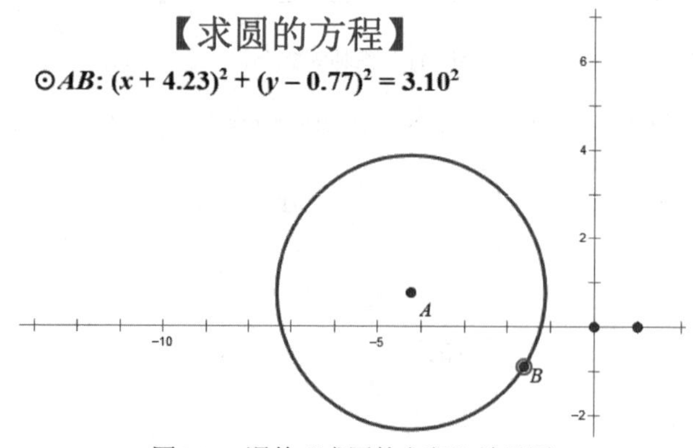

图5.44　课件“求圆的方程”效果图

2. 分析制作

本课件首先绘制圆，然后利用几何画板强大的“度量”功能，度量出圆的方程。在度量完成后，坐标系会自动建立，并且圆的方程也会自动显示在画板上。这一功能使得我们可以直接获取与几何图形相关的数据，从而更加便捷地进行数学学习和研究。

跟我学

- **新建文件**　运行“几何画板”软件，新建“求圆的方程.gsp”文件。
- **绘制圆**　使用“圆”工具，在画布上绘制一个合适大小的圆，如图5.45所示。

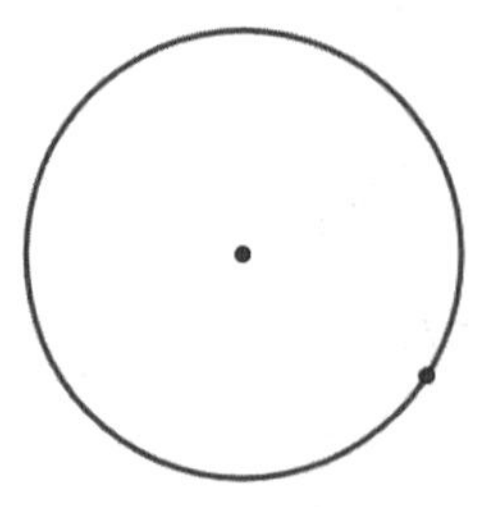

图5.45　绘制圆

- **度量方程**　选中圆，执行"度量"→"方程"命令，自动建立坐标系，得出圆的方程后，隐藏网格，如图5.46所示。

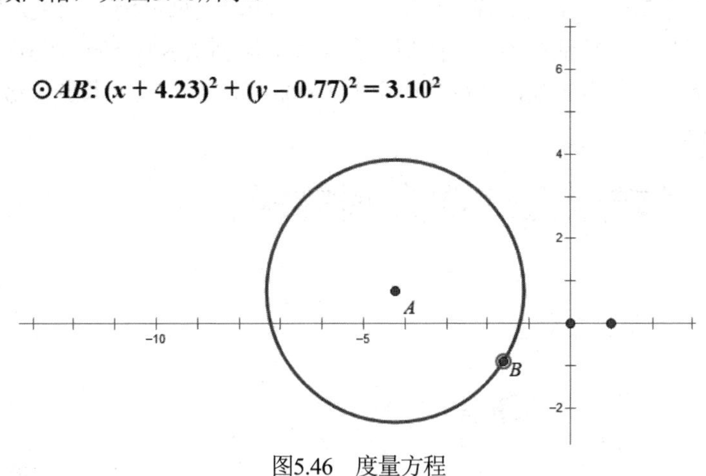

图5.46　度量方程

- **完善课件**　将图像调整至合适位置。保存文件，完成课件制作。

3. 课件总结

本课件制作简单，但却可以直观地帮助学生理解圆的方程定义。通过调整圆的位置或大小，学生可以轻松得出不同的圆的方程。

创新园

1. 绘制二元一次方程图像

尝试用几何画板绘制函数 $y = kx - 4$ 的图像，如图 5.47 所示。在绘制二元一次方程图像时，我们可以绘制带有参数的一次函数图像，将 k 设置成参数，并设置一个"k 值变换"按钮，通过调整该按钮，可以使 k 值在一定范围内变化，从而得出不同数值的方程图像。

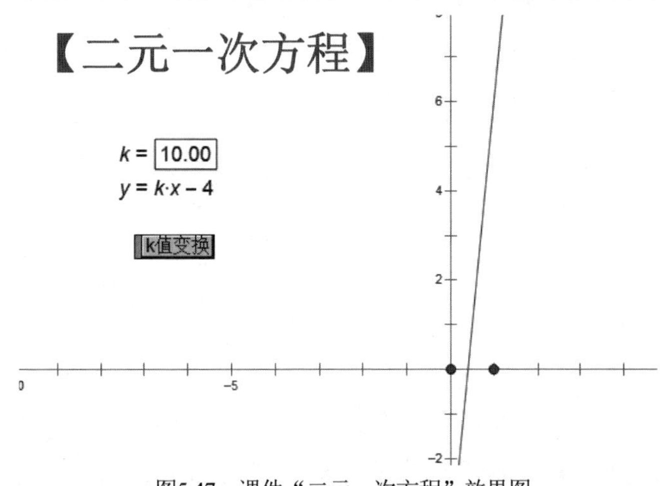

图5.47　课件"二元一次方程"效果图

2. 求一元三次方程的根

一元三次方程通常用图像法求解，利用几何画板画出方程的图像，再通过“自定义”工具下的函数工具，我们能便捷地算出方程的根。首先我们绘制出函数 $f(x)=x^3-3x+1$ 的图像，然后利用函数工具，求出该函数的根，并设置适当的下标和精准度，即可求出一元三次方程的 3 个根，如图 5.48 所示。

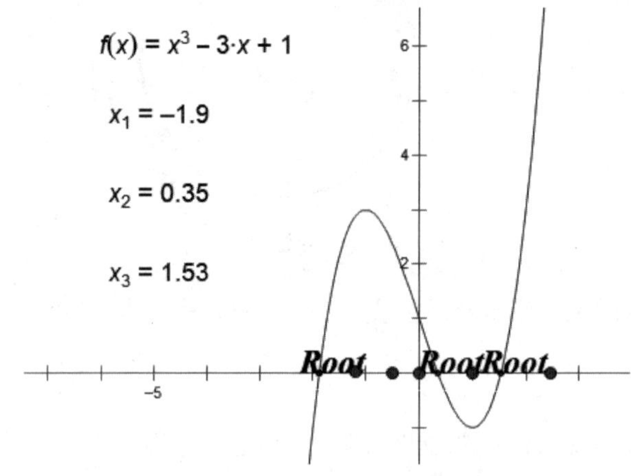

图5.48 课件“求一元三次方程的根”效果图

第6章 平面几何课件制作

平面几何是初中几何教学的重要内容，使用几何画板软件制作教学课件，可以帮助学生探索几何图形的内在关系，为学生创造一个进行几何“实验”的环境。通过拖动、观察图形，以及测量、计算、比较数据，可以激发学生的探索欲望。他们可以在大胆猜测的基础上，通过观察和实践，进一步验证自己的结论，从而深化对几何知识的理解与掌握。

■ 学习内容

- 三角形
- 四边形
- 圆

6.1 三角形

三角形是平面几何重要的内容之一，使用几何画板不仅可以制作课件，还可以提供学生探究三角形相关问题的环境，如探究“三角形的高线”“验证三角形中位线定理”“演示对称三角形”等问题。

三角形的高线

6.1.1 三角形的高线

1. 功能描述

如图6.1(左)所示，△*ABC*的三个顶点可任意拖动，当△*ABC*是锐角三角形时，它的三条高线都在三角形内部且交于一点*P*；当△*ABC*变为钝角三角形时，它的两条高线到了三角形的外部，三条高线的延长线仍然交于点*P*，如图6.1(右)所示。在拖动三角形的顶点时，表格中度量的三个角的度数保持90°不变。

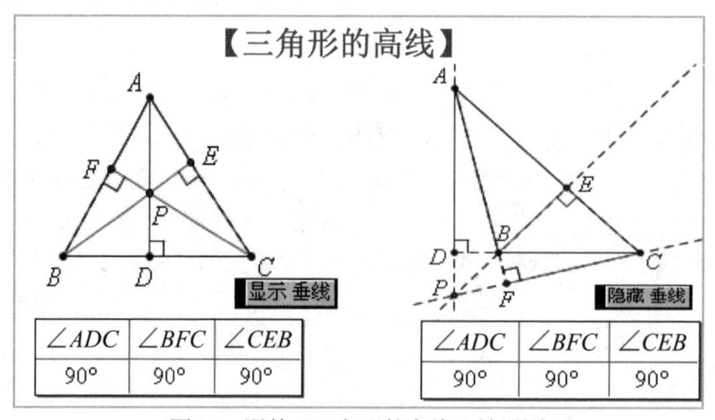

图6.1 课件“三角形的高线”效果图

2. 分析制作

本例动态演示了各种三角形高线的位置。使用几何画板工具结合“构造”菜单的命令可快速构造图形。由图6.1(左)演变为图6.1(右)时，三角形外部的两条高线和边的延长线相交，延长部分要显示为虚线，三角形高线所在的直线可由按钮控制显示和隐藏。

■ 构造图形

在几何画板中新建文件，构造一个三角形，分别构造边*BC*、*AC*、*AB*的垂线*AD*、*BE*和*CF*。

- **绘制直线** 新建一个画板文件，文件保存为“三角形的高线.gsp”，选择“点”工具，按住Shift键，绘制点*A*、*B*、*C*；执行“构造”→“直线”命令，画出3条直线，并将直线设置为虚线。

- **构造三角形** 单击“选择箭头”工具，依次选中点*A*、*B*、*C*，执行“构造”→“线段”命令，构造△*ABC*，并将三边设置为细线。
- **构造垂线*AD*** 按Esc键，依次选中点*A*和直线*BC*，执行“构造”→“垂线”命令，得到过点*A*的*BC*的垂线*AD*。
- **设置垂线** 选中垂线*AD*，单击直线*BC*，执行“构造”→“交点”命令，构造出直线*BC*和它的垂线的交点*D*，将垂线*AD*的线型改为虚线，如图6.2所示。

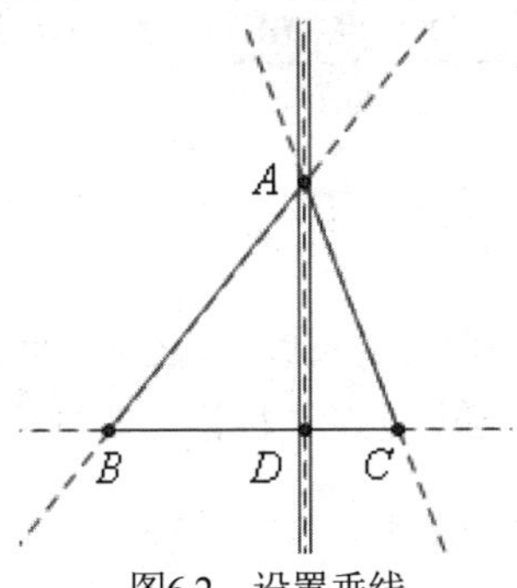

图6.2 设置垂线

- **构造交点*P*** 构造过点*B*垂直于直线*AC*的直线*BE*，交*AC*于点*E*；构造过点*C*垂直于直线*AB*的直线*CF*，交*AB*于点*F*；这时直线*BE*和*CF*都是虚线，构造直线*AD*、*BE*、*CF*的交点*P*。
- **构造线段** 依次选中点*A*和点*D*，执行“构造”→“线段”命令，得到线段*AD*，将其线型设置为细线。同样方法，构造线段*BE*和*CF*，设置线型为细线，效果如图6.3所示。

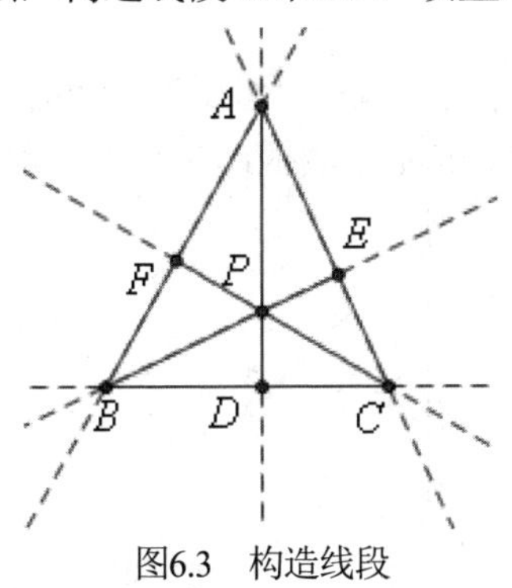

图6.3 构造线段

度量角度

依次度量∠*ADC*、∠*BFC*、∠*CEB* 的度数，选择“制表”命令，得到含 3 个角及其度量值的表格。

- **度量角度** 依次选中点*A*、*D*、*C*，度量出∠*ADC*的度数，右击∠*ADC*的度量值，打开“角度度量值”对话框，在标签栏中输入∠*ADC*，如图6.4所示。参照上面的方法，分别度量∠*BFC*、∠*CEB*的度数，将所度量角的标签修改为∠*BFC*和∠*CEB*。

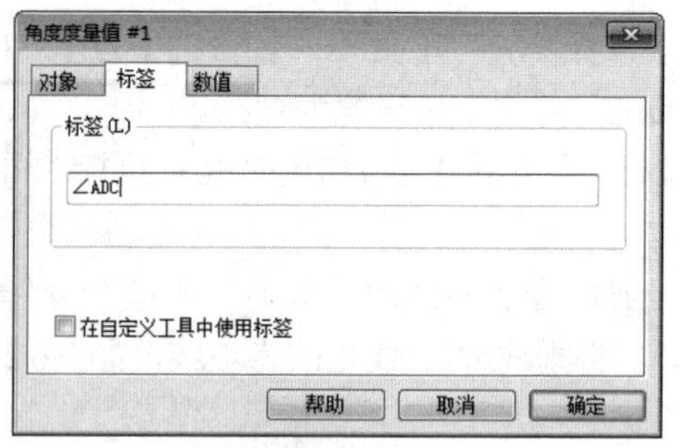

图6.4　度量角度

- **绘制表格**　依次选中∠ADC、∠BFC、∠CEB，执行“数据”→“制表”命令，得到含3个角及其度量值的表格。
- **隐藏直线**　选中△ABC三边所在的直线，按Ctrl+H组合键，隐藏3条直线。
- **添加直角标记**　使用“工具箱”上的“标记工具”，依次给∠ADC、∠BFC、∠CEB加上直角标记。

■ **制作按钮**

隐藏不需要的直线、线段和点，可通过设置“隐藏垂线”按钮来控制垂线隐藏和显示的切换。

- **设置隐藏**　选中直线AD、BE、CF，执行“编辑”→“操作类按钮”→“隐藏/显示”命令，做出隐藏垂线按钮，单击该按钮可以进行垂线隐藏和显示的切换。
- **构造BC垂线**　选中点B和线段BC，执行“构造”→“垂线”命令，得到过点B的BC垂线。
- **合并到垂线**　选中垂线和点A，执行“编辑”→“合并点到垂线”命令，点A移动合并到垂线，△ABC变为直角三角形，它的两条高线分别与直角边重合，如图6.5所示。

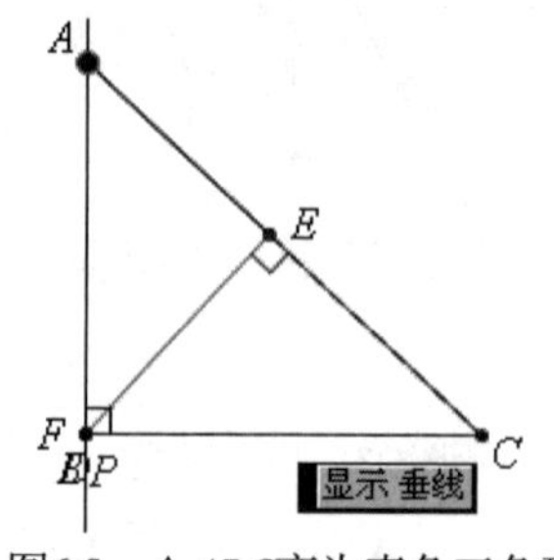

图6.5　△ABC变为直角三角形

- **分离点A**　选中点A，执行“编辑”→“从垂线中分离点”命令，把点A从垂线分离出来，△ABC变为斜三角形。

3. 课件总结

本例动态演示了各种三角形高线的位置。拖动三角形的顶点可以改变三角形的形状，本例中的关键是要解决由锐角三角形变为钝角三角形后，三角形的两条高线移到三角形的外部与边的延长线相交，延长部分要显示为虚线。制作时，要注意线型的重叠层次，先作的线在下，后作的线在上。利用“合并点到垂线”命令，可以把三角形变形为直角三角形。

6.1.2 验证三角形中位线定理

1. 功能描述

验证三角形中位线定理

本课件利用动画演示三角形与平行四边形的转化过程，单击旋转按钮，可将三角形拼接成平行四边形；单击还原按钮，可还原成三角形。拖动点 *B* 可改变三角形的形状。课件运行界面如图 6.6 所示。

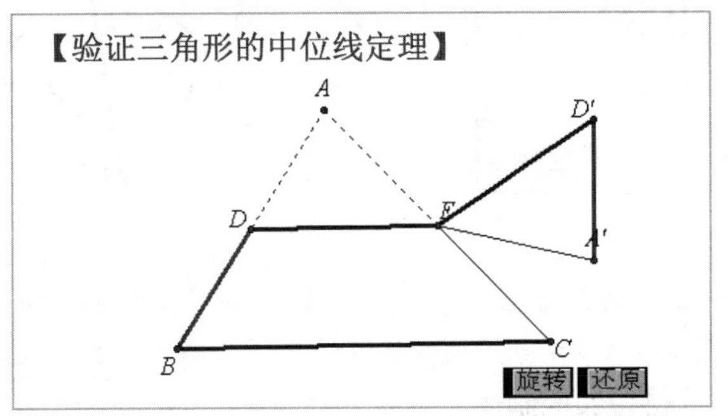

图6.6 课件“验证三角形的中位线定理”效果图

2. 分析制作

制作时，先构造△*ABC*，然后构造三角形的一条中位线，将要拼接的部分按标记角度旋转，再利用“编辑”→“操作类按钮”→“移动”命令，实现动画的构造。

跟我学

- **构造三角形** 新建“验证三角形的中位线定理.gsp”文件，单击“点”工具，按住Shift键，在画板的适当位置任意画3点*A*、*B*、*C*，按快捷键Ctrl+L，构造△*ABC*。
- **构造中点** 同时选中线段*AB*、*AC*，执行“构造”→“中点”命令，构造两线段的中点*D*、*E*，构造线段*DE*，隐藏线段*AB*、*AC*，构造线段*AD*、*DB*、*AE*、*EC*。
- **构造圆** 依次选中点*E*和点*A*，执行“构造”→“以圆心和圆上点绘圆”命令，构造圆*c*1，如图6.7所示。

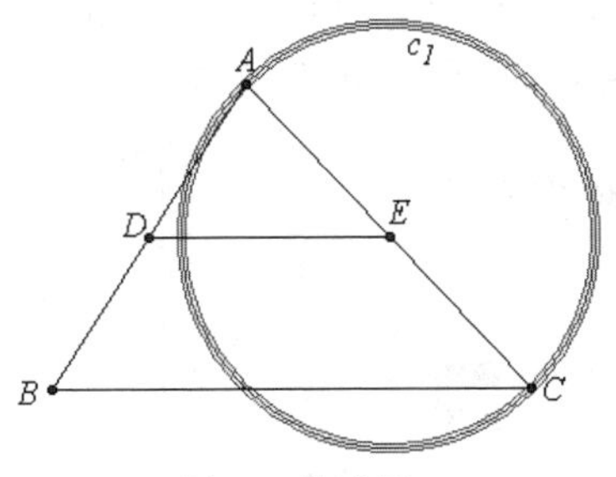

图6.7 构造圆*c*1

- **标记角度** 单击“点”工具，在圆*c*1上任意画一点*F*，选中点*F*、*E*、*A*，执行“变换”→“记角度”命令，将∠*FEA*设置为标记角。
- **设置标记中心** 选择“选择箭头”工具，双击点*E*，将点*E*设为标记中心。

- **构建三角形*A'D'E*** 同时选中点*A*、*D*和线段*AD*、*AE*、*DE*，执行“变换”→“旋转”命令，打开“旋转”对话框，按图6.8所示设置，得到△*A'D'E*。

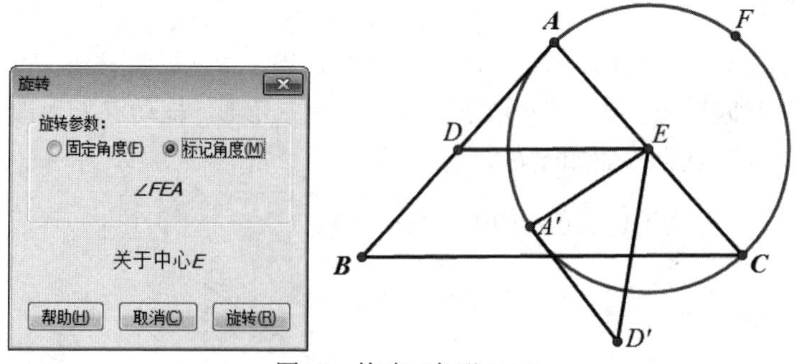

图6.8 构建三角形*A'D'E*

- **旋转按钮** 同时选中点*F*和点*C*，执行“编辑”→“操作类按钮”→“移动”命令，打开“操作类按钮 从*F*->*C*移动的属性”对话框，单击“标签”选项卡，将按钮标签改为“旋转”，完成旋转按钮的制作。
- **还原按钮** 参照上面的方法，同时选中点*F*和点*A*，做出还原按钮。
- **隐藏对象** 隐藏不必要的对象，改变相应线段的线型和颜色，并添加必要的文字说明，完成课件制作。

3. 课件总结

本例主要介绍了按“标记角度”旋转的功能和制作“移动”按钮的方法，进一步应用本例，可以将∠*DBC* 向右平移，制作出三角形内角和定理的动画演示课件。

6.1.3 对称三角形

1. 功能描述

如图 6.9 所示，单击“转动”按钮，在△*ABC* 的位置会有一个三角形沿着直线 *MN* 折叠，与△*A'B'C'*重合；单击“还原”按钮，折叠过来的三角形又沿着直线 *MN* 折叠与△*ABC* 重合。拖动点 *M* 或点 *N* 可以改变对称轴(直线 *MN*)的位置。拖动两个三角形的任意顶点，可以改变三角形的形状。

对称三角形

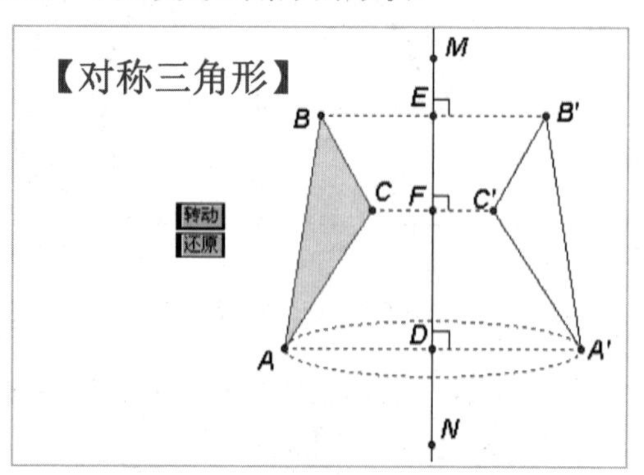

图6.9 课件“对称三角形”效果图

2. 分析制作

本例通过两个按钮演示轴对称左右两个图形沿着对称轴折叠的过程，直观形象，操作简单。为了生动地演示出折叠的过程，本例构造了包含一对对称点的椭圆轨迹，首先在椭圆上构造一个可以自由移动的点 P；其次执行“操作类按钮”→“移动”命令，分别制作点 P 到点 A 和点 P 到点 A'的移动按钮，以控制点 P 在轨迹上的移动；最后运用“标记比”命令，实现用点 P 的移动来控制三角形的折叠。

■ 构造对称图形

先构造△ABC，使用“标记镜面”和“反射”命令，得到△ABC 关于直线 MN 对称的△$A'B'C'$。

- **构造△ABC** 新建“对称三角形.gsp”文件，构造△ABC和直线MN。选中直线MN，执行“变换”→“标记镜面”命令，此时直线MN闪烁一次。
- **构造△A'B'C'** 选中△ABC(包括顶点)，执行“变换”→“反射”命令，得到与△ABC关于直线MN对称的△$A'B'C'$，如图6.10所示。

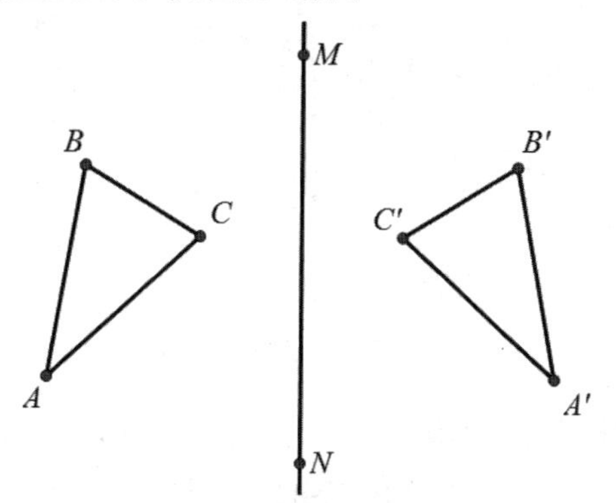

图6.10 构造轴对称的三角形

- **加工图形** 连接AA'、BB'、CC'分别交MN于点D、E、F，使用“工具箱”上的“标记工具”，分别给几个直角加上直角符号，再将AA'、BB'、CC'变成虚线，效果如图6.11所示。

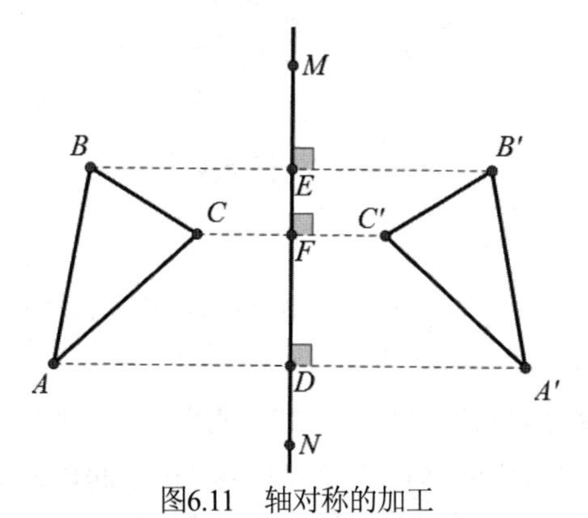

图6.11 轴对称的加工

■ 制作折叠效果

先使用“以圆心和圆周上的点绘圆”“轨迹”命令得到椭圆运动轨迹，再使用“标记比”“缩放”命令实现折叠效果。

- **构造⊙D** 依次选中点D和点A，执行“构造”→“以圆心和圆周上的点绘圆”命令，构造⊙D。
- **完善图形** 在⊙D上作点K，连接DK；在DK上构造点J，过点J作AA'的平行线JL，过点K作AA'的垂线KL，并与直线JL交于点L。
- **构造椭圆轨迹** 依次选中点K和点L，执行“构造”→“轨迹”命令，得到椭圆轨迹，如图6.12所示。

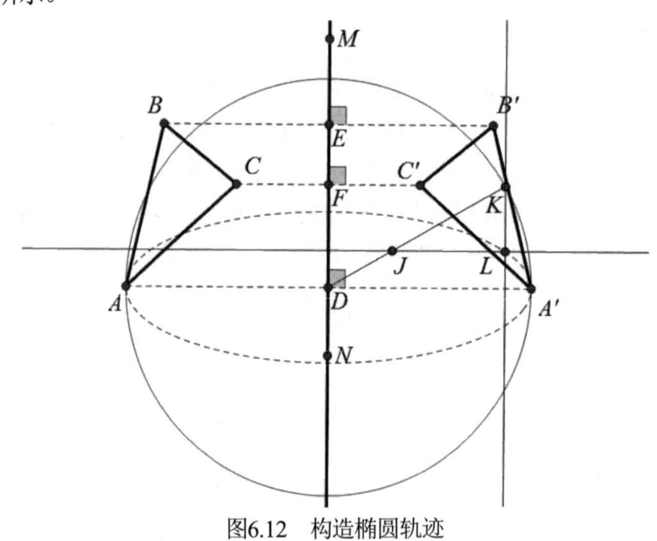

图6.12 构造椭圆轨迹

- **构造点** 在椭圆上构造点P，作直线AB、AC分别交直线MN于点G和点Q。
- **标记比** 依次选中点G、点A和点B，执行“变换”→“标记比”命令，双击点G，标记其为中心。单击点P，执行“变换”→“缩放”命令，打开“缩放”对话框，如图6.13所示，单击“缩放”按钮，得到点P'。

图6.13 “缩放”对话框

- **构造点P''** 依次选中点Q、点C和点A，执行“变换”→“标记比”命令。双击点Q，标记其为中心。选中点P，执行“变换”→“缩放”命令，按标记比得到点P''。
- **构造△$PP'P''$** 顺次连接PP'、$P'P''$、$P''P$，构造出△$PP'P''$。
- **还原按钮** 依次选中点P和点A，执行“编辑”→“操作类按钮”→“移动”命令，生成点P到点A的移动按钮，修改按钮名称为“还原”。

- **移动按钮** 制作点P到点A'的移动按钮，修改按钮名称为“转动”。
- **完善课件** 保留课件中显示的对象，将图形和按钮调整到合适的位置，完成课件制作。

3. 课件总结

本例标记一条直线为对称轴后，使用“变换”→“反射”命令，可得到轴对称的两个图形。这样的两个图形无论怎样改变形状和对称轴的位置，都保持轴对称的性质不变，体现了几何画板的特色。本例在教学中可以提供大量的轴对称素材，并在动态中反映出轴对称的性质，直观形象，可以很好地调动学生学习的积极性。巧妙运用“标记比”命令，轻松实现折叠效果是本例的一大特色。

跟我学

1. 在三角形中，连接一个顶点和它的对边中的线段，叫作三角形的中位线。如图 6.14 所示，制作课件，证明三角形的中位线定理。

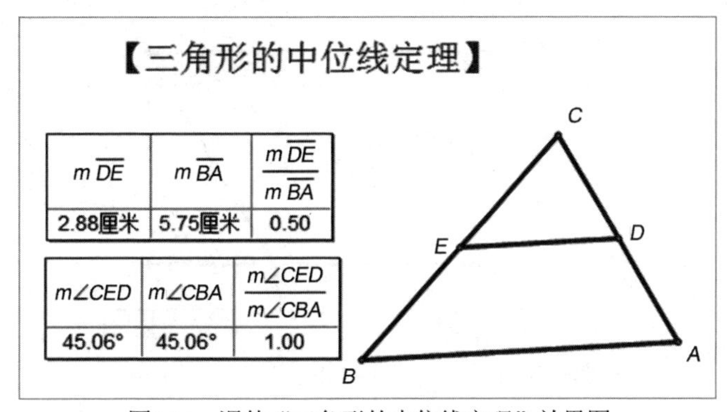

图6.14 课件“三角形的中位线定理”效果图

2. 制作如图 6.15 所示的课件，$\triangle ABC$ 是等边三角形，点 D、E、F 分别是线段 AB、BC、CA 上的点，若 $AD=BE=CF$，证明$\triangle DEF$ 是等边三角形。

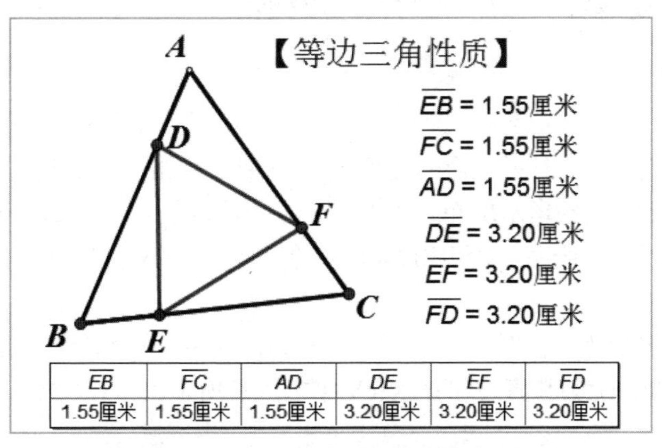

图6.15 课件“等边三角性质”效果图

6.2 四边形

四边形是平面几何重要的内容之一，使用几何画板不仅可以制作此类课件，还可以提供学生探究四边形相关问题的环境，如探究“平行四边形的面积”“中点四边形”等问题。

6.2.1 平行四边形的面积

1. 功能描述

平行四边形的面积

如图6.16所示，单击切割按钮，可将平行四边形演变成长方形，单击还原按钮，可将图形还原为平行四边形，拖动点 A、B、D，可改变平行四边形的形状。利用此课件可使学生理解平行四边形的面积公式的推导实质。

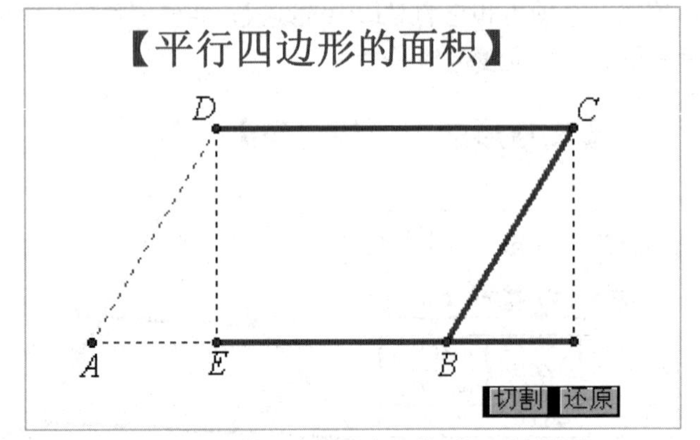

图6.16　课件“平行四边形的面积”效果图

2. 分析制作

首先定义一个“标记向量”，其次将所需的对象按标记向量平移，最后利用“移动”命令控制“标记向量”的长度，从而实现控制对象平移的目的。

跟我学

- **构造线段**　新建“平行四边形的面积.gsp”文件，单击“线段直尺”工具，在画板的适当位置任意画一线段AB，单击“点”工具，在线段AB外任意画一点D，构造线段AD。
- **构造平行线**　同时选中点D和线段AB，执行“构造”→“平行线”命令，过点D构造出线段AB的平行线j。
- **构造平行线及交点**　同时选中点B和线段AD，参照上面的方法，过点B构造线段AD的平行线k，构造直线j和直线k的交点C，如图6.17所示。

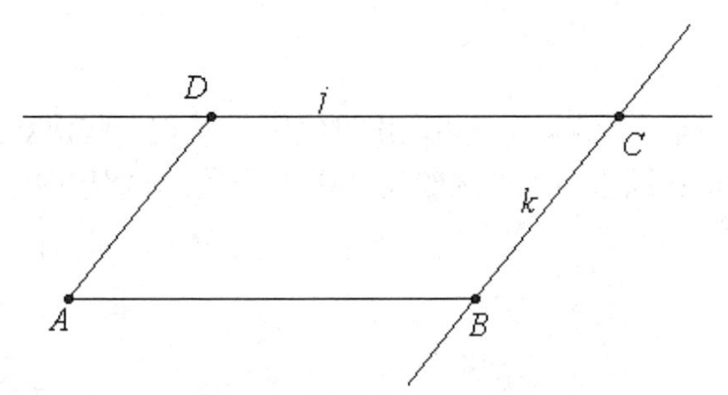

图6.17 构造平行线及交点

- **构造线段** 隐藏直线j和直线k，构造线段DC和线段BC。
- **构造垂线** 同时选中点D和线段AB，执行“构造”→“垂线”命令，过点D构造线段AB的垂线l，并构造直线l和线段AB的交点E。
- **构造线段** 单击“点”工具，在线段AB上任意画一点F，隐藏直线l和线段AB，构造线段AE、BE、DE，如图6.18所示。

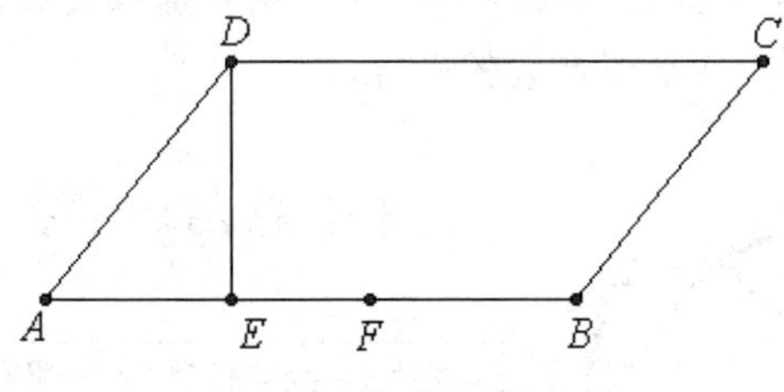

图6.18 构造相应线段

- **标记向量** 依次选中点A和点F，执行“变换”→“标记向量”命令，标记向量A->F。
- **构建△$FD'E'$** 同时选中线段AE、AD、DE和点A、D、E，执行“变换”→“平移”命令，打开“平移”对话框，保持默认属性，单击“确定”按钮，得到新的△$FD'E'$，如图6.19所示。

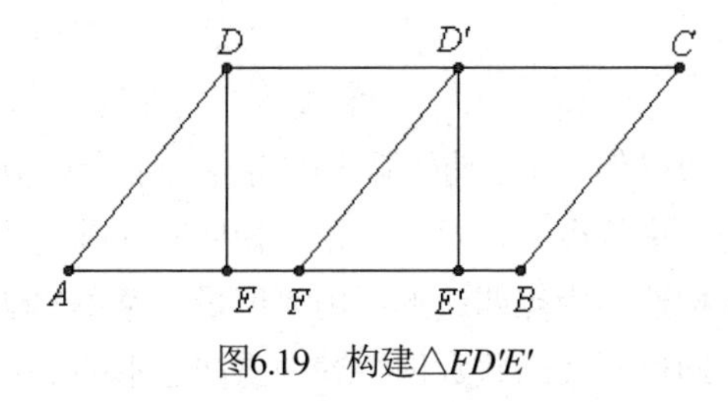

图6.19 构建△$FD'E'$

- **制作切割按钮** 依次选中点F和点B，执行“编辑”→“操作类按钮”→“移动”命令，打开“操作类按钮 从F->B移动的属性”对话框，单击“标签”选项卡，将按钮标签设为“切割”，单击“确定”按钮，做出切割按钮。
- **制作还原按钮** 依次选中点F和点A，参照上面的方法，做出还原按钮。
- **完善课件** 隐藏不必要的对象，改变相应线段的线型和颜色，添加文字说明和标题文字，完成课件制作。

3. 课件总结

通过本例学习，可以举一反三，并利用相同的方法，构造一些切割类型的课件，如切割三棱柱动画等。如果本例能在课堂中现场制作，可有助于学生理解按向量平移的原理。

6.2.2 中点四边形

1. 功能描述

如图6.20所示，四边形*EFGH*是四边形*ABCD*的中点四边形。表格中显示四边形*EFGH*各边的长度和各内角的度数，可以拖动两个四边形的任意顶点，改变图形的形状，表格中的度量值也进行改变。学生可以通过观察图形和表格中的数据探究中点四边形的形状。本课件通过“构造”和“编辑”菜单的相关命令，可以把四边形*ABCD*演变为斜平行四边形、矩形、菱形和正方形等，进一步引导学生探究中点四边形的形状。本课件中几何画板可提供大量直观感性的材料，创设探索问题的环境，为学生提供一个数学实验的平台。

中点四边形

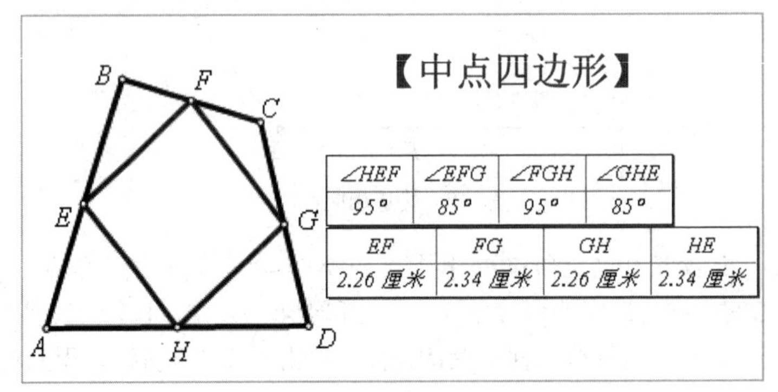

图6.20　课件“中点四边形”效果图

2. 分析制作

本课件充分发挥几何画板操作简单、功能强大的特点，可以由教师在课上边操作边演示，也可以由学生自己动手实验，进行探究，发现结论。使用几何画板“工具箱”中的“点”工具结合“构造”菜单可快速构造出中点四边形；用“度量”菜单的命令度量出中点四边形各边的长度和各内角的度数，通过观察这些数据探究中点四边形的形状；综合运用“构造”菜单命令和“编辑”→“分离/合并”命令可进行图形的演变。

■ **制作中点四边形**

先绘制任意四边形 *ABCD*，通过构造四边形 *ABCD* 四条边的中点 *E*、*F*、*G*、*H*，得到四边形 *EFGH*。

● **绘制点**　新建“中点四边形.gsp”文件，选择“点”工具，按住Shift键，在画板上依次画出点A、B、C、D。

- **绘制四边中点**　执行“构造”→“线段”命令，得到四边形ABCD；执行“构造”→“中点”命令，得到四边形ABCD各边的中点E、F、G、H。
- **构造四边形**　选中点E、F、G、H，执行“构造”→“线段”命令，得到四边形EFGH，如图6.21所示。

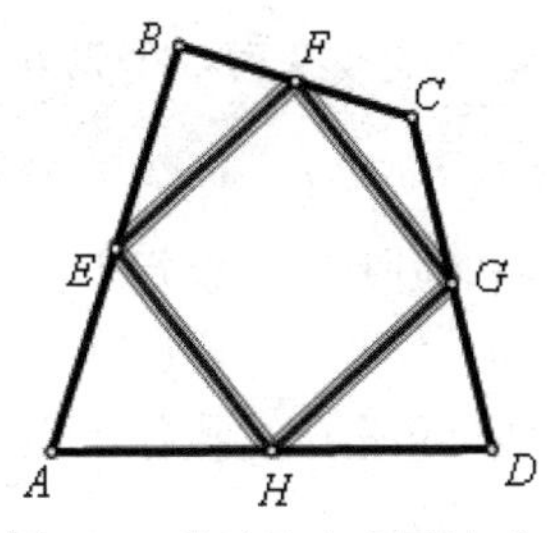

图6.21　构造出中点四边形

■ 度量所需数据

先分别度量出线段 EF、FG、GH 和 HE 的长度，再分别度量出∠HEF、∠EFG、∠FGH 和∠GHE 的度数，根据数据绘制表格。

- **度量线段EF**　同时选中点E和点F，执行“度量”→“长度”命令，度量出线段EF的长度值。
- **度量其他线段**　参照上面的方法，分别度量出线段FG、GH和HE的长度。同时选中度量得到的4个长度值，如图6.22所示。

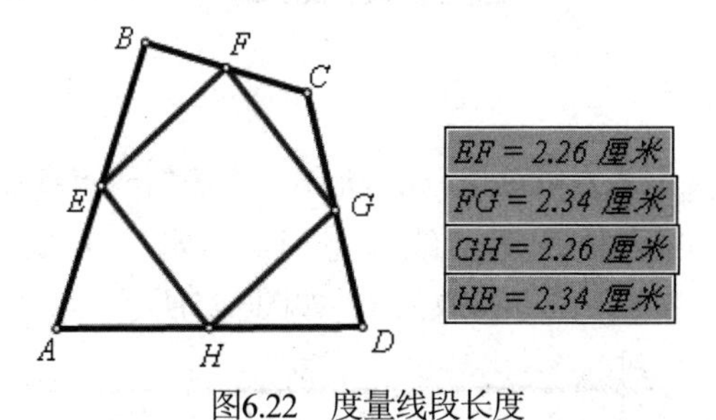

图6.22　度量线段长度

- **隐藏长度值**　执行“数据”→“制表”命令，在工作区中生成一个表格，隐藏四条线段的长度值，如图6.23所示。

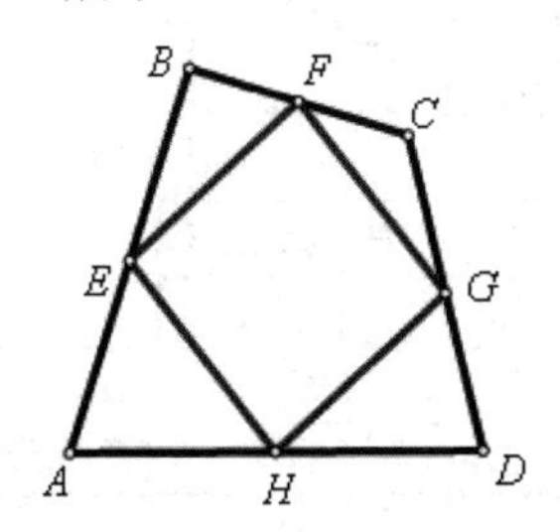

EF	FG	GH	HE
2.26 厘米	2.34 厘米	2.26 厘米	2.34 厘米

图6.23　隐藏长度值

- **度量∠HEF** 依次选中点H、E、F，执行“度量”→“角度”命令，得到$\angle HEF$的度数。
- **度量其他角** 参照上面的方法，分别度量出$\angle EFG$、$\angle FGH$和$\angle GHE$的度数。
- **制表** 选中4个角度的度量值，执行“数据”→“制表”命令，在工作区中生成一个表格，隐藏4个内角的角度值。

> 此时可以拖动图形中的任意点来改变图形的形状，探究一般四边形的中点四边形的形状。

- **构造平行线a** 同时选中点A和线段CD，执行“构造”→“平行线”命令，构造出平行线a。
- **构造平行线b** 同时选中点C和线段AD，执行“构造”→“平行线”命令，构造出平行线b。
- **合并点1** 构造直线a和b的交点P，依次选中点B和点P，执行“编辑”→“合并点”命令，将点B与点P合并，如图6.24所示。

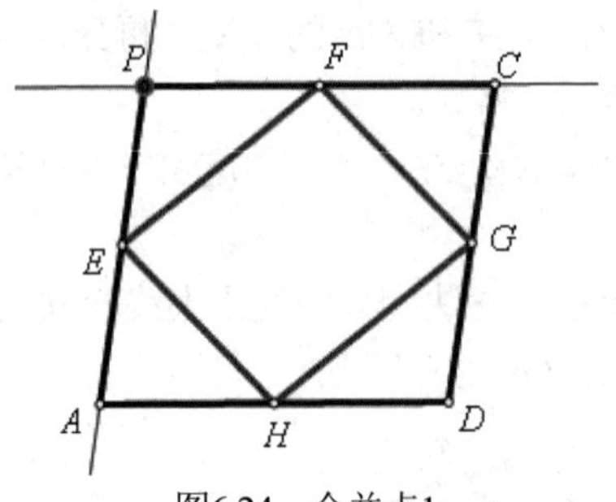

图6.24 合并点1

- **构造垂线c** 同时选中点D和线段AD，执行“构造”→“垂线”命令，构造垂线c。
- **合并点到垂线** 同时选中点C和直线c，执行“编辑”→“合并点到垂线”命令，点C移动合并到直线c，把点P的标签改为B，如图6.25所示。

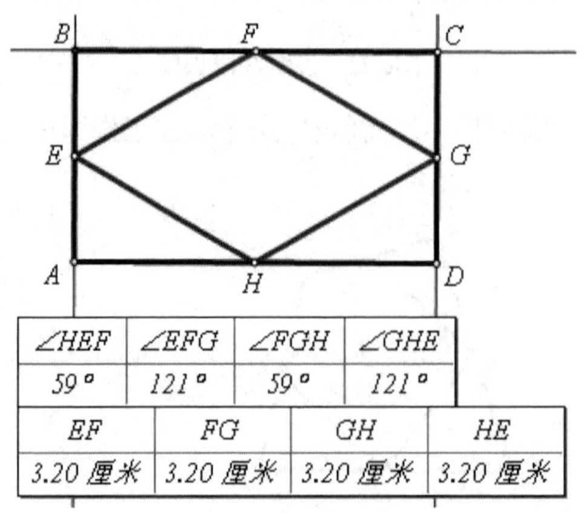

∠HEF	∠EFG	∠FGH	∠GHE
59°	121°	59°	121°

EF	FG	GH	HE
3.20 厘米	3.20 厘米	3.20 厘米	3.20 厘米

图6.25 合并点到垂线

- **分离点** 选中点C，执行“编辑”→“从垂线中分离点”命令，点C从直线c上分离，变成可自由移动的点。

- **构造点**　同时选中点D和线段AD，执行“构造”→“以圆心和半径绘圆”命令，得到⊙D，并与直线c交于点N。
- **合并点到圆**　选中⊙D、点C，执行“编辑”→“合并点到圆”命令，点C移动合并到⊙D上，如图6.26所示。

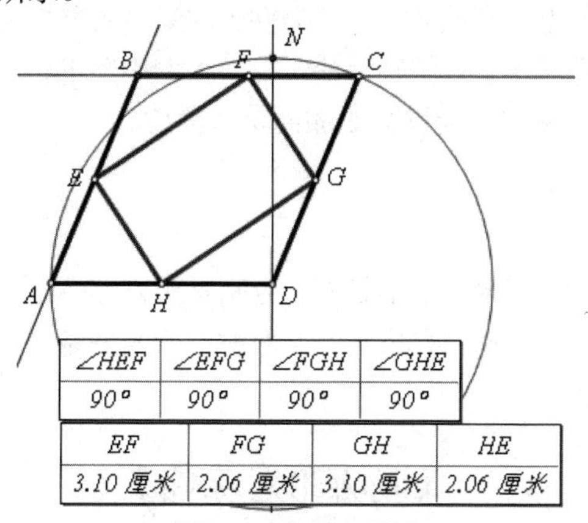

图6.26　合并点到圆

可以拖动四边形的顶点 A、B、C、D 来改变图形的形状，探究菱形的中点四边形的形状。

- **从圆中分离点**　单击点C，执行“编辑”→“从圆中分离点”命令，使点C从圆中分离变成自由的点。
- **合并点2**　依次单击点C和点N，执行“编辑”→“合并点”命令，点C与点N合并，改点N的标签为点C，如图6.27所示。

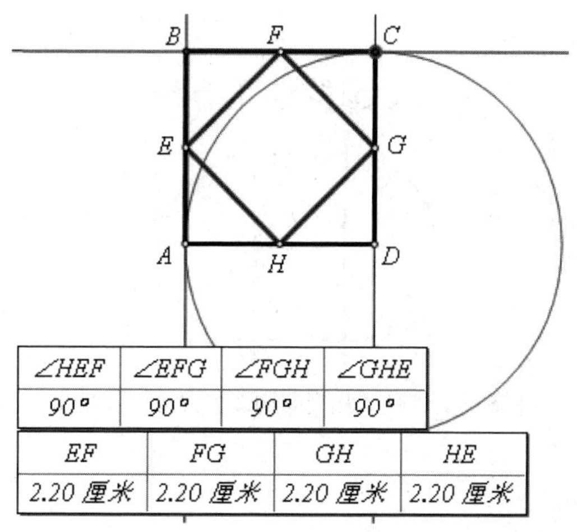

图6.27　合并点2

可以拖动点 A 和点 D 来改变正方形的大小，探究正方形的中点四边形的形状。

- **调整课件**　隐藏不必要的对象，加入说明文本，调整各对象的位置等，完成课件制作。

3. 课件总结

本课件用来探究从一般四边形到各种特殊四边形的中点四边形的形状问题。如果条件允许，同时学生也熟悉几何画板的一些基本操作，可以让学生亲自动手操作实验。本例充分展示了几何画板快捷、生动、形象、直观的特点，提供了大量直观感性的材料，创设探索问题的环境，验证猜想，为学生提供了一个数学实验的平台。本例中图形构造简单，操作方便，记住中点四边形的快速构造方法，使用快捷键会更加简单、便捷。

创新园

1. 正方形是轴对称图形，其对称轴有四条，分别是正方形两条对角线所在的直线和两组对边的垂直平分线；正方形又是中心对称图形，其对称中心是两条对角线的交点。制作正方形对称性课件，效果如图 6.28 所示。

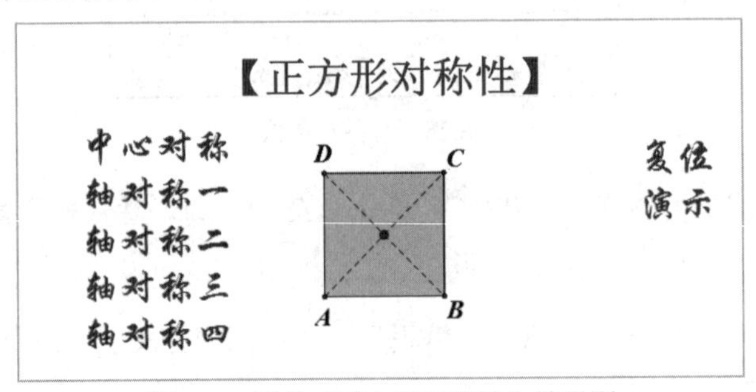

图6.28　课件“正方形对称性”效果图

2. 在几何画板中构造圆的方法有很多种，尝试运用相交圆的方法构造一个正方形，效果如图 6.29 所示。

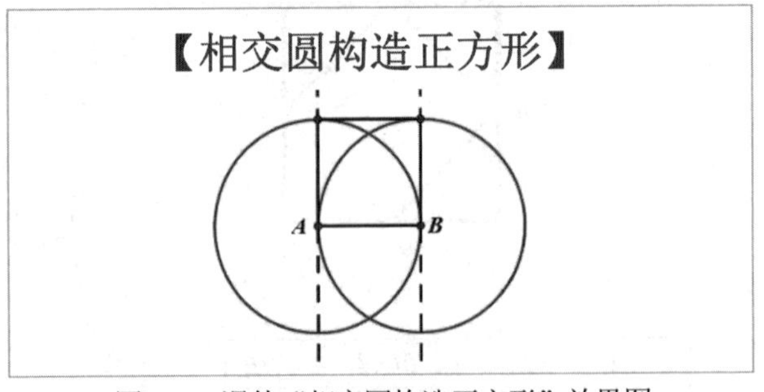

图6.29　课件“相交圆构造正方形”效果图

6.3　圆

圆是平面几何重要的内容之一，使用几何画板不仅可以制作此类课件，还可以提供学生探究圆相关问题的环境，如探究“圆幂定理”“车轮的滚动”等问题。

圆幂定理

6.3.1　圆幂定理

1. 功能描述

从点 P 引两条直线与圆相交。如图 6.30 所示是单击“割线”按钮后课件运行的效果。表格中测算出点 P 到每条割线与圆的交点的两条线段长的积。在圆外拖动点 P，表格中 $PA \cdot PB$ 的值始终等于 $PC \cdot PD$ 的值，直观地验证了割线定理。

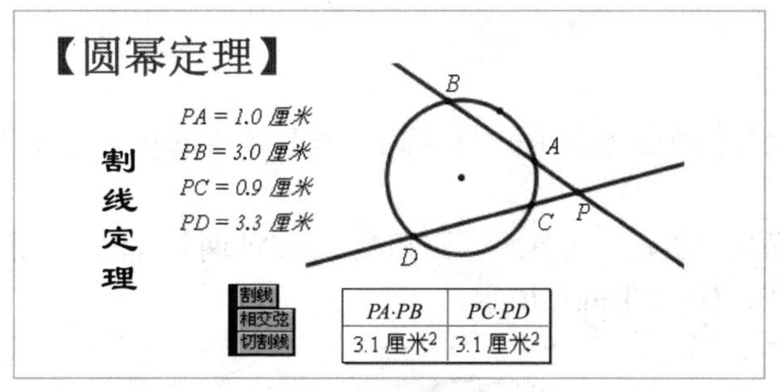

图6.30　课件“圆幂定理”效果图(1)

如图 6.31 所示，单击“相交弦”按钮，点 P 由圆外运动到圆内，出现两条相交弦。点 P 运动时，度量的几条线段和表格中的计算值随着点 P 位置的改变而改变。拖动点 P 在圆内运动，虽然线段的长度改变了，但表格中 $PA \cdot PB$ 的值仍然始终等于 $PC \cdot PD$ 的值，直观地验证了相交弦定理。

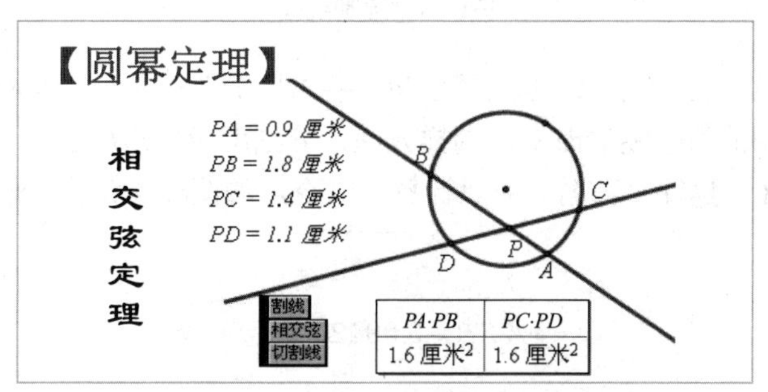

图6.31　课件“圆幂定理”效果图(2)

图 6.32 所示是单击“切割线”按钮后运行的效果。点 P 在圆外运动，使点 C 和点 D 恰好重合，即 $PC(D)$变成圆的切线，直线 PAB 是圆的一条割线。这时表格中 $PA \cdot PB$ 的值还是等于 $PC \cdot PD$ 的值，演变为切割线定理的图形。

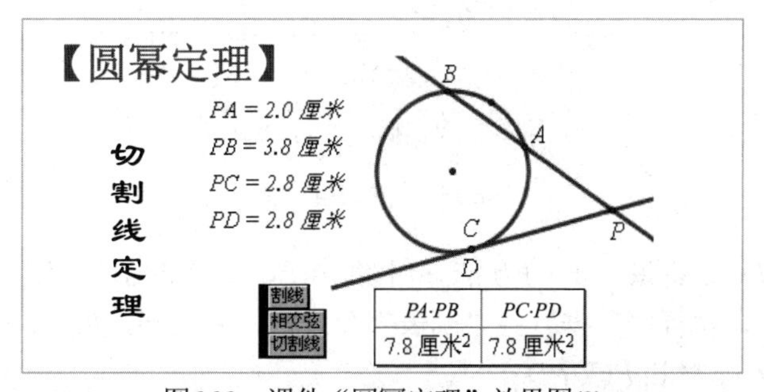

图6.32　课件“圆幂定理”效果图(3)

2. 分析制作

本例中构造了相交于点 P 的两条线段(隐藏端点后表示直线)和一个已知圆。通过“移动”按钮的制作，控制点 P 移动到相应位置，得到割线定理、相交弦定理和切割线定理所对应的基本图形；用几何画板的“度量”和“计算”功能显示出相关数据，在动态中验证各定理的正确性。

跟我学

- **绘制⊙O** 新建一个画板文件，保存为“圆幂定理.gsp”，单击“圆”工具，画出⊙O。
- **绘制线段** 单击“直尺”工具，画相交于点P的两条线段。两条线段和⊙O分别交于点A、B和点C、D，如图6.33所示。

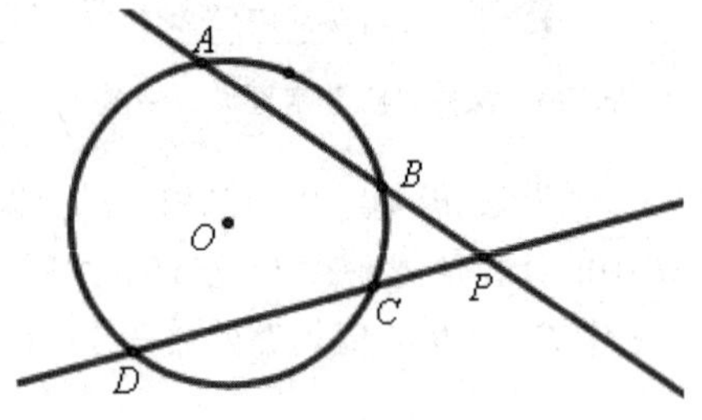

图6.33 绘制线段

- **度量长度** 选中点P和点A，执行“度量”→“长度”命令，工作区中显示PA的长度值，拖动点P，PA的值会随着改变。同样方法，分别度量出PB、PC、PD的长度值。
- **计算$PA \cdot PB$** 执行“数据”→“计算”命令，如图6.34所示，计算出$PA \cdot PB$的值。

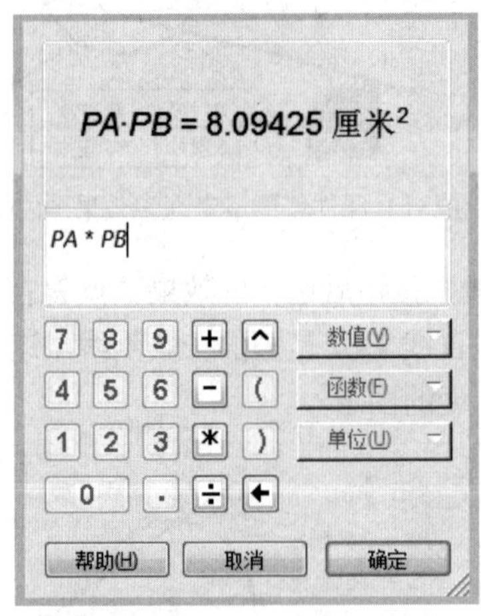

图6.34 计算$PA \cdot PB$

- **计算$PC \cdot PD$** 参照上面的方法，计算出$PC \cdot PD$的值。依次选中$PA \cdot PB$ =**和$PC \cdot PD$ =**，执行“数据”→“制表”命令，得到表格，如图6.35所示。保留表格，隐藏$PA \cdot PB$ =**和$PC \cdot PD$ =**。

$PA \cdot PB = 8.09$ 厘米^2

$PC \cdot PD = 8.09$ 厘米^2

$PA \cdot PB$	$PC \cdot PD$
8.09 厘米^2	8.09 厘米^2

图6.35　制作表格

- **缩放**　在⊙O上构造点M，双击点O，将点O设为标记中心，选中点M，执行“变换”→“缩放”命令，按图6.36所示设置，得到点M'。

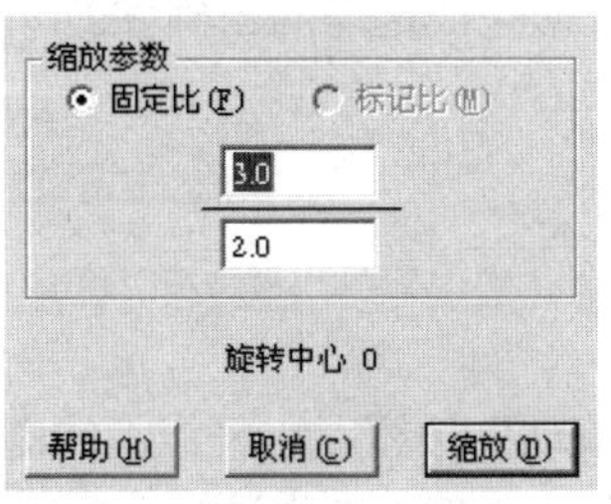

图6.36　“缩放”对话框

- **调整缩放参数**　选中点M，执行“变换”→“缩放”命令，在图6.36所示的对话框中，将3.0改为1.0，单击“缩放”按钮，得到点M''，效果如图6.37所示。

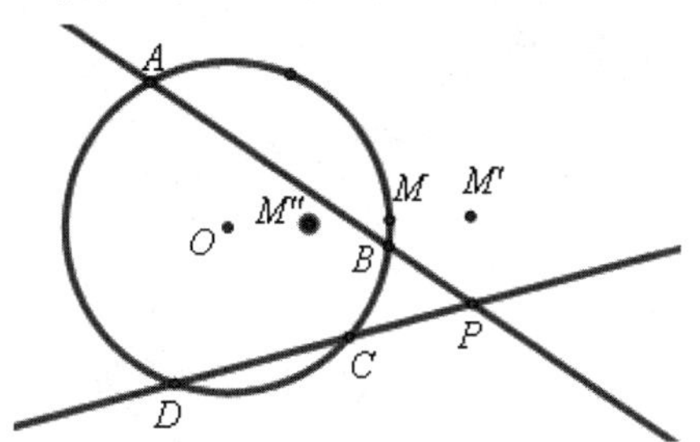

图6.37　缩放后得到点M'和M''

- **构造线段**　过点O作线段CD的垂线，OE交⊙O于点E；过点E作线段CD的平行线EF交AB于点F，如图6.38所示。

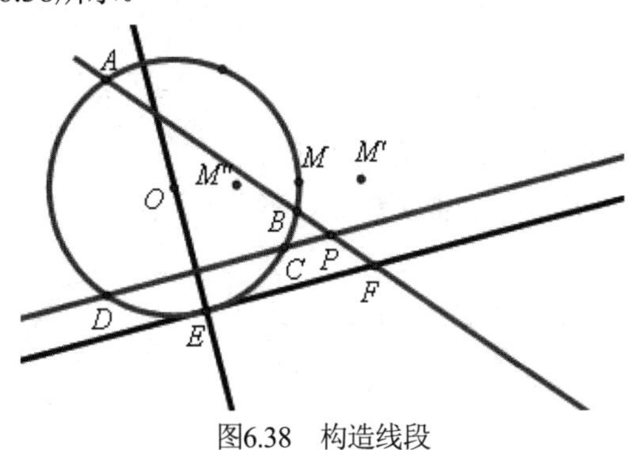

图6.38　构造线段

- **制作割线按钮**　依次选中点P和点M'，执行“编辑”→“操作类按钮”→“移动”命令，打开“操作类按钮 从P->M'移动的属性”对话框，单击“标签”选项卡，将按钮标签改为“割线”，单击“确定”按钮，做出“割线”按钮。

- **制作移动按钮**　参照上述方法，分别制作点P到点M''和点P到点F的移动按钮，并修改按钮名称为“相交弦”和“切割线”。
- **完善课件**　隐藏其他对象，完成课件制作并保存。

3. 课件总结

圆幂定理包括割线定理、相交弦定理和切割线定理。本课件通过点 P 的移动，直观地展示出这 3 个定理对应图形的区别与联系，并揭示出它们在实质上的统一。在图 6.37 和图 6.38 中，可以通过拖动点 P，提供更多的数据验证定理的正确性。

6.3.2　车轮的滚动

1. 功能描述

车轮的滚动

如图 6.39 所示，单击“圆的滚动”按钮，水平线上的圆 P 来回滚动。在圆 P 的圆周上任选一点 E，执行“显示→追踪点”命令，则点 E 的运动踪迹显现，可以看出此时的圆是真正的滚动。圆相当于车轮，圆周上任选一点 E 随着圆的位置变动而滚动。

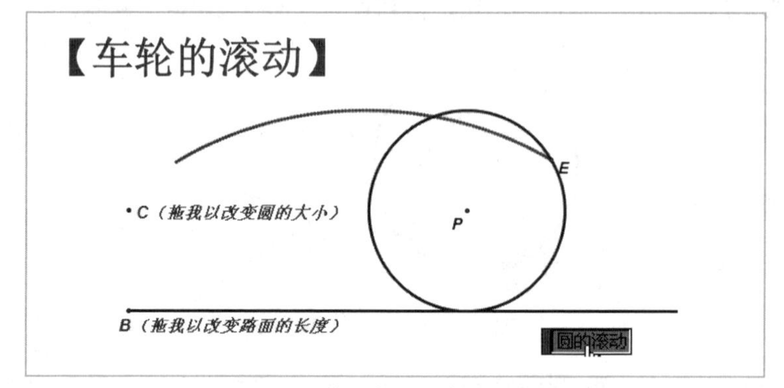

图6.39　课件“车轮的滚动”效果图

2. 分析制作

图 6.40 所示是一种最常见的圆的滚动作法。在演示圆的周长教学过程中很适合使用此方法。但只要在圆周上任作一点 E，追踪它就会发现点 E 是平动的，也就是说圆 O 是在水平线上平行滑动，不是在做真正的滚动，唯独点 D 在做事实上的滚动。

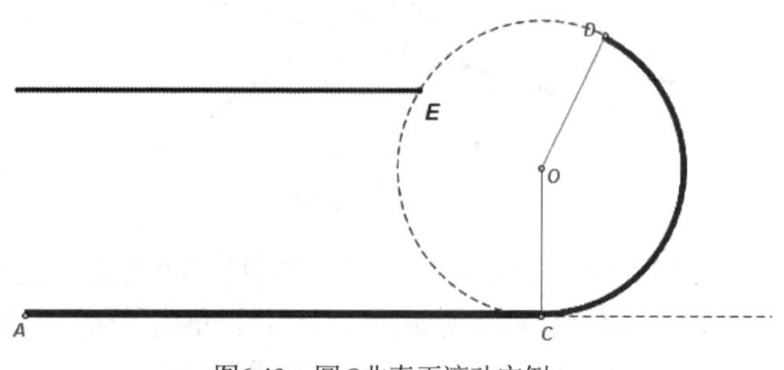

图6.40　圆O非真正滚动实例

跟我学

- **绘制点和线**　新建文件“车轮的滚动.gsp”，建立直角坐标系，在x轴的负半轴画上一点D，过点D作x轴的垂线，在此垂线上作出点C、B。过点B作出x轴的平行线，在此平行线上任作一点G，隐藏该平行线。
- **构造控制点**　选中点B和点G，作出线段BG，在线段BG上任作一点A，点A即为控制点。
- **构造圆C**　作出以点C为圆心、圆周过点D的圆C，圆C即为构造轨迹的“主动点”的路径，效果如图6.41所示。

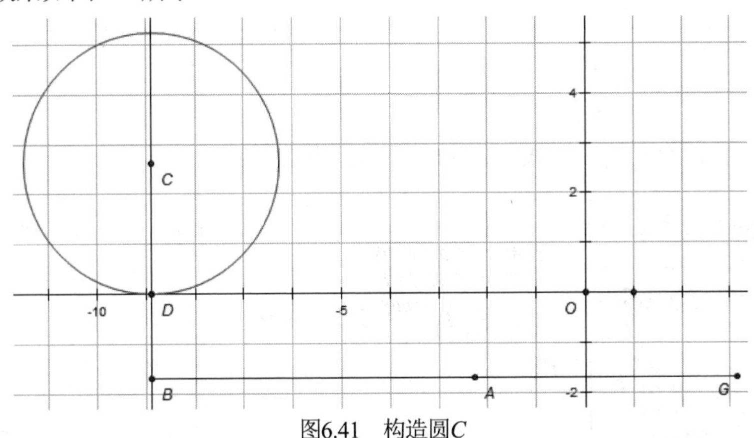

图6.41　构造圆C

- **制作按钮**　选中点D，执行“编辑”→“操作类按钮”→“隐藏/显示”命令，做出隐藏点D按钮，以此按钮来控制点D的显示与隐藏，单击隐藏点D按钮，将点D隐藏起来。
- **构造交点**　同时选中圆C、与过点D垂直于x轴的垂线，执行“构造”→“交点”命令，作出圆与垂线的两个交点点F与点H。
- **平移点C**　依次选中点B、点A，执行“变换”→“标记向量”命令，标记向量B->A，将点C按标记的向量B->A平移到点P。
- **计算**　分别度量出线段AB的距离与线段CD的距离，计算出$(\frac{-AB}{CD})\times(\frac{180°}{\pi})$的值。
- **平移点P**　标记$(\frac{-AB}{CD})\times(\frac{180°}{\pi})$角度的度量结果，以圆心$C$为旋转中心，将圆$C$与垂线的交点$F$按标记的角旋转至圆周上点$F'$，标记向量$\overrightarrow{CF'}$，将点$P$按标记向量$\overrightarrow{CF'}$平移到点$P'$，效果如图6.42所示。
- **构造轨迹**　同时选中“从动点”P'、“主动点”F与“主动点”路径圆C，执行“构造”→“轨迹”命令，构造出轨迹圆P，效果如图6.43所示。

构造点的轨迹时必须要有“主动点”与“从动点”，有时还必须要有“主动点”的路径，当条件符合时“轨迹”命令才可使用。

- **构造动画**　选中点A，执行“编辑”→“操作类按钮”→“动画”命令，构造轨迹圆P滚动的动画，由按钮控制。

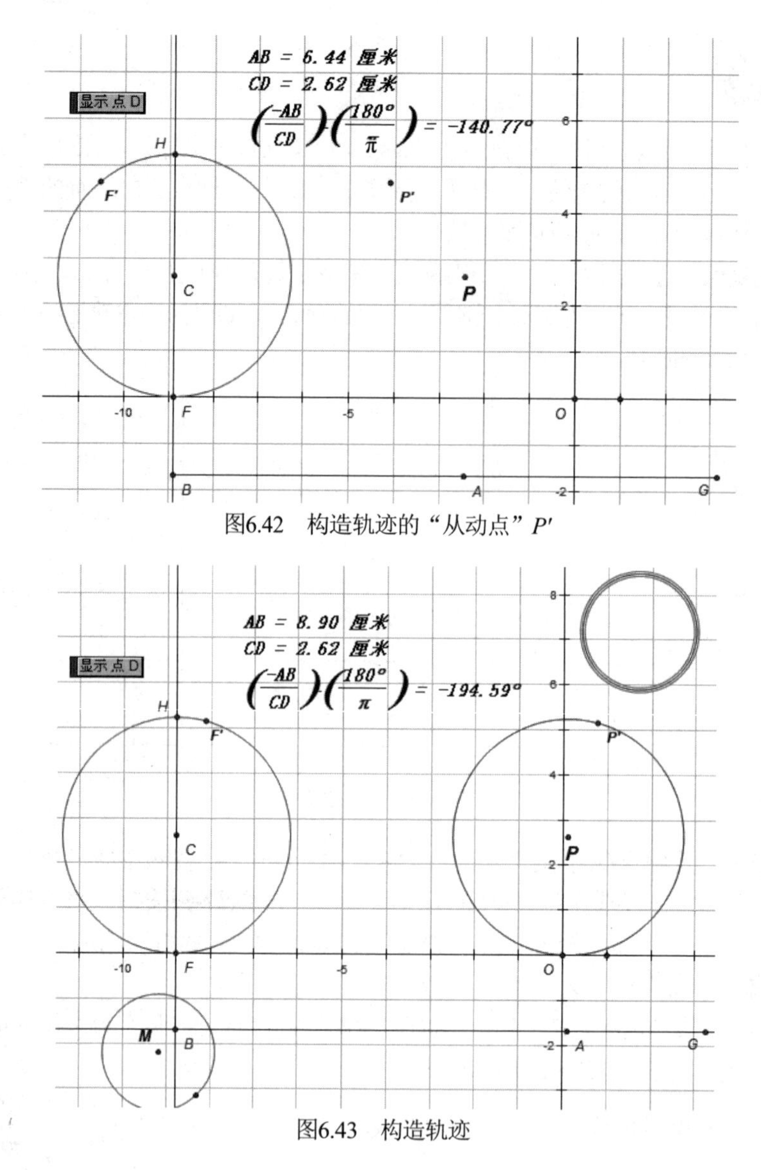

图6.42　构造轨迹的“从动点”P'

图6.43　构造轨迹

- **完善课件**　添加必要的文字说明，改变相应对象的颜色，并调整对象的位置，完成课件制作。

3. 课件总结

“圆的真正的滚动”实例只提出了一种构造方法，这种真正的滚动用在课堂教学的演示中无疑意义重大，在实际中还可以将此轨迹圆 P 构造成轮胎，用它来研究轮胎上任一点的运动轨迹。另外，此课例的构造方法还可以移植或扩展，构造圆在圆上(圆内)的真正滚动。

创新园

1. 制作课件“验证垂径定理”，如图 6.44 所示。AB 为⊙O 的弦，过点 O 作 AB 的垂线，交⊙O 于 C、D 两点：①度量 AE、BE，发现 $AE=BE$；②度量弧 AD、弧 BD、弧 AC、弧 BC，

发现弧 *AD*=弧 *BD*、弧 *AC*=弧 *BC*。从而验证：垂直于弦的直径，平分弦与弦所对应的弧。

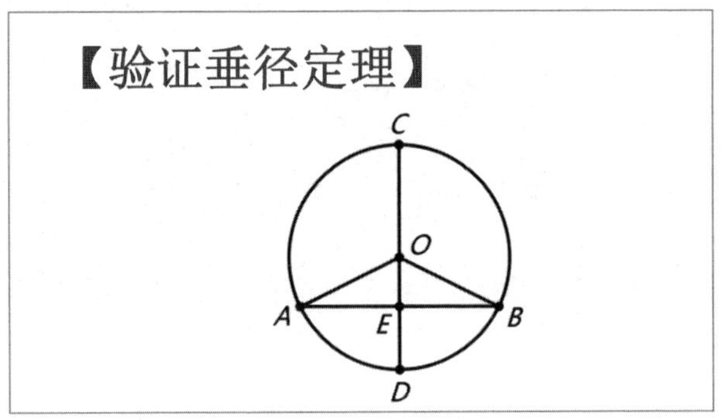

图6.44 课件“验证垂径定理”效果图

2. 制作“两圆的外公切线”课件，运行界面如图 6.45 所示，利用此课件为学生演示两圆的外公切线与圆的关系。拖动点 *A*、*B* 或点 *C*、*D* 可改变两圆的大小，拖动点 *O*1 或点 *O*2 可改变两圆的位置。

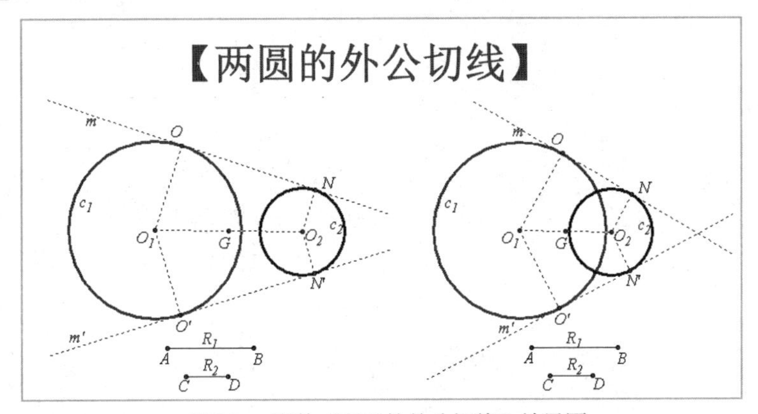

图6.45 课件“两圆的外公切线”效果图

3. 制作“环形跑道”课件，如图 6.46 所示，跑道是由两个半圆和两条相等的平行线段组成的一个环形跑道。单击“运动点”按钮，小球会在环形跑道上畅通无阻且匀速前进。

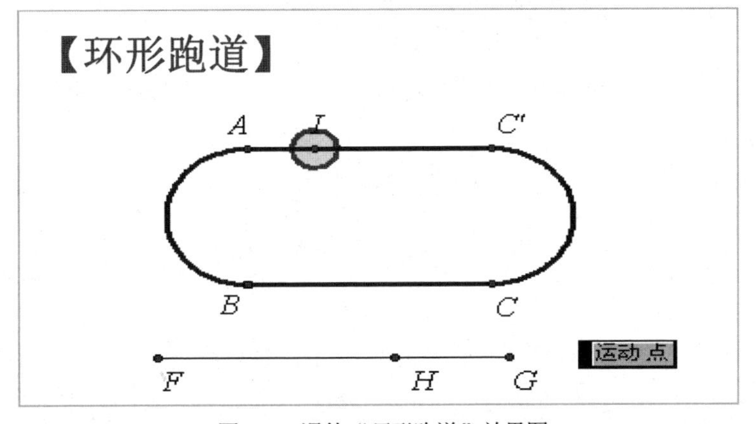

图6.46 课件“环形跑道”效果图

第 7 章 立体几何课件制作

在传统的教学环境中，许多数学问题情景只能通过教师在黑板上画图进行讲解。几何画板作为一种适合中学教师使用的教学软件，是体现 21 世纪动态几何的工具之一。用几何画板绘制各种立体图形非常直观，可以解决学生从平面图形向立体图形，从二维空间向三维空间过渡的难题，因为它确实能将一个“活”的立体图形展现在学生面前。

学习内容

- 绘制立体图形
- 控制立体图形

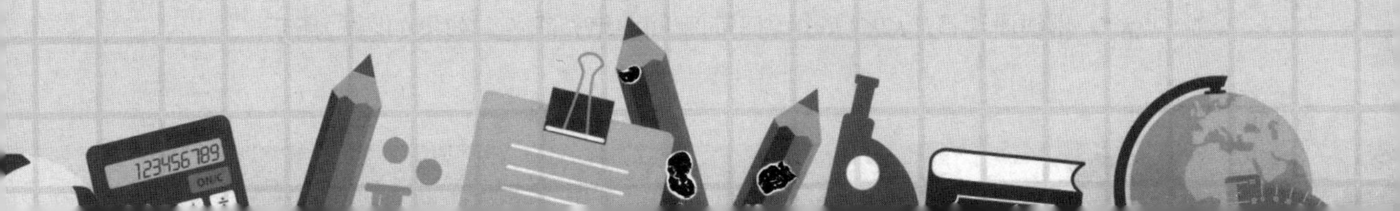

7.1 绘制立体图形

立体几何绘图在几何图形中非常普遍，使用“几何画板”软件制作立体图形可以使图形更直观、形象，实现从不同视角动态地观察立体图形，易于学生的空间想象。

7.1.1 空间中的线面关系

在传统课堂中，我们需要借助其他工具来表达空间中的线与线、线与面的关系等。“几何画板”软件可通过动态的图形变化，直观有效地让学生观察空间中的线与面的关系。

实例1 三垂线定理

空间中的线面关系

1. 功能描述

如图7.1右图所示，如果平面内的直线 a 垂直于斜线 PO 的射影 MO，那么直线 a 垂直于斜线 PO，通过拖动图7.1左图中的点 F 或点 C 或点 B，可以从不同视角观察三垂线与平面的关系，非常形象和直观。选中参数 n，按“+”或“-”键，可以整体放大或缩小图形。

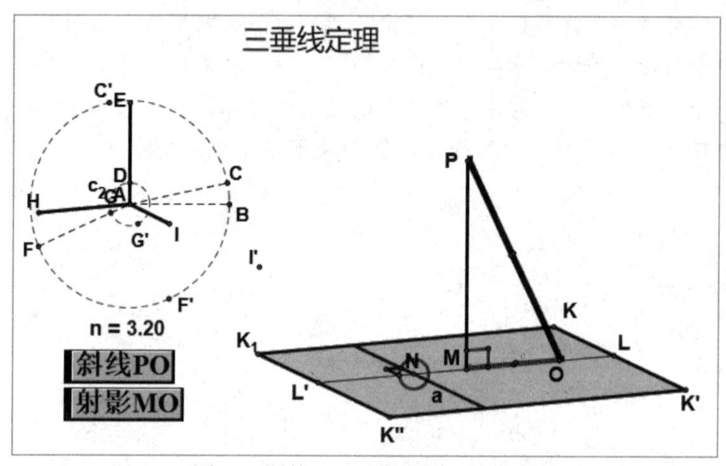

图7.1 课件“三垂线定理”效果图

2. 分析制作

本例通过动态演示“三垂线定理”，直观形象地体现了空间中的线面关系。用工具结合标记、向量、平移等可快速构造图形。

跟我学

- **绘制空间平面** 运行“几何画板”软件，在圆 $c1$ 外画一点 K，让点 K 按标记向量 AH' 平移，得到点 K_1；让点 K 按标记向量 AI' 平移，得到点 K'；再让点 K' 按标记向量 KK_1 平移，得到点 K''，用线段连接 $K\ K'K''\ K_1$ 得到平面空间并填充颜色，效果如图7.2所示。

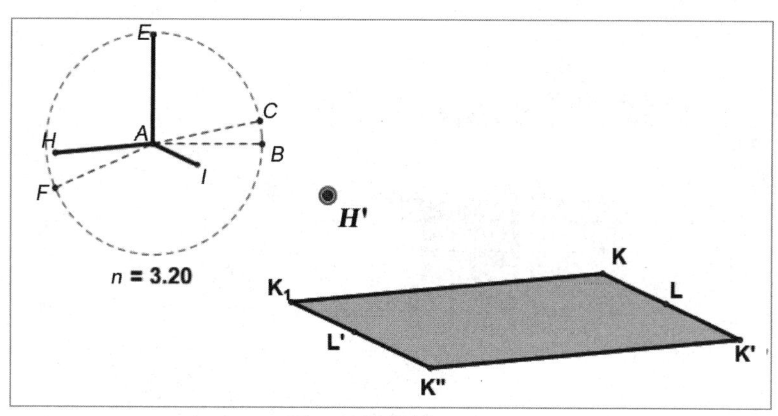

图7.2　绘制空间平面

- **绘制平面的平行线**　在KK'上画一点L，让点L按标记向量KK_1平移，得到点L'，连接LL'，并在LL'上任取三点M、N、O。过点M作线段AE的平行线。
- **绘制平面的垂线**　在平行线上任取一点P，用粗线段连接PM，得到平面的垂线PM。
- **绘制平面的斜线和射影**　用粗线段连接PO、MO，得到平面的线段PO和它的射影MO。
- **绘制垂线**　选中点L'、N标记向量，让线段K_1K''按标记向量平移，得到垂直于射影MO的直线a；拖动点O或点N，改变斜线后直线a的位置。
- **控制参数**　拖动点F或点C或点B，可以从不同视角观察三垂线与平面的关系，非常形象和直观。选中参数n，按“+”或“-”键，可以整体放大或缩小图形。
- **保存文件**　执行“文件”→“保存”命令，并以“三垂线定理”为名保存文件。

创新园

1. 尝试利用绘制空间平面和平行线的画法绘制两条异面直线，效果如图 7.3 所示。

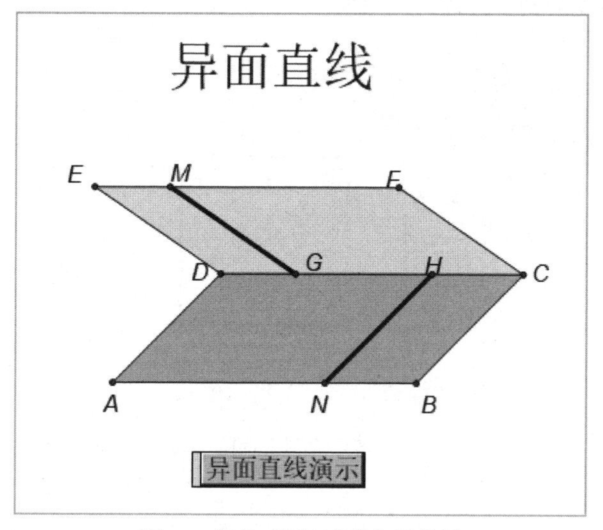

图7.3　课件“异面直线”效果图

2. 尝试利用绘制空间中平面和直线形成的各种角，体现出空间中直线和面的关系，效果如

图 7.4 所示。

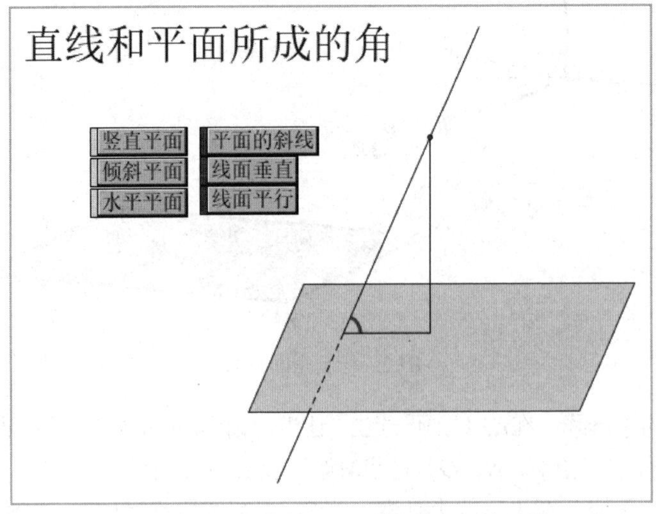

图7.4　课件“直线和平面所成的角”效果图

7.1.2　绘制其他立体图形

“几何画板”软件的自定义工具中提供了多种绘制 3D 和立体几何图形的工具，简化了立体图形的绘制过程，便于制作各种立体几何的课件。

绘制其他立体几何图形

实例 2　绘制正方体

1. 功能描述

在几何画板中绘制正方体，可先绘制正方形，然后借助线段的旋转、缩放、隐藏来绘制出正方体的后侧面，从而得到正方体，效果如图 7.5 所示。

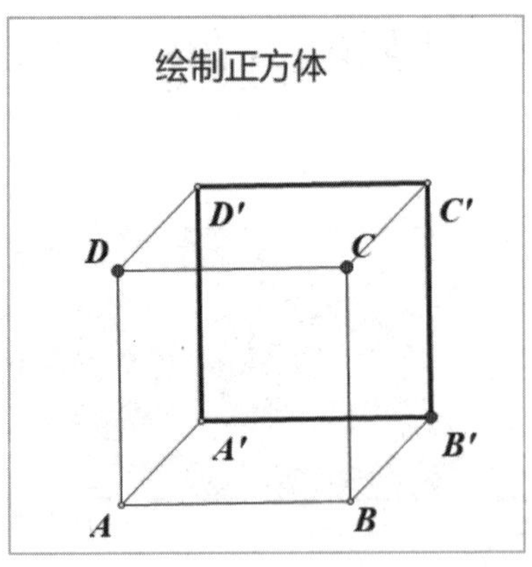

图7.5　课件“绘制正方体”效果图

2. 分析制作

本例动态演示了正方体图形的绘制。用“几何画板”软件中的自定义工具“04 四边形”，结合“变换”等命令可快速构造图形。

- **绘制正方形** 运行“几何画板”软件，选中“自定义”工具，执行“04四边形”→“正方形”命令，绘制正方形*ABCD*。
- **旋转线段** 双击点*A*，标记为中心点。选中线段*AB*和点*B*，执行“变换”→“旋转”命令，按图7.6所示操作，作出线段*AB*按逆时针旋转45°的线段*AB′*。

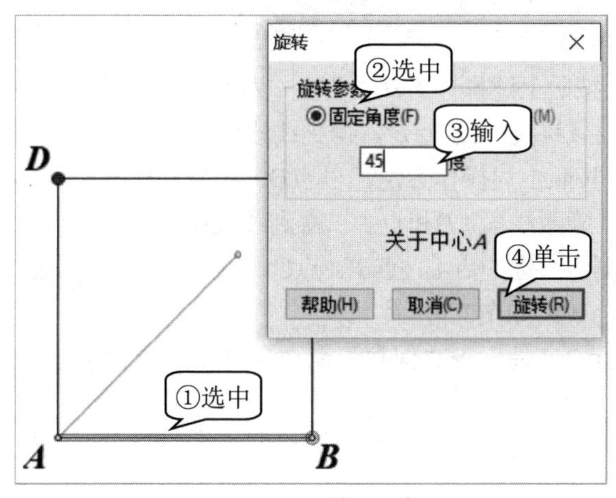

图7.6 旋转线段

- **缩放线段** 选中线段*AB′*和点*B′*，执行“变换”→“缩放”命令，按图7.7所示操作，作出线段*AB′*缩小一半的线段*AB″*。

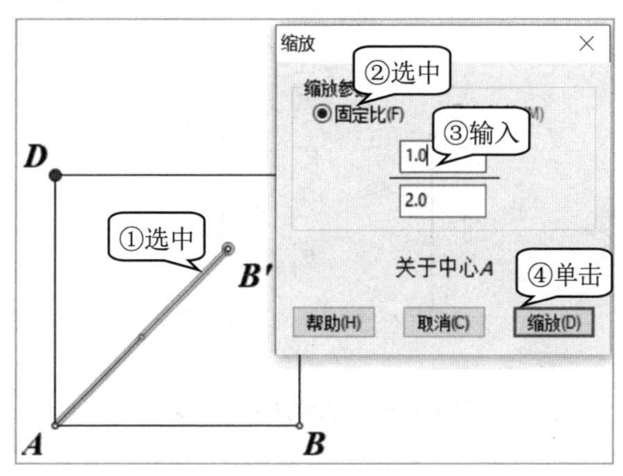

图7.7 缩放线段

- **修改标签** 选中点*B″*，右击，选择“点的标签”命令，将标签*B″*改为*A′*。选中线段*AB′*和点*B′*，执行“显示”→“隐藏”命令，将其隐藏，得到线段*AA′*，效果如图7.8所示。
- **制作线段*BB′*** 按照上述操作方法，以点*B*为中心点，将线段*BC*和点*C*旋转-45°，并将旋转后的线段缩小一半，隐藏线段*BC′*和点*C′*，绘制出线段*BB′*。

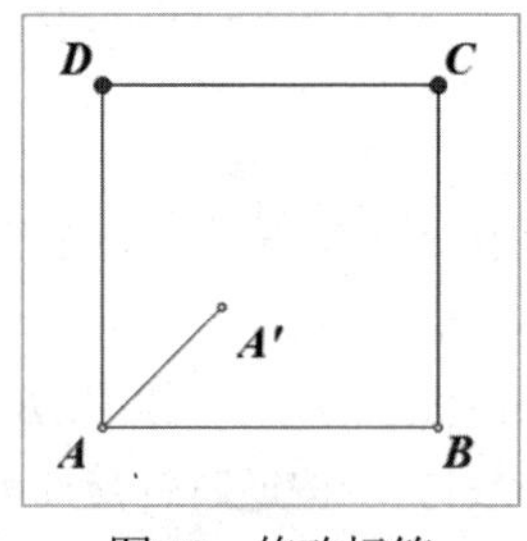

图7.8　修改标签

- **制作线段CC'**　按照上述操作方法，以点C为中心，将线段BC和点B旋转135°，再利用缩放得到C'，隐藏线段$B'C$和点B'，得到线段CC'。
- **制作线段DD'**　按照上述操作方法，以点D为中心，将线段AD和点A旋转135°，再利用缩放得到点D'，隐藏线段$A'D$和点A'，得到线段DD'。
- **作正方体的后侧面**　选中点A'、点B'、点C'、点D'，按Ctrl+L键，作出正方体的后侧面，即得到正方体，效果如图7.5所示。
- **保存文件**　执行“文件”→“保存”命令，并以“绘制正方体”为名保存文件。

实例 3　绘制圆柱

1. 功能描述

绘制圆柱可利用几何画板自定义工具中的“椭圆”命令先绘制出椭圆，再利用变化中的“平移”“迭代”命令，结合构造线段和隐藏按钮，即可绘制出圆柱，如图 7.9 所示。

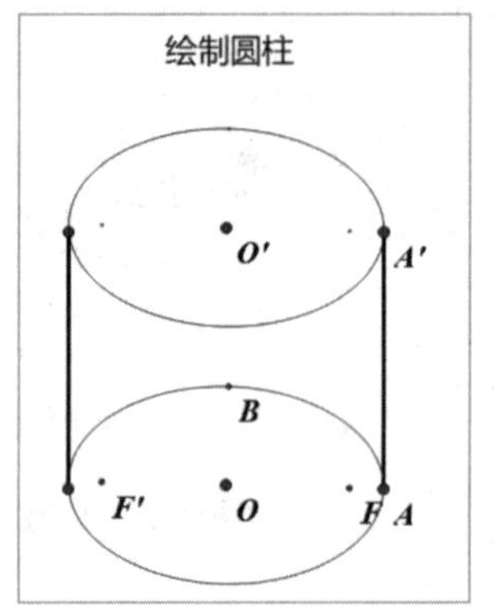

图7.9　课件“绘制圆柱”效果图

2. 分析制作

本例动态演示了圆柱图形的绘制过程。用“自定义”工具中的“圆锥曲线 A”中的“椭圆”，结合“变换”“构造”等命令可快速构造图形。

跟我学

- **绘制椭圆**　运行“几何画板”软件，选中“自定义”工具，执行“圆锥曲线A”→“椭圆”命令，绘制椭圆O，在椭圆上面绘制一个点A，效果如图7.10所示。

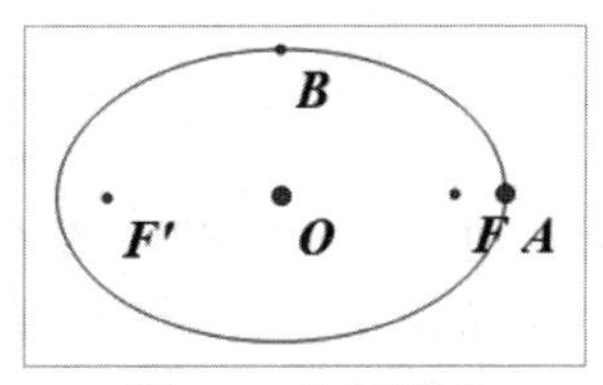

图7.10 绘制椭圆

- **平移圆心O和点A** 选择圆心*O*和点*A*，执行“变换”→“平移”命令，按图7.11所示操作，平移得到点*O'*和点*A'*。

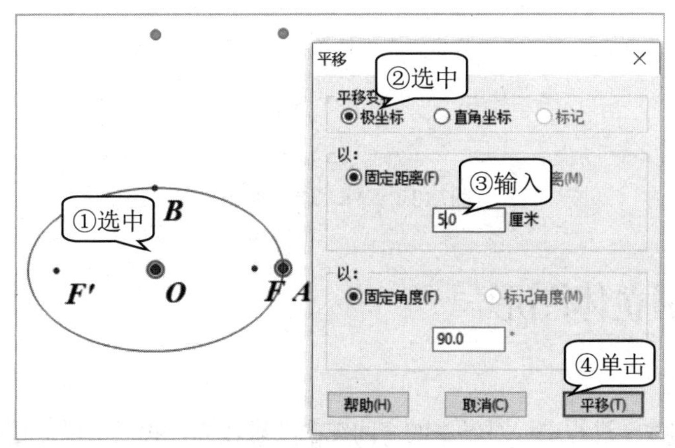

图7.11 平移圆心*O*和点*A*

- **构造椭圆O'** 选择点*O*和点*A*，执行“变换”→“迭代”命令，按图7.12所示操作，将迭代次数减少到1次，得到椭圆*O'*。
- **构造线段OO'** 分别选中点*O*、点*O'*和点*A*、点*A'*，执行“构造”→“线段”命令，分别构造线段*OO'*、*AA'*，双击线段*OO'*将其标记为镜面。
- **构造圆柱** 选中线段*AA'*和两个端点*A*、*A'*，执行“变换”→“反射”命令，将线段*OO'*隐藏，圆柱绘制完成，效果如图7.9所示。
- **保存文件** 执行“文件”→“保存”命令，并以“绘制圆柱”为名保存文件。

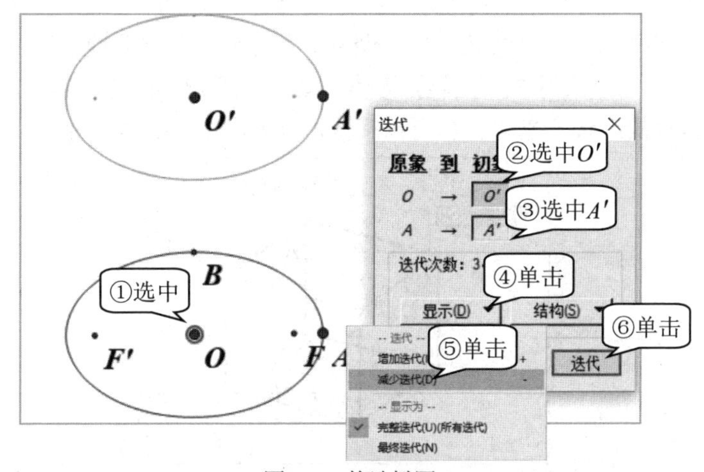

图7.12 构造椭圆*O'*

创新园

1. 利用构造中的“垂线”“线段上的点”“轨迹”等命令绘制圆锥。
2. 尝试绘制球，效果如图 7.13 所示。

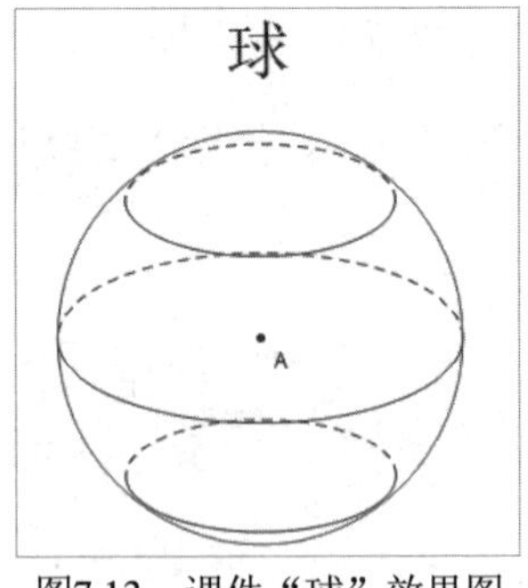

图7.13 课件“球”效果图

7.2 控制立体图形

在立体几何的教学过程中，对学生的空间观念要求较高，我们可以通过几何画板对立体几何进行控制，如展开、旋转等，动态、形象地展示立体图形，增强学生的空间感。

7.2.1 立体图形的旋转

立体图形的旋转课件的制作，可以动态地演示旋转体的形成过程，让学生更形象直观地了解立体图形。

立体图形的旋转

实例 4 正方体的旋转

1. 功能描述

在小学数学“长方体、立方体的认识”一课中，为了让学生更好地了解正方体，从而制作旋转的正方体课件。单击课件中的“旋转正方体”按钮，可以使正方体旋转起来。拖动点 B 和点 C 可以改变正方体的形状，拖动点 D 可以旋转正方体，如图 7.14 所示。

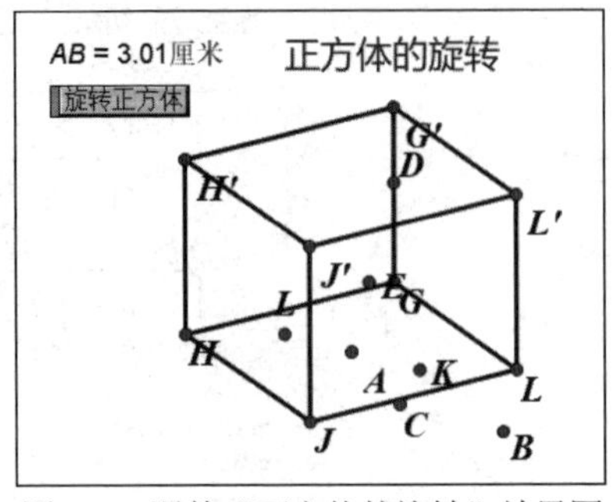

图7.14 课件“正方体的旋转”效果图

2. 分析制作

本例动态演示了正方体的旋转。用工具结合“变换”“构造”“编辑”等命令可快速构造图形，实现正方体的旋转。

- **绘制同心圆** 运行“几何画板”软件，选中“圆”工具，在画板适当位置绘制两个同心圆*A*。
- **绘制线段** 执行“构造”→“直线”命令，过圆心*A*绘制一条直线*j*。选择“点”工具，在大圆上绘制一个点*D*。利用“线段直尺”工具绘制线段*AD*，并交小圆于点*E*，效果如图7.15所示。

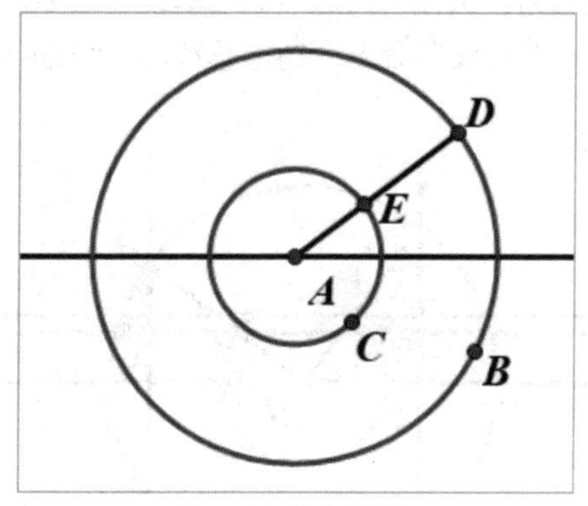

图7.15 绘制线段

- **构造垂线1** 选中点*D*和直线*j*，执行“构造”→“垂线”命令，构造垂线*k*。再选中点*E*和直线*k*，执行“构造”→“垂线”命令，构造垂线*l*，垂线*k*和*l*相交于点*G*，效果如图7.16所示。

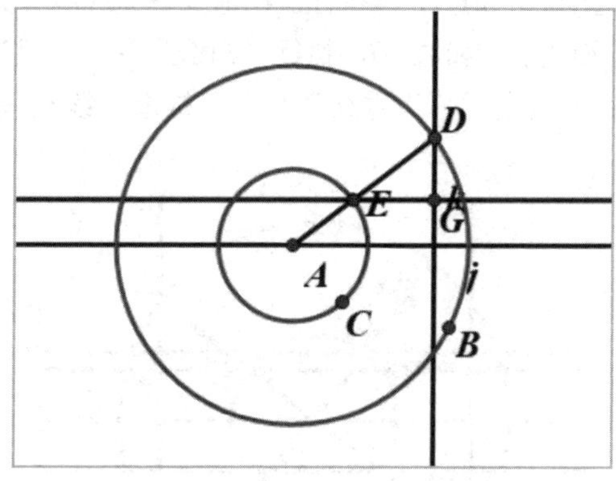

图7.16 构造垂线1

- **旋转点** 双击圆心*A*，标记点*A*为中心点，选中点*D*，执行“变换”→“旋转”命令，按图7.17所示操作，得到点*D*′。按照上述操作方法，选中点*D*′，旋转90°得到点*D*″，同样方法，旋转出点*D*‴。

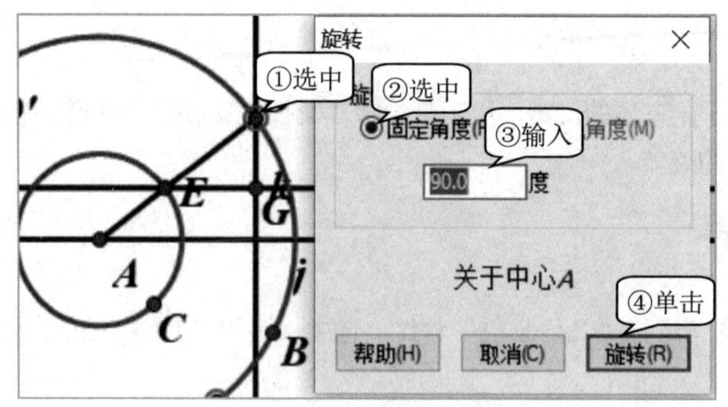

图7.17 旋转点

- **构造垂线2** 依次选中点*A*和点*D*′，执行“构造”→“线段”命令，得到线段*AD*′并交小圆于点*L*，选中点*D*′和直线*j*，执行“构造”→“垂线”命令，构造垂线*m*。再选中点*L*和直线*m*，执行“构造”→“垂线”命令，构造垂线*n*，垂线*m*和*n*相交于点*H*，效果如图7.18所示。

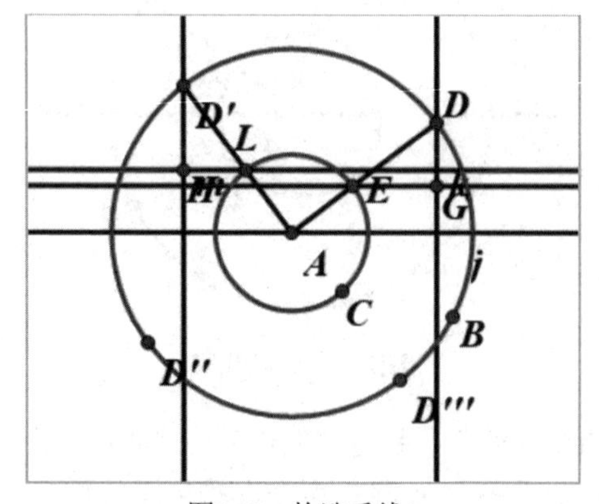

图7.18 构造垂线2

- **构造垂线3** 依次选中点*A*和点*D*″，执行“构造”→“线段”命令，得到线段*AD*″，线段*AD*″交小圆于点*I*，选中点*D*″和直线*j*，执行“构造”→“垂线”命令，构造垂线*o*。再选中点*I*和直线*o*，执行“构造”→“垂线”命令，构造垂线*p*，垂线*o*和*p*相交于点*J*，效果如图7.19所示。

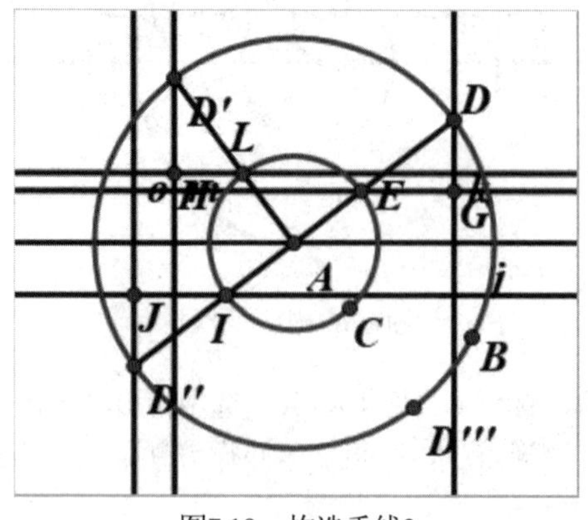

图7.19 构造垂线3

- **构造垂线4** 依次选中点A和点D'''，执行“构造”→“线段”命令，得到线段AD'''，线段AD'''交小圆于点K，选中点D''和直线j，执行“构造”→“垂线”命令，构造垂线q。再选中点K和直线q，执行“构造”→“垂线”命令，构造垂线r，垂线q和r相交于点L，效果如图7.20所示。

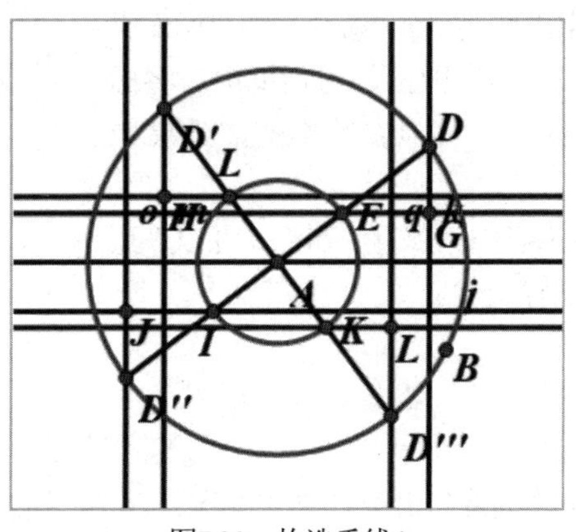

图7.20 构造垂线4

- **隐藏点线** 利用“线段直尺”工具连接线段HJ、JL、LG、GH，隐藏不必要的点和线，效果如图7.21所示。

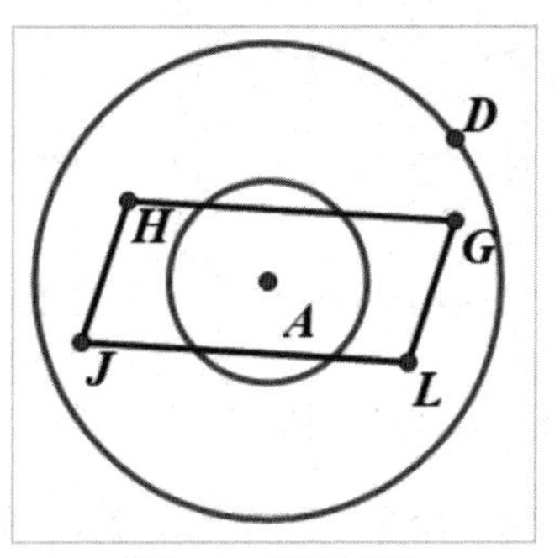

图7.21 隐藏点线

- **平移点1** 选中点A和点B，执行“度量”→“距离”命令，度量距离AB，选中点G，执行“变换”→“平移”命令，单击度量值AB，按图7.22所示操作，平移出点G'。

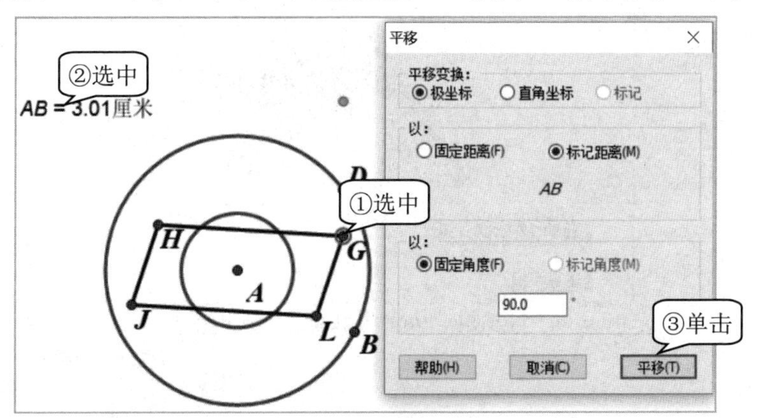

图7.22 平移点1

- **平移点2** 按照上述操作方法，依次平移出点H'、J'、L'。
- **构造正方体** 利用“线段直尺”工具绘制正方体$HJLG\text{-}H'J'L'G'$，隐藏圆，效果如图7.23所示。
- **制作动画按钮** 选中点D，执行“编辑”→“操作类按钮”→“动画”命令，在弹出的对话框中，将标签改为“旋转正方体”，其他参数不变，效果如图7.14所示。
- **保存文件** 执行“文件”→“保存”命令，并以“正方体的旋转”为名保存文件。

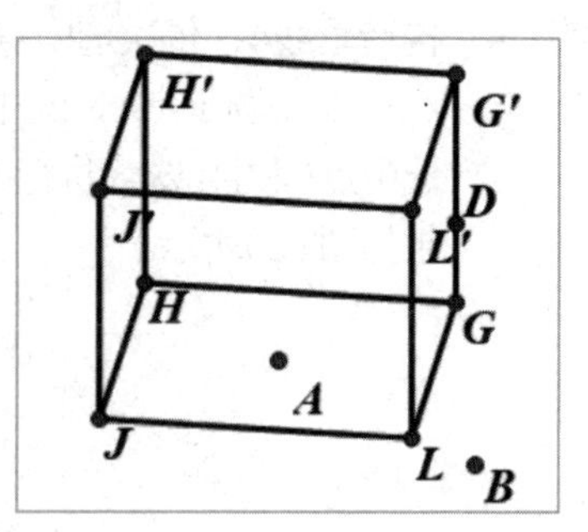

图7.23 构造正方体

创新园

1. 尝试利用“轨迹”和“追踪”命令，制作如图 7.24 所示的“圆柱的形成”课件。

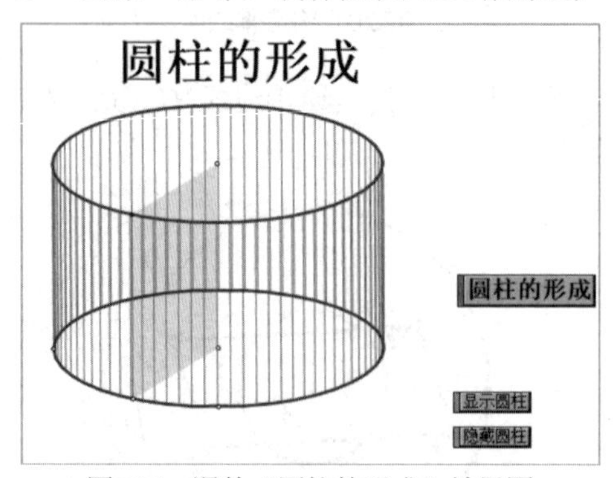

图7.24 课件“圆柱的形成”效果图

2. 尝试利用“轨迹”和“追踪”命令，制作如图 7.25 所示的“圆锥及其截面”课件。

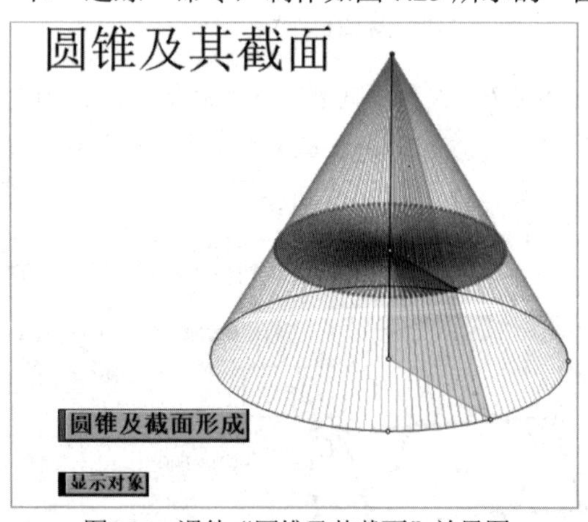

图7.25 课件“圆锥及其截面”效果图

7.2.2 立体图形的展开

在进行正方体的展开与折叠教学中，学生很难理解正方体的展开图，通过几何画板的课件演示，可让学生更加形象地感知正方体的展开与折叠过程，从而突破难点，增强学生的空间感。

立体图形的展开

实例5 正方体的展开

1. 功能描述

如图7.26所示，单击课件中的5个移动按钮，可以使正方体的每个面独立展开，单击课件中的“顺序5个动作”按钮，就会按顺序自动演示5个面的展开图动画，若要复原则只需拖动每个面的边或顶点即可，如图7.26所示。

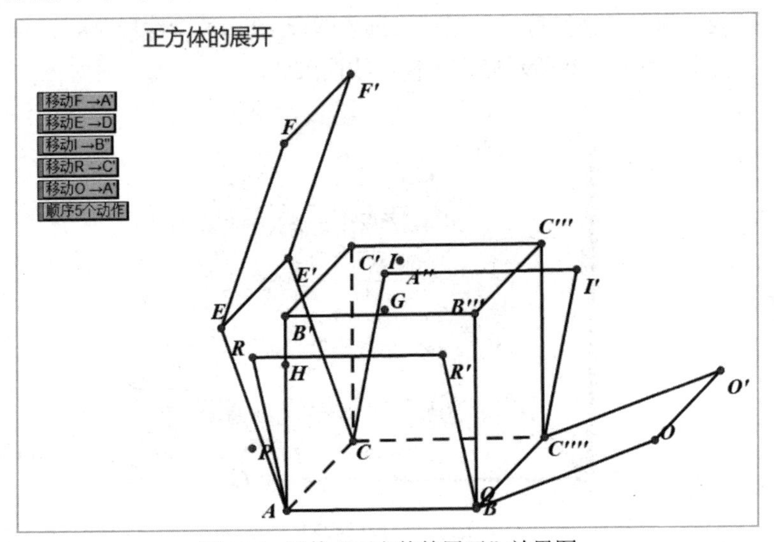

图7.26 课件“正方体的展开”效果图

2. 分析制作

本例动态演示了正方体的每个面的展开。用工具结合“变换”“构造”等命令可快速构造图形，依次制作上底面、左侧面、背面、右侧面、正前面展开图，通过按钮控制“顺序5个动作”，即可动态展开正方体。

跟我学

- **绘制线段** 运行“几何画板”软件，利用“线段直尺”工具在画板适当位置绘制一条线段AB。
- **旋转线段1** 双击点A，标记为中心点。选中线段AB和点B，执行“变换”→“旋转”命令，按图7.27所示操作，作出线段AB按逆时针旋转90°的线段AB'。

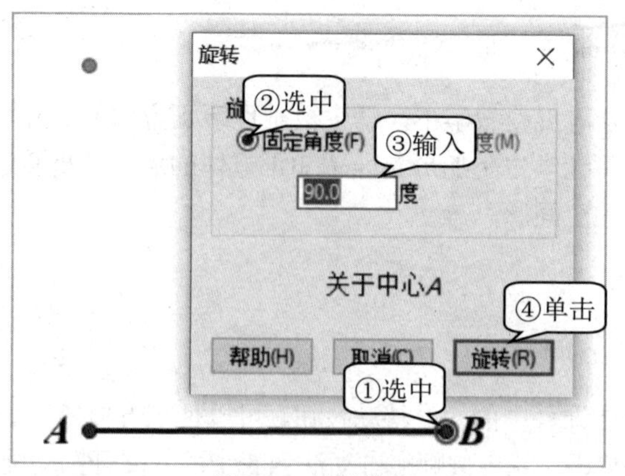

图7.27　旋转线段

- **旋转线段2**　利用"线段直尺"工具连接线段AB'，选中线段AB'，执行"变换"→"旋转"命令，按图7.28所示操作，作出线段AB''。

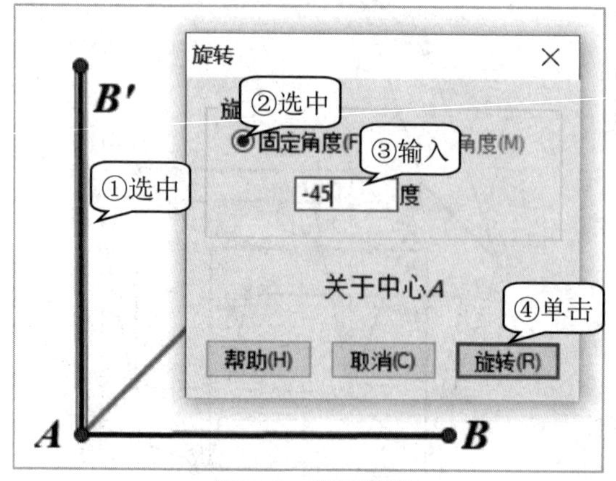

图7.28　旋转线段

- **平移中点**　选中线段AB''，执行"构造"→"中点"命令，构造线段AB''的中点C，依次选中点A和点B'，执行"变换"→"标记向量"命令，标记向量$\overrightarrow{AB'}$，选中点C，执行"变换"→"平移"命令，按图7.29所示操作，按标记向量$\overrightarrow{AB'}$平移出点C''，利用"线段直尺"工具连接线段$B'C''$、CC''。

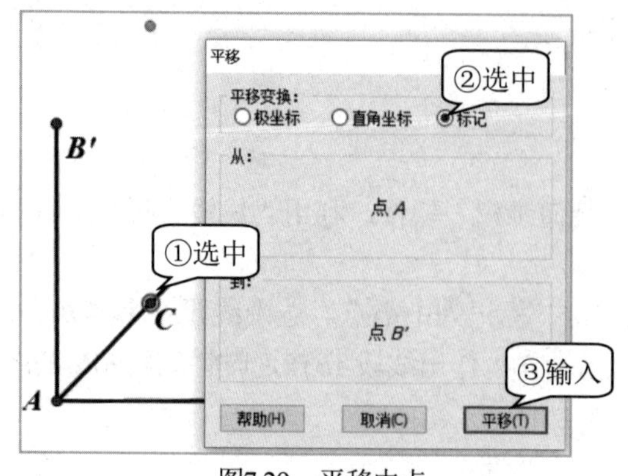

图7.29　平移中点

- **构造正方体** 依次选中点A和点B，执行“变换”→“标记向量”命令，标记向量$\overrightarrow{AB}$。选中四边形$AB'C''C$，执行“变换”→“平移”命令，按标记向量$\overrightarrow{AB}$平移出四边形$BB'''C'''C''''$，构造正方体，效果如图7.30所示。

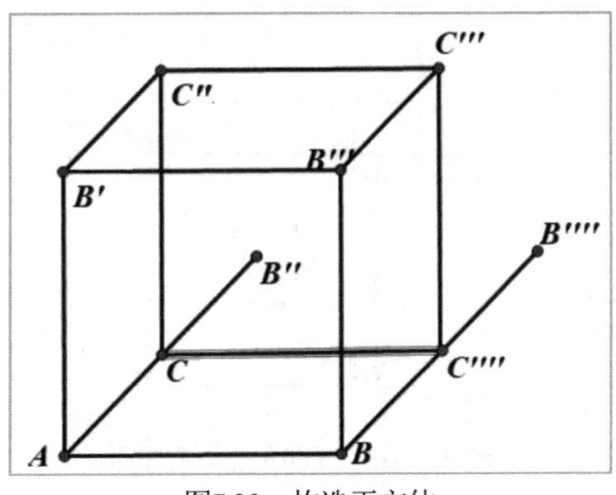

图7.30 构造正方体

- **构造圆** 双击点A，标记A为中心点。选中点B，执行“变换”→“旋转”命令，旋转角度为180°，得到点D。依次选中点A、B'、D，执行“构造”→“圆上的弧”命令，构造弧$B'D$，在弧$B'D$上绘制点E。依次选中点E和点A，执行“构造”→“以圆心和圆周上的点作圆”命令，构造圆E。双击点E，标记E为中心点，选中点A，执行“变换”→“旋转”命令，旋转角度为180°，绘制点A'，选中点A'，执行“变换”→“旋转”命令，旋转角度为−90°，绘制点A''，效果如图7.31所示。

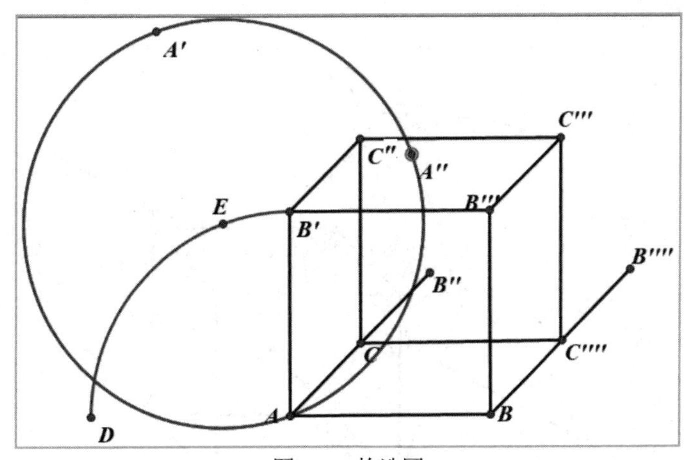

图7.31 构造圆

- **制作上底面和左侧面的展开图** 依次选中点E、A''、A'，执行“构造”→“圆上的弧”命令，构造弧$A'A''$。在弧$A'A''$上取一点F，依次选中点B'、C''，执行“变换”→“标记向量”命令，标记向量$\overrightarrow{B'C''}$，选中点E和点F，执行“变换”→“平移”命令，按向量平移出点E'和F'，利用“线段直尺”工具连接线段AE、EF、FF'、$F'E'$、$E'C$、CA，得到上底面和左侧面的展开四边形，效果如图7.32所示。

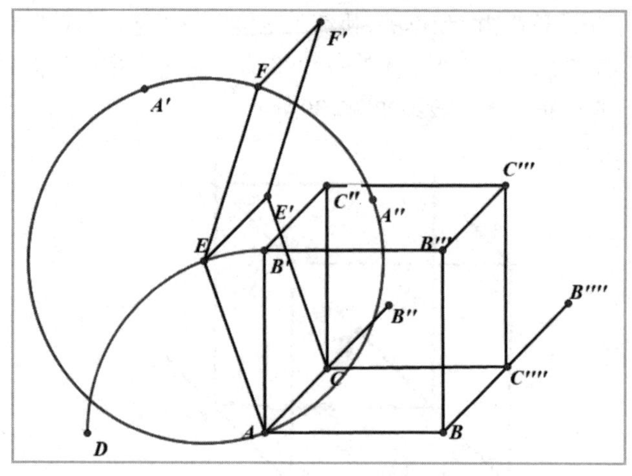

图7.32　上底面和左侧面展开图

- **制作背面展开图**　利用“线段直尺”工具连接线段$B''C''$，选中线段$B''C''$，执行“构造”→“中点”命令，构造线段的中点G，选中中点G和线段$B''C''$，执行“构造”→“垂线”命令，构造的垂线交线段AB'于点H，依次选中点H、B''、C''，执行“构造”→“圆上的弧”命令，构造弧$B''C''$，在弧$B''C''$上任取一点I，依次选中点C和C''''，执行“变换”→“标记向量”命令，标记向量$\overrightarrow{CC''''}$，选中点I，执行“变换”→“平移”命令，按向量平移出点I'，利用“线段直尺”工具连接线段CI、II'、$I'C''''$，制作出背面的展开四边形，效果如图7.33所示。

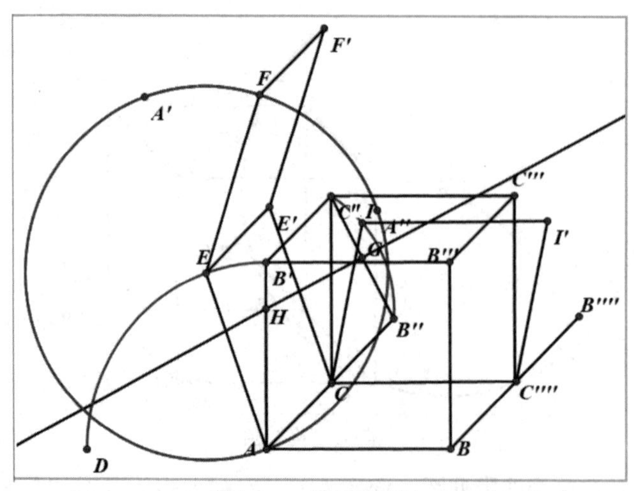

图7.33　背面展开图

- **制作右侧面展开图**　双击点B，标记B为中心点。选中点A，执行“变换”→“旋转”命令，旋转角度为180°，得到点A'。依次选中点A'、B、B'''，执行“构造”→“圆上的弧”命令，构造弧$B'''A'$，执行“构造”→“弧上的点”命令，在弧$B'''A'$上绘制点O。选中点B'''、C'''，执行“变换”→“标记向量”命令，标记向量$\overrightarrow{B'''C'''}$，选中点$O$，执行“变换”→“平移”命令，按向量平移出点$O'$，选择“线段”工具，连接线段$BO$、$OO'$、

$O'C''''$，制作出右侧面的展开四边形，效果如图7.34所示。

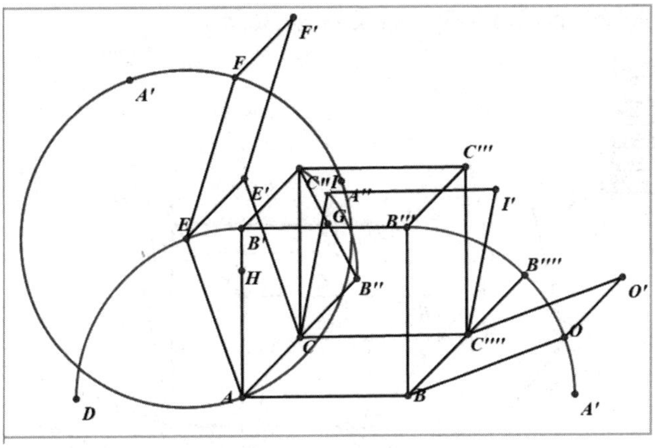

图7.34 右侧面展开图

- **制作正前面展开图** 双击点A，标记A为中心点。选中点C，执行“变换”→“旋转”命令，旋转角度为180°，得到点C'。选中点C'、B'，执行“构造”→“线段”命令，构造线段$B'C'$，执行“构造”→“中点”命令，得线段$B'C'$的中点P。选中点P和线段$B'C'$，执行“构造”→“垂线”命令，得过点P的垂线，选中垂线和线段BB'''，执行“构造”→“交点”命令，得交点Q，依次选中点Q、B'、C'，执行“构造”→“圆上的弧”命令，构造弧$B'C'$，执行“构造”→“弧上的点”命令，在弧$B'C'$上绘制点R。选中点B'、B'''，执行“变换”→“标记向量”命令，标记向量$\overline{B'''B'}$，选中点R，执行“变换”→“平移”命令，按向量平移出点R'，利用“线段直尺”工具连接线段RA、RR'、$R'Q$，制作出正前面展开的四边形，效果如图7.35所示。

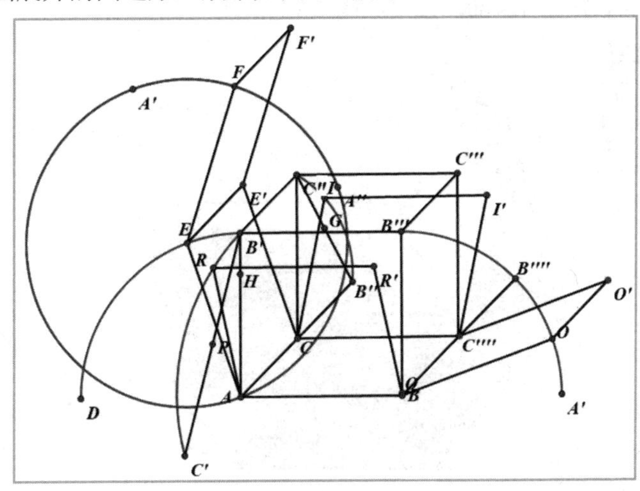

图7.35 正前面展开图

- **制作移动按钮** 图7.35中每一条弧线对应的就是正方体的一个展开面，依次选中点A'和点F，执行“编辑”→“操作类按钮”→“移动”命令，在弹出的对话框中单击“确定”按钮，绘制移动$F \to A'$按钮，按照相同的方法绘制另外4个移动按钮。再全选5个移动按钮，执行“编辑”→“操作类按钮”→“系列”命令，在弹出的“系列”对话框中，在“系列按钮”选项卡中选中“依次执行”单选按钮，单击“确定”按钮，将不必要的点、线段、弧隐藏起来，效果如图7.36所示。

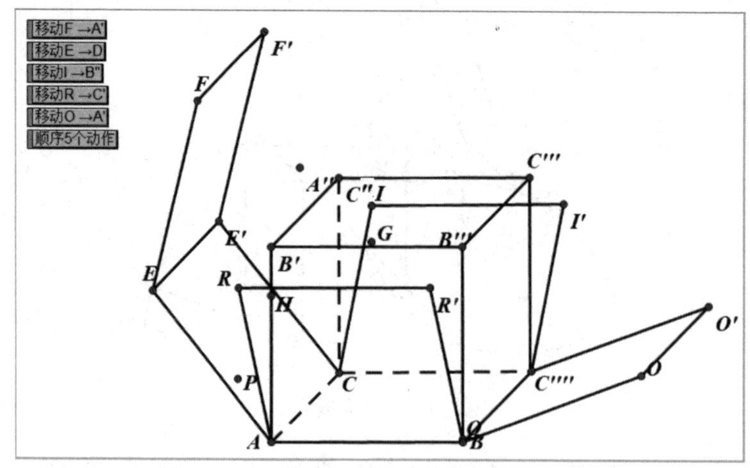

图7.36　制作移动按钮

- **保存文件**　执行“文件”→“保存”命令，以“正方体的展开”为名保存文件。

创新园

1. 改变 5 个移动按钮对象的标签，尝试将标签名称依次更改为“展开 1”“展开 2”“展开 3”“展开 4”“展开 5”。

2. 选中四边形 *FF'E'E*，执行“构造”→“四边形”命令，构造四边形 *FF'E'E* 的内部，按相同的方法构造另外 4 个面的内部，效果如图 7.37 所示。

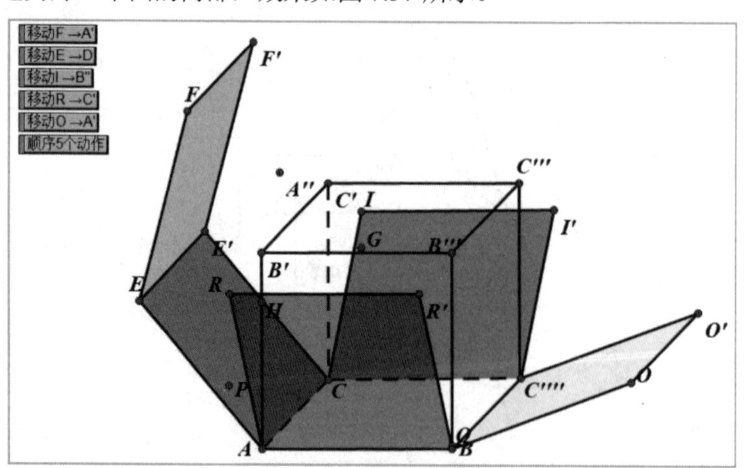

图7.37　构造平行四边形内部

7.2.3　立体图形的切割

立体图形的切割

当我们使用平面去截取一个几何体时，截面的形状能够帮助学生更深入地理解和认识该几何体的结构。不同的截取方式会导致截面呈现出不同的情况。

实例6 切割长方体的一角

1. 功能描述

如图 7.38 所示，单击课件中的“隐藏角”按钮，可以使三棱锥 C'-EFG 隐藏起来，只保留三棱锥 C''-$E'F'G'$，产生长方体切割去一角的效果。

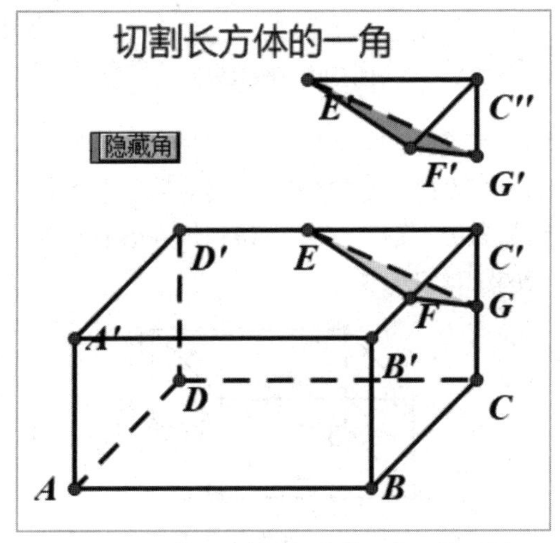

图7.38 课件“切割长方体的一角”效果图

2. 分析制作

本例动态演示了切割长方体的一角。用工具结合“变换”“构造”等命令可快速构造图形。通过截面的绘制，构成正方体一角的三棱锥，再将此三棱锥通过按钮控制“隐藏”，即可产生长方体被切割一角的动画效果。

跟我学

- **绘制线段1** 运行“几何画板”软件，选中“线段直尺”工具，同时按住Shift键，在画板适当位置绘制线段AB，选中“箭头”工具，双击点A，标记A为中心点，执行“变换”→“旋转”命令，旋转90°，得到垂线段，再选中“点”工具，在旋转所得的线段上取一点A'。
- **绘制线段2** 双击点A，标记A为中心点，选中线段AB，执行“变换”→“旋转”命令，旋转45°，得到垂线段，执行“构造”→“中点”命令，得到中点D，隐藏两条旋转所得的线段，利用“线段直尺”工具连接线段AA'、AD，效果如图7.39所示。

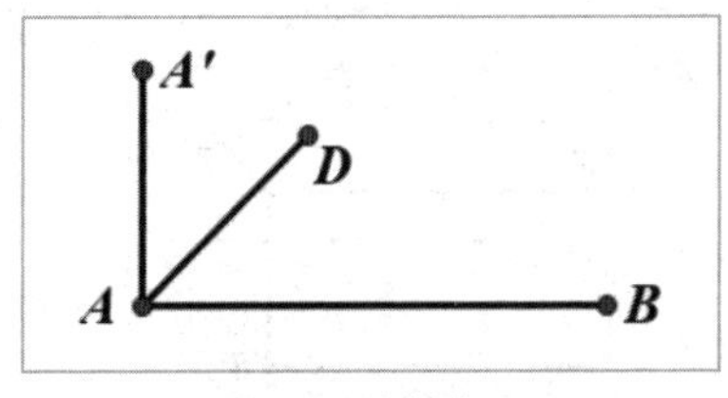

图7.39 绘制线段2

- **平移线段** 选中点D和点A，执行“变换”→“标记向量”命令，选中线段AB和点B，执行“变化”→“平移”命令，得到线段DC，选中“线段”工具，连接线段BC得到平行四边形$ABCD$，效果如图7.40所示。

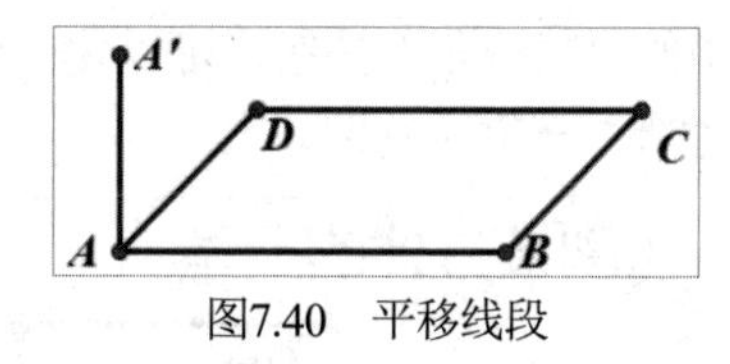

图7.40 平移线段

- **制作长方体** 选中点A和点A'，执行“变换”→“标记向量”命令，选中平行四边形$ABCD$的所有点和边，执行“变化”→“平移”命令，得到平行四边形$A'B'C'D'$，利用“线段直尺”工具连接线段BB'、CC'、DD'，得到长方体$ABCD$-$A'B'C'D'$，将线段AD、CD、DD'设置为虚线，效果如图7.41所示。

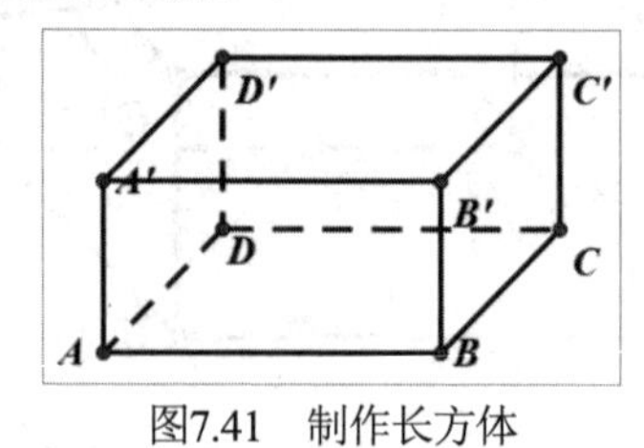

图7.41 制作长方体

- **绘制点** 选中“点”工具，在线段$C'D'$、$C'B'$、$C'C$上任作一点E、F、G，隐藏线段$C'D'$、$C'B'$、$C'C$。
- **绘制线段3** 利用“线段直尺”工具连接线段$D'E$、EF、$B'F$、FG、GC、EG、EC'、FC'、GC'，将EG设置为虚线，效果如图7.42所示。

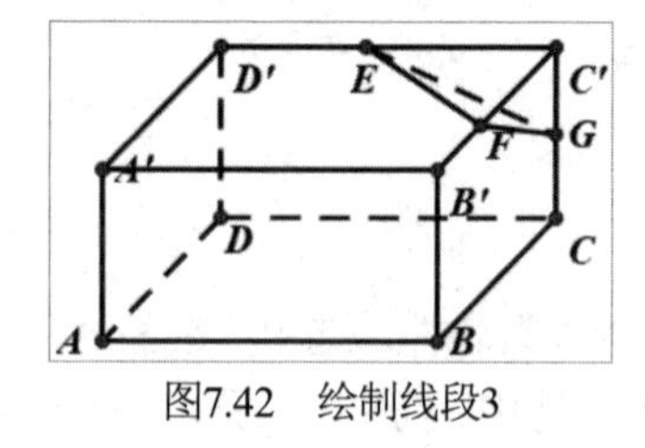

图7.42 绘制线段3

- **切割角** 选中三棱锥C'-EFG，执行“变化”→“平移”命令，得到三棱锥C''-$E'F'G'$，选中三棱锥C'-EFG，执行“编辑”→“操作类按钮”→“隐藏/显示”命令，将按钮标签改为“隐藏角”，效果如图7.43所示。

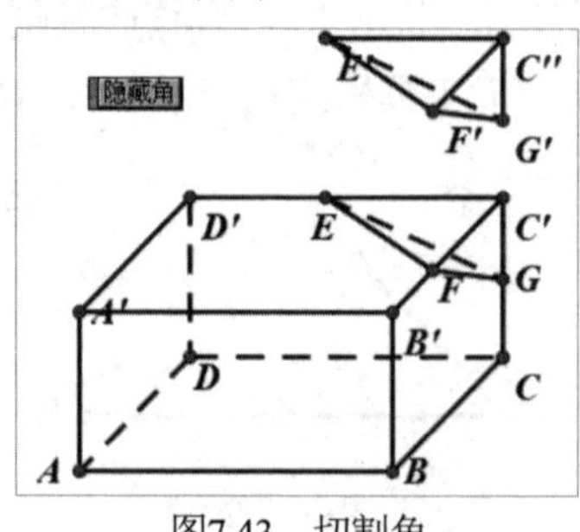

图7.43 切割角

- **制作截面** 选择长方体截面上的三个定点E、F、G，执行“构造”→“三角形内部”命令，构造平移后的截面三角形的内部，效果如图7.38所示。
- **保存文件** 执行“文件”→“保存”命令，并以“切割长方体的一角”为名保存文件。

创新园

1. 尝试制作如图 7.44 所示的“圆锥截面的形成”课件。

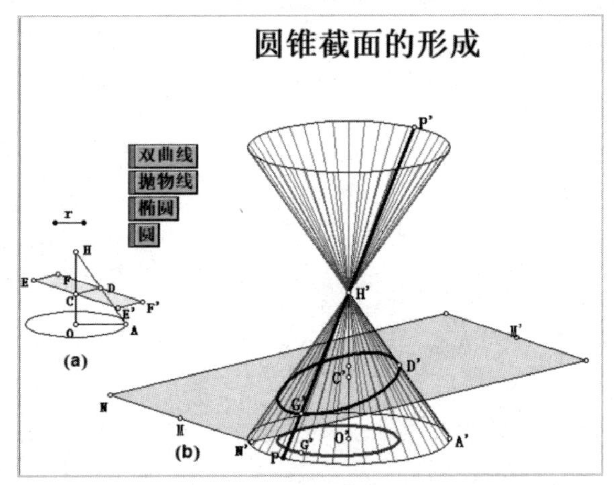

图7.44 课件“圆锥截面的形成”效果图

2. 尝试制作如图 7.45 所示的“过圆锥顶角的最大截面”课件。

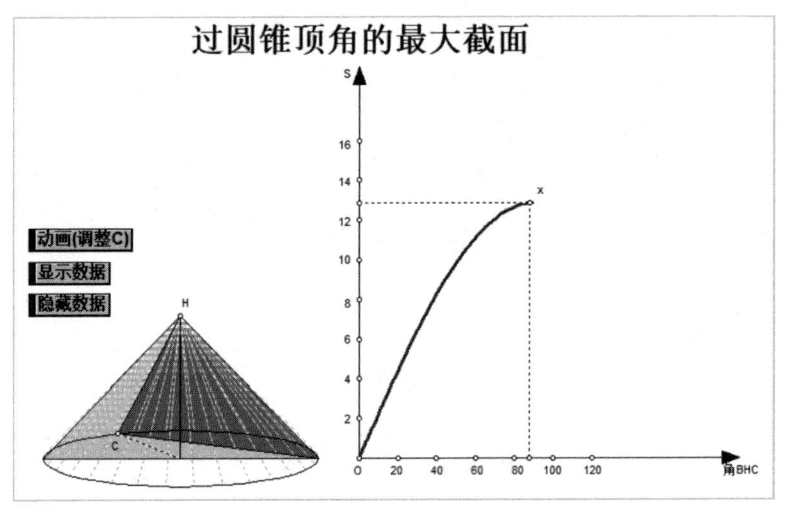

图7.45 课件“过圆锥顶角的最大截面”效果图

第8章 解析几何课件制作

解析几何是中学阶段非常重要的一门数学课程。然而，学生在学习其中的公式、性质时总会或多或少地用特殊性去代替一般性，对图形的变式也不能很好地把握，而教师限于教学学时也只能列举有限案例进行归纳推导，这使得学生不能真正地掌握其实质。几何画板可以用动态展示解析几何中的曲线图形及其相互关系，从而可以让学生理解曲线之间的本质。

■ 学习内容

- 绘制圆锥曲线
- 构造自定义坐标系

8.1 绘制圆锥曲线

圆锥曲线是指到定点的距离与到定直线的距离的比 e 是常数的点的轨迹，主要类型有椭圆、抛物线、双曲线。当 $0<e<1$ 时为椭圆；当 $e=1$ 时为抛物线；当 $e>1$ 时为双曲线。当 e 从 0 开始逐渐增大时，图形从椭圆变成抛物线，再变成双曲线。椭圆、双曲线、抛物线其实就是一个图形，只不过这个图形的形状随着 e 的变化而变化。利用几何画板可以形象地进行这些图形绘制的演示。

实例 1 圆锥曲线的统一形式

1. 功能描述

在此课件中拖动点 A 或点 B 可以改变离心率，从而改变圆锥曲线的形状，如图 8.1 所示。

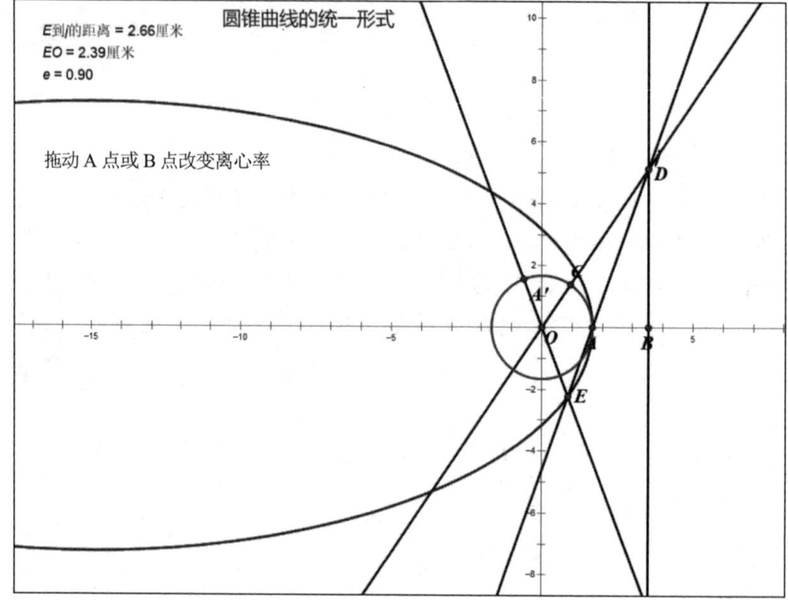

圆锥曲线的绘制

图8.1 课件“圆锥曲线的统一形式”效果图

2. 分析制作

本例动态演示了利用圆锥曲线的定义绘制圆锥曲线。用工具结合“构造”“度量”菜单命令可快速构造图形。

跟我学

- **显示坐标** 运行“几何画板”软件，执行“绘图”→“定义坐标系”命令，显示坐标系，执行“绘图”→“隐藏网格”命令，隐藏网格和x轴上的单位点。
- **构造垂线** 选中“点”工具，在x轴上取两点A和B，依次选中原点和点A，执行“构造”→“以圆心和圆周上的点作圆”命令，构造圆O。依次选中点B和x轴，执行“构造”→“垂线”命令，构造垂线j，效果如图8.2所示。

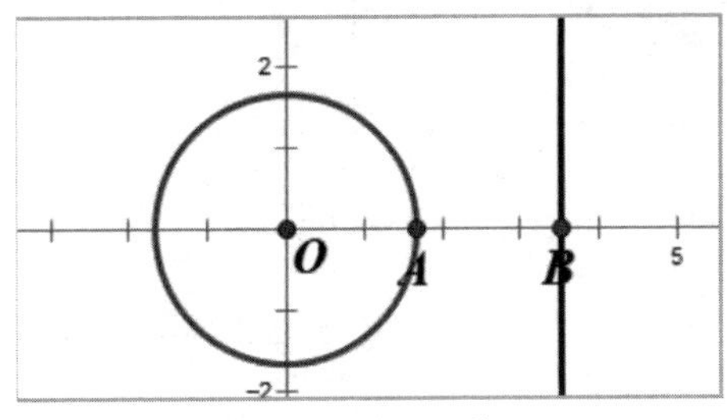

图8.2 构造垂线

- **反射点A** 选中“点”工具，在圆O上任取一点C，依次选中原点和点C，执行“构造”→“直线”命令，构造直线OC，交垂线j于点D。双击直线OC，标记镜面。选中点A，执行“变换”→“反射”命令，绘制点A'，依次选中原点和点A'，执行“构造”→“直线”命令，构造直线OA'，选中点A和点D，执行“构造”→“直线”命令，构造直线AD，单击直线OA'和AD交点处绘制两直线交点E，效果如图8.3所示。

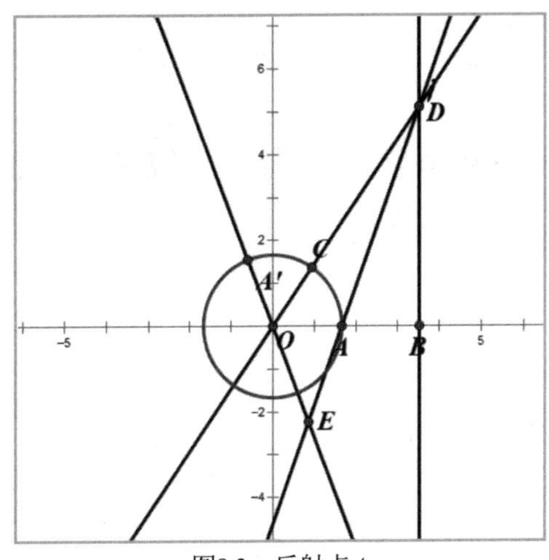

图8.3 反射点A

- **度量距离** 选中点E和垂线j，执行“度量”→“距离”命令，度量点E到垂线j的距离，选中点E和点O，执行“度量”→“距离”命令，度量线段EO的距离。
- **计算比值** 执行“数据”→“计算”命令，计算EO和“点E到垂线j的距离”之间的比值，并将标签改为e，效果如图8.4所示。
- **构造轨迹** 依次选中点E和点C，执行“构造”→“轨迹”命令，构造圆锥曲线，拖动点A和点B改变离心率，可以绘制出各类圆锥曲线，效果如图8.1所示。
- **保存文件** 执行“文件”→“保存”命令，以“圆锥曲线的统一形式”为名保存文件。

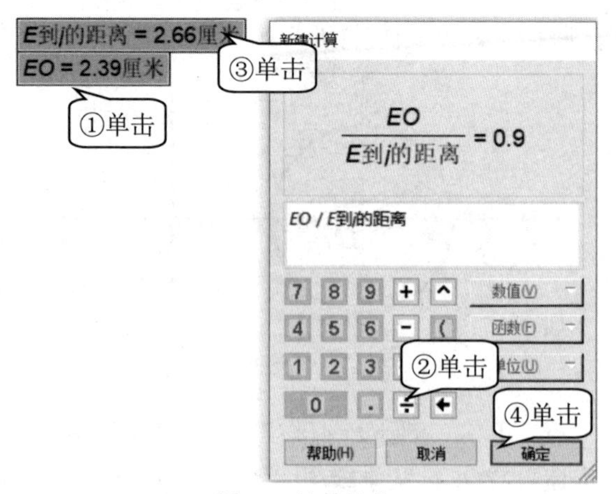

图8.4　计算比值

1. 根据定义“到两个定点距离之比等于定长的点的轨迹”绘制圆锥曲线，课件效果如图 8.5 所示。

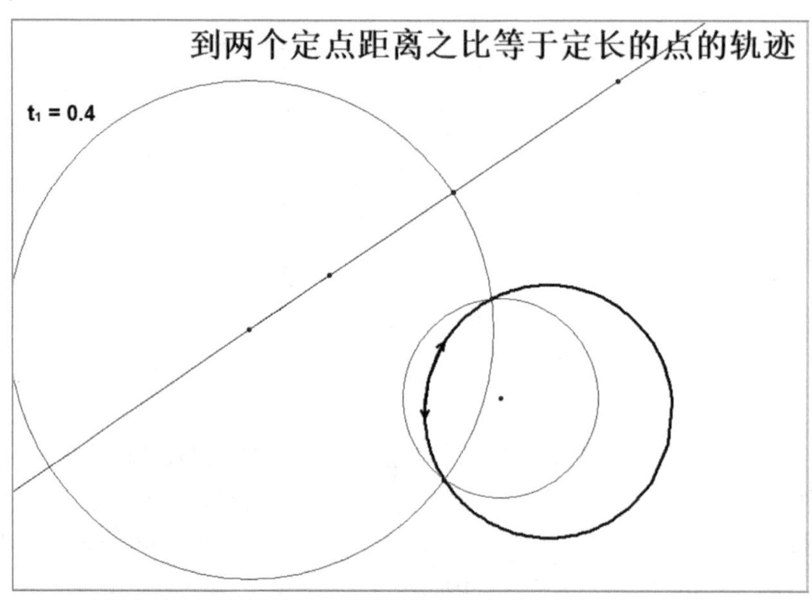

图8.5　课件“到两个定点距离之比等于定长的点的轨迹”效果图

2. 用圆锥曲线的统一极坐标方程 $r=e\cdot p/(1-e\cdot\cos\theta)$ 画圆锥曲线，然后研究以焦点弦 $\overline{BA}$ 为直径的圆 M 与准线 l 的位置关系，课件效果如图 8.6 所示。

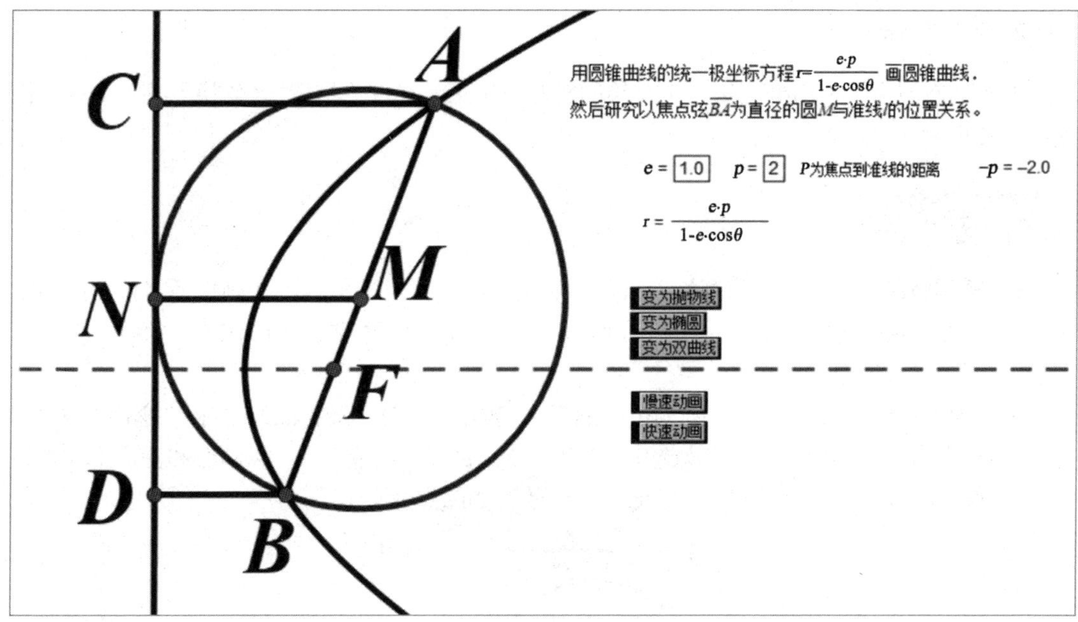

图8.6　课件“绘制圆锥曲线”效果图

8.1.1　椭圆图形的绘制

椭圆的第一定义：平面上到两点距离之和为定值(该定值大于两点间距离)的点的几何。这两个定点也称为椭圆的焦点，焦点之间的距离称为焦距。椭圆的第二定义：平面上到定点距离与到定直线间的距离之比为常数的点的集合(定点不在直线上，该常数为小于 1 的正数)。该定点为椭圆的焦点，该直线称为椭圆的准线。

椭圆图形的绘制

实例 2　利用第一定义绘制椭圆

1. 功能描述

拖动点 D 和点 E 可以改变椭圆的形状，其中两个圆的半径和刚好等于线段 AB(定值)的长度，如图 8.7 所示。

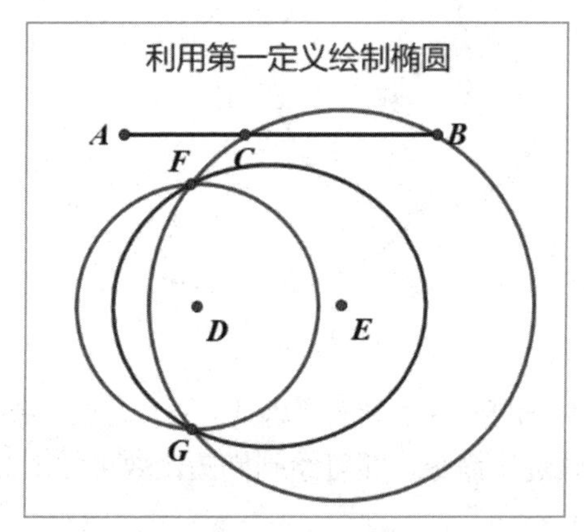

图8.7　课件“利用第一定义绘制椭圆”效果图

2. 分析制作

本例动态演示了利用椭圆第一定义绘制椭圆。用工具结合“构造”“变换”菜单命令可快速构造图形。

跟我学

- **绘制线段** 运行“几何画板”软件，利用“线段直尺”工具在画板适当位置绘制一条线段*AB*，选中“点”工具，在线段上取一点*C*，依次选中点*A*和点*C*，执行“变换”→“标记向量”命令。
- **绘制圆*D*** 选中“点”工具，在画板任一位置绘制点*D*，选中点*D*，执行“变换”→“平移”命令，得到点*D*′。依次选中点*D*和点*D*′，执行“构造”→“以圆心和圆周上的点画圆”命令，构造一个圆*D*，隐藏点*D*′，效果如图8.8所示。

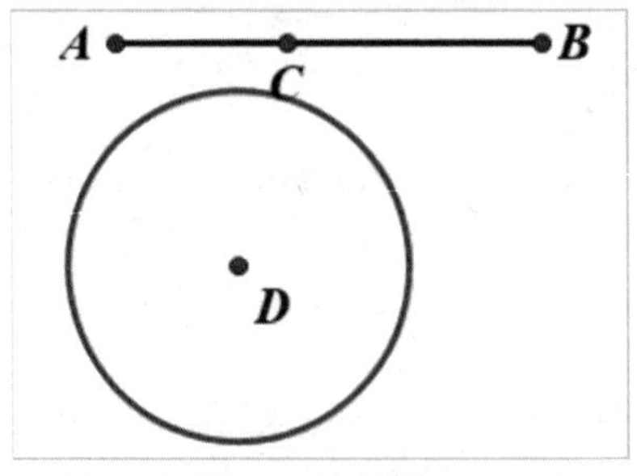

图8.8 绘制圆*D*

- **绘制圆*E*** 依次选中点*B*和点*C*，执行“变换”→“标记向量”命令。选中“点”工具，在画板适当位置任取一点*E*，线段*DE*的距离小于线段*AB*的长度，执行“变换”→“平移”命令，得到点*E*′。依次选中点*E*和点*E*′，执行“构造”→“以圆心和圆周上的点画圆”命令，构造一个圆*E*，隐藏点*E*′，效果如图8.9所示。

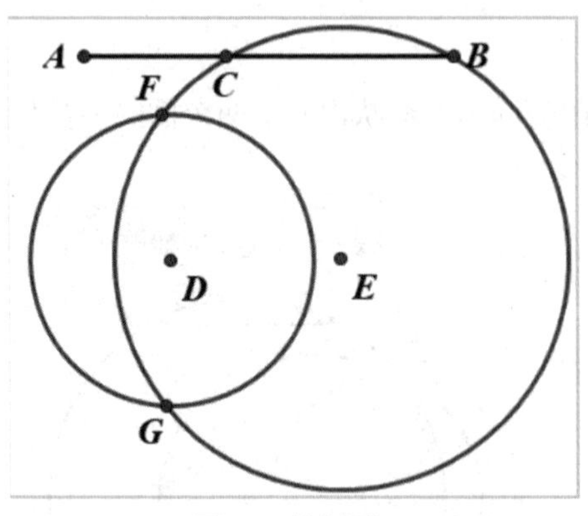

图8.9 绘制圆*E*

- **构造轨迹** 依次选中点*F*和点*C*，执行“构造”→“轨迹”命令，再依次选中点*G*和点*C*，执行“构造”→“轨迹”命令，即可绘制椭圆，效果如图8.7所示。

- **保存文件** 执行“文件”→“保存”命令，以“利用第一定义绘制椭圆”为名保存文件。

实例 3 利用第二定义绘制椭圆

1. 功能描述

在课件中拖动点 C 和点 G 可以改变椭圆的形状，其中点 C 改变椭圆的离心率，点 G 改变椭圆的长半轴大小，如图 8.10 所示。

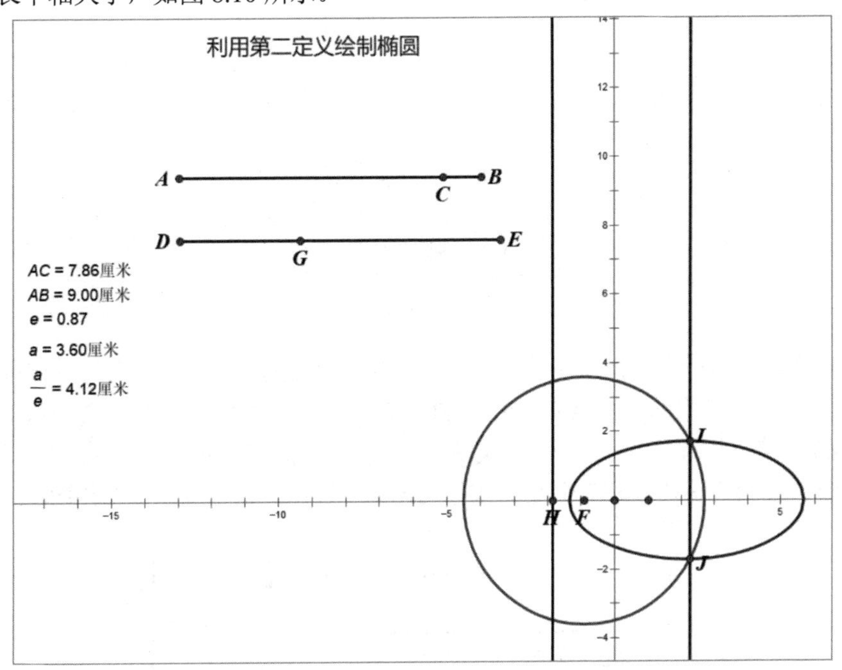

图8.10 课件“利用第二定义绘制椭圆”效果图

2. 分析制作

本例动态演示了利用椭圆第二定义绘制椭圆。用工具结合“度量”“数据”“构造”“变换”菜单命令可快速构造图形。

跟我学

- **显示坐标** 运行“几何画板”软件，执行“绘图”→“定义坐标系”命令，显示坐标系，执行“绘图”→“隐藏网格”命令，将网格隐藏起来。
- **计算比值** 选中“线段”工具，在画板适当位置绘制一条线段AB，选中“点”工具，在线段上任取一点C。依次选中点A和点C，执行“度量”→“距离”命令，度量AC的距离，按照相同的方法，度量线段AB的距离。执行“数据”→“计算”命令，按图8.11所示操作，新建比值AC/AB。
- **度量距离** 选中“线段”工具，在画板适当位置绘制一条线段DE。选中“点”工具，在线段DE上取一点G。依次选中点D和点G，选择“度量”→“距离”命令，度量DG的距离，将比值AC/AB的标签改为e，将DG距离的标签改为a。

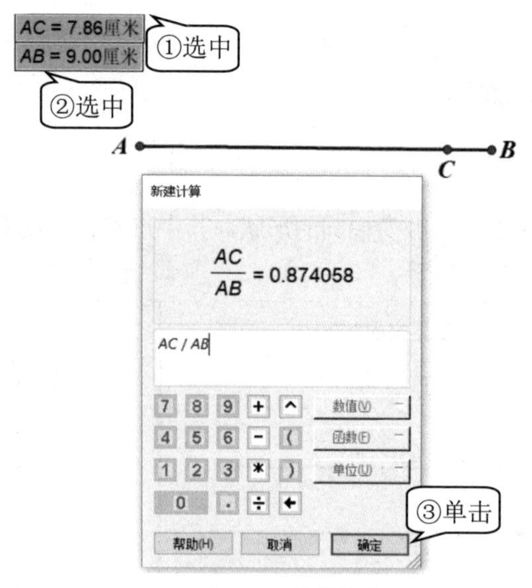

图8.11　计算比值

- **构造垂线**　执行“数据”→“计算”命令，在弹出的“新建计算”对话框中，计算a/e的值，在x轴上任取两个点F、H，选中点H和x轴，执行“构造”→“垂线”命令，选中a/e的值，执行“变换”→“标记距离”命令，标记距离a/e，选中构造出来的垂线，执行“变换”→“平移”命令，按标记距离平移出一条垂线，效果如图8.12所示。

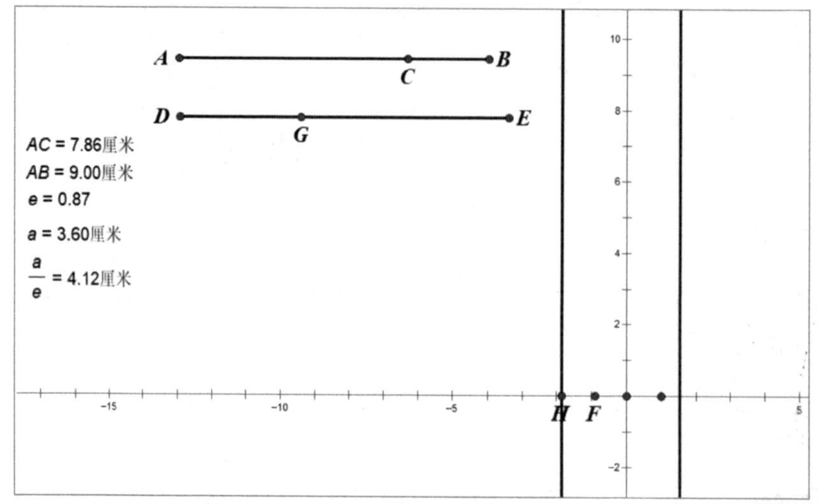

图8.12　构造垂线

- **构造圆**　依次选中点F和a值，执行“构造”→“以圆心和半径作圆”命令，构造一个圆F，调整点G和点C的位置，使得圆F和平移出的垂线相交。选中“点”工具，绘制垂线和圆的交点I和J。
- **构造椭圆**　依次选中点I和点J，执行“构造”→“轨迹”命令，再依次选中点J和点G，执行“构造”→“轨迹”命令，即可构造出椭圆，隐藏不必要的对象，调整相应对象的位置，效果如图8.10所示。

- **保存文件**　执行“文件”→“保存”命令，以“利用第二定义绘制椭圆”为名保存文件。

创新园

1. 尝试利用“参数方程法”绘制椭圆。椭圆的参数方程为：$x=a\cos\theta$，$y=b\sin\theta$(属于[0, 2π])，其中，a 为长半轴长，b 为短半轴长，θ 为参数。

2. 尝试利用“单圆法”绘制椭圆，利用椭圆的第一定义，使椭圆上的点到两点间的距离之和刚好等于圆的半径。

3. 已知椭圆的中心、1 个长轴端点和 1 个短轴端点，画出椭圆的“基本量”，课件效果如图 8.13 所示。

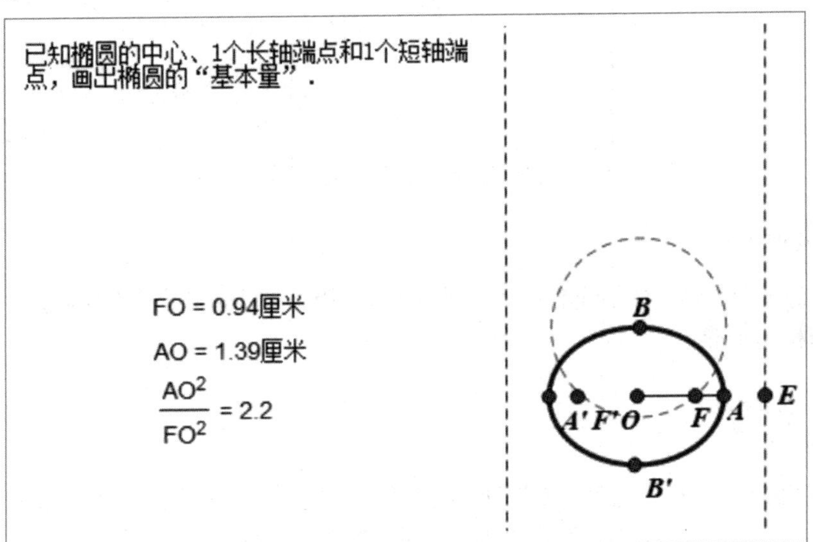

图8.13　课件“画出椭圆的基本量”效果图

8.1.2　抛物线的绘制

抛物线是指平面内到一个定点和一条直线距离相等的点的轨迹。在学习有关抛物线的知识时，不仅可以研究静态抛物线，还可以用几何画板动态演示绘制抛物线的过程，让学生对抛物线的定义有清晰的认识。

抛物线的绘制

实例 4　抛物线定义及作图演示

1. 功能描述

在课件中改变 p 的值可以改变抛物线的形状，单击“作图”按钮可以动态绘制出抛物线，单击“显示轨迹”按钮可以直接绘制出抛物线，如图 8.14 所示。

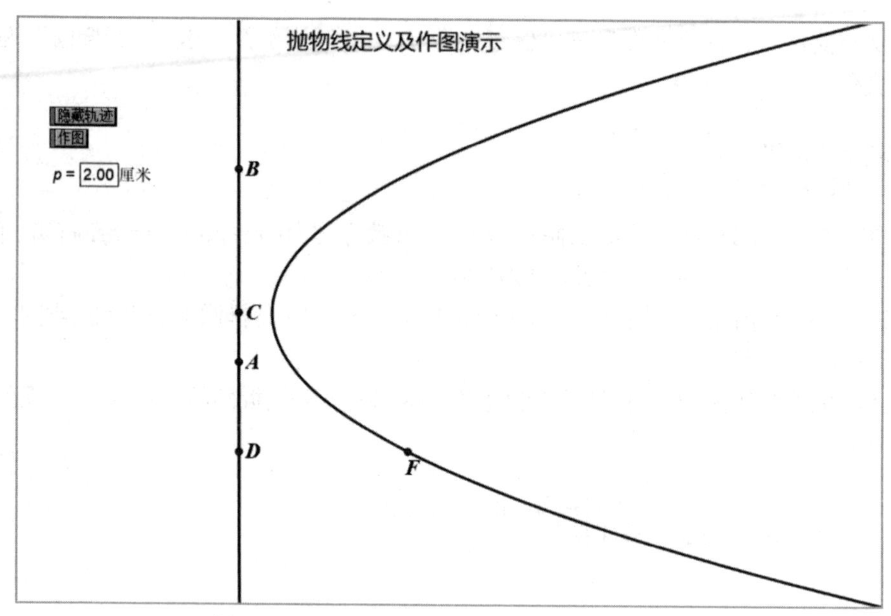

图8.14　课件“抛物线定义及作图演示”效果图

2. 分析制作

本例动态演示了利用抛物线的定义绘制抛物线。用工具结合“数据”“构造”“编辑”菜单命令可快速构造图形。

跟我学

- **绘制直线**　运行“几何画板”软件，执行“构造”→“直线”命令，在画板适当位置绘制一条竖直直线AB，选中“点”工具，在直线上任取两点C和D。
- **新建参数**　执行“数据”→“新建参数”命令，按图8.15所示操作，新建一个距离参数p。选中参数p，执行“变换”→“标记距离”命令。

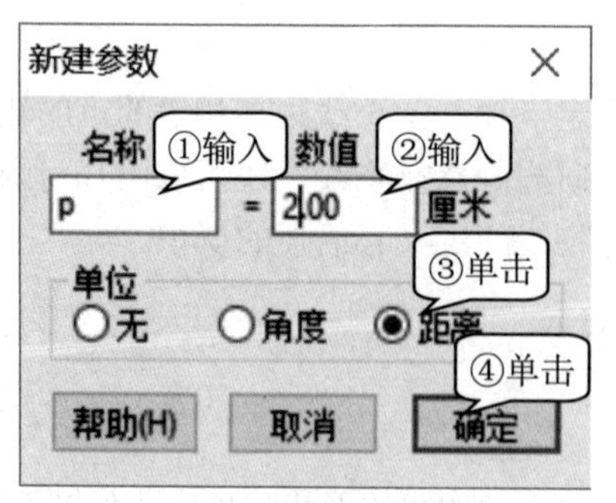

图8.15　新建参数

- **平移点C**　依次选中点D和竖线AB，执行“构造”→“垂线”命令，构造垂线l，选中点C，执行“变换”→“平移”命令，按标记距离平移出C'，效果如图8.16所示。

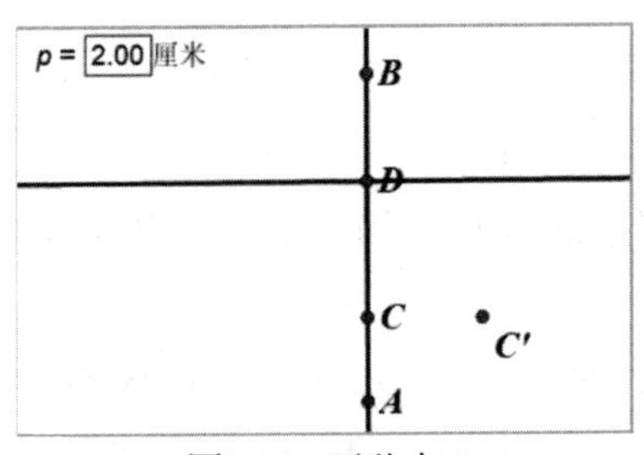

图8.16 平移点C

- **构造垂线** 利用“线段直尺”工具构造线段DC′，选中线段DC′，执行“构造”→“中点”命令，构造线段DC′的中点E，再依次选中线段DC′和点E，执行“构造”→“垂线”命令，构造过点E和线段DC′垂直的直线k，效果如图8.17所示。

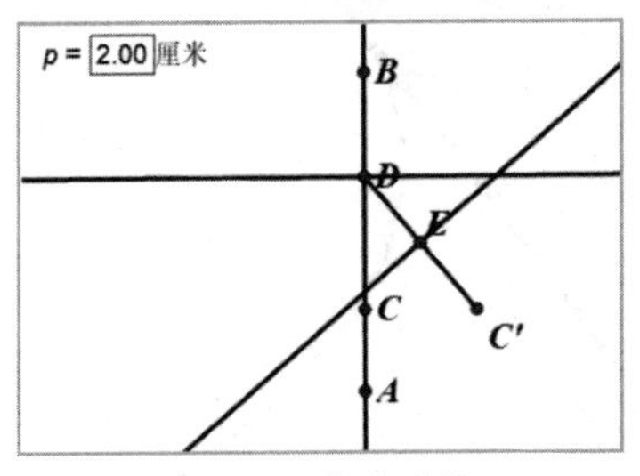

图8.17 构造垂线

- **构造抛物线** 选中直线l和直线k，执行“构造”→“交点”命令，得到两直线的交点F，依次选中点D和点F，执行“构造”→“轨迹”命令，即可构造抛物线，效果如图8.18所示。

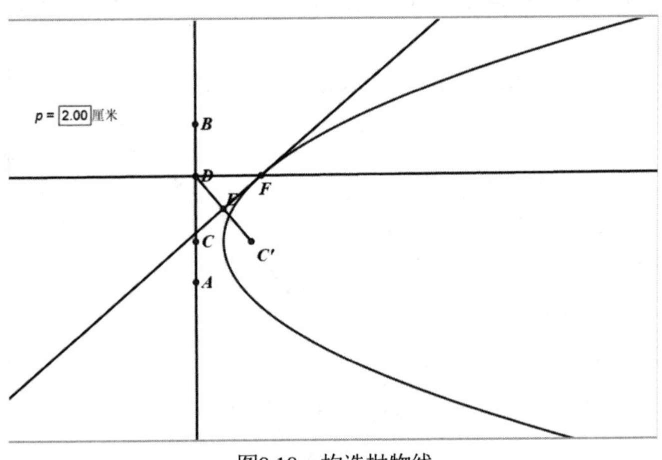

图8.18 构造抛物线

- **制作按钮** 选中抛物线，执行“编辑”→“操作类按钮”→“隐藏/显示”命令，选中点D，执行“编辑”→“操作类按钮”→“动画”命令，将按钮标签改为“作图”，再选中点F，执行“显示”→“追踪”命令，将直线l和直线k等不必要的对象隐藏起来，效果如图8.14所示。
- **保存文件** 执行“文件”→“保存”命令，以“抛物线定义及作图演示”为名保存文件。

创新园

1. 已知抛物线的焦点 F 和准线 l，过抛物线上一点 P 作抛物线的切线，课件效果如图 8.19 所示。

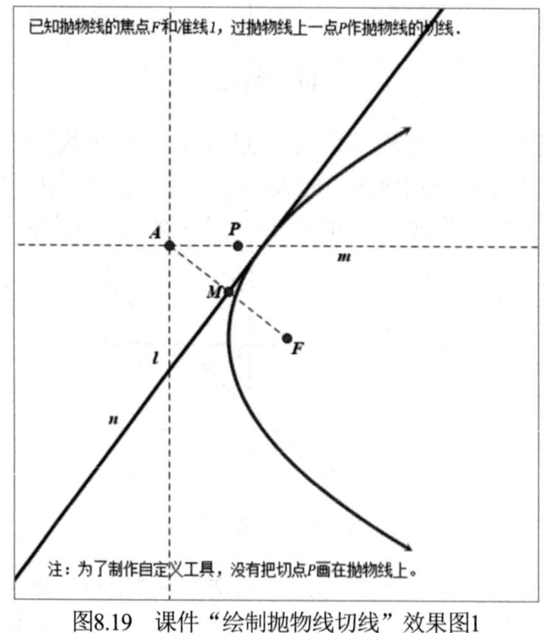

图8.19　课件“绘制抛物线切线”效果图1

2. 已知抛物线的焦点 F 和准线 l，过抛物线外一点 P 作抛物线的切线，课件效果如图 8.20 所示。

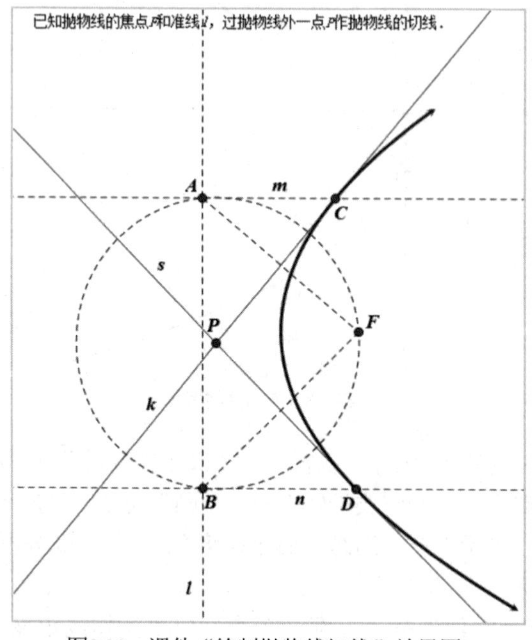

图8.20　课件“绘制抛物线切线”效果图2

8.1.3 双曲线的绘制

双曲线是指平面内到两个定点的距离之差的绝对值为常数的点的轨迹，其中的两个给定点称为双曲线的焦点。双曲线是圆锥曲线的一种，是高中数学的难点和重点，用几何画板构造双曲线可以使之更直观、形象。

双曲线的绘制

实例 5 绘制双曲线

1. 功能描述

本课件利用双曲线定义构造双曲线，拖动点 F 或点 G，可以调节焦距；拖动点 C，可以调节双曲线的离心率，如图 8.21 所示。

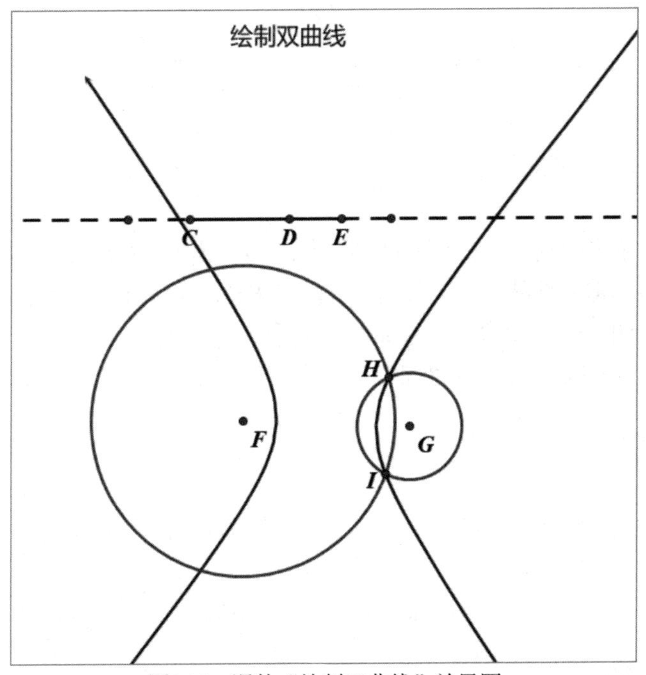

图8.21 课件“绘制双曲线”效果图

2. 分析制作

本例动态演示了利用双曲线的定义绘制双曲线。用工具结合“构造”菜单命令可快速构造图形。

跟我学

- **绘制直线** 运行“几何画板”软件，执行“构造”→“直线”命令，在画板适当位置绘制直线AB，设置为“虚线”，并隐藏点A和点B。选中“点”工具，在直线AB上依次绘制点C、点D和点E，选中“线段”工具，绘制线段CE、DE。

- **构造圆** 选中“点”工具，在画板适当位置绘制点F和点G，使FG的距离大于CD的长。选中点F和线段CE，执行“构造”→“以圆心和半径绘圆”命令，构造圆F。选择线段DE和点G，执行“构造”→“以圆心和半径绘圆”命令，构造圆G，效果如图8.22所示。

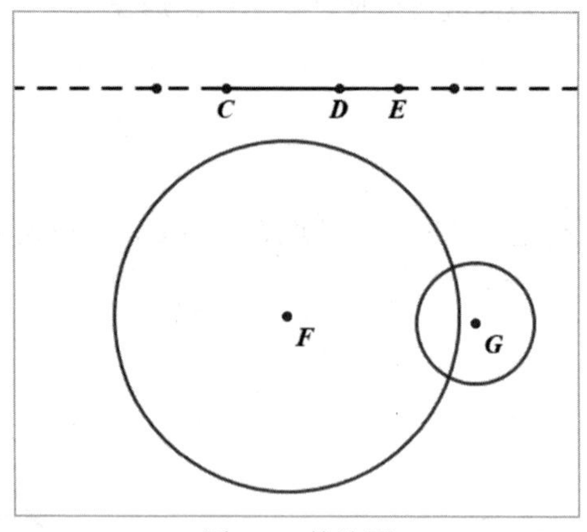

图8.22 构造圆

- **构造轨迹** 单击两圆交点处绘制两圆交点H、I，选中点E和点H，执行“构造”→“轨迹”命令，构造双曲线的一半图像。选中点E和点I，执行“构造”→“轨迹”命令，构造双曲线的另一半图像，效果如图8.21所示。
- **保存文件** 执行“文件”→“保存”命令，以“绘制双曲线”为名保存文件。

创新园

1. 已知双曲线的两个焦点和双曲线上一点，画出双曲线的“基本量”，课件效果如图 8.23 所示。

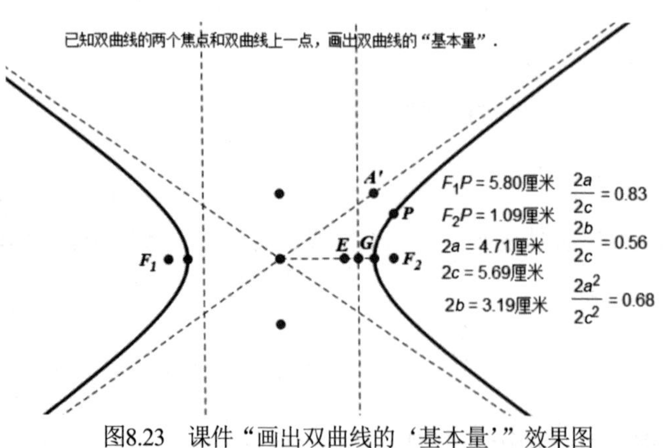

图8.23 课件“画出双曲线的‘基本量’”效果图

2. 已知双曲线的两个焦点 F_1 和 F_2，过双曲线上一点 P 作双曲线的切线，并制作名为“画双曲线切线(匹配：两个焦点+切点)”的自定义工具，课件效果如图 8.24 所示。

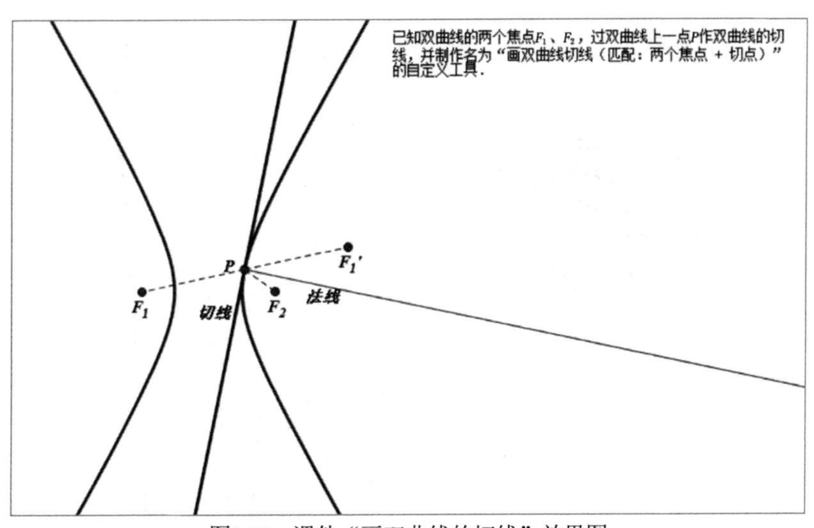

图8.24　课件“画双曲线的切线”效果图

8.2　构造自定义坐标系

几何画板提供的直角坐标系和极坐标系，可以方便地绘制函数图像，但仅限于二维空间的函数作图，且坐标轴只能上下或左右平行移动，使用上有一定的局限性。为了拓宽坐标轴的功能，便于制作各种空间曲线和空间曲面的课件，这就要求用户自定义坐标系。

8.2.1　自定义二维坐标系下的函数图像

自定义二维坐标系，可使坐标系既能任意平移又能任意转动，将二维空间扩展到三维空间中。

自定义二维坐标系下的函数图像

实例 6　在自定义二维坐标系下绘制 $y=ax\cos bx$ 的函数图像

1. 功能描述

在课件中拖动点 L 或点 L'，可以从不同角度观察函数图像。在操作过程中，可双击参数值，重新输入需要的定值，改变参数时，图像也随之改变，如图 8.25 所示。

2. 分析制作

本例动态演示了在自定义二维坐标系下绘制 $y=ax\cos bx$ 的函数图像。用工具结合“构造”“度量”菜单命令可快速构造图形。

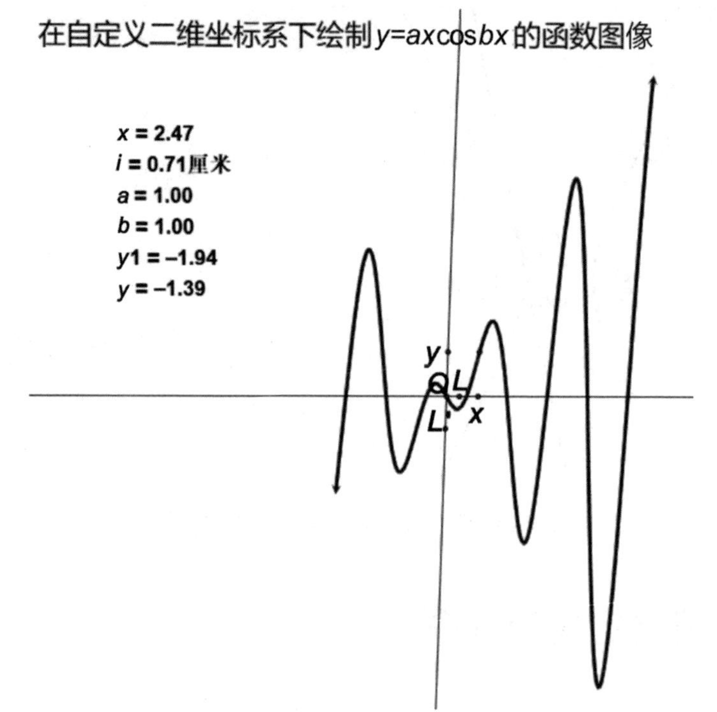

图8.25　课件“在自定义二维坐标系下绘制y=axcosbx的函数图像”效果图

跟我学

- **制作按钮**　运行“几何画板”软件，新建参数a、b，并制作相应的按钮。
- **度量比值**　在x轴上取点x，依次选中点O、L、x，度量OL的比值，并改标签为x(为自变量x的值)，其中OL为x轴单位长。再度量OL'的值，并改标签为i，其中OL'为y轴单位长。
- **计算函数值**　计算$y1=a\cdot x\cdot \cos(b\cdot x)$的值，并计算$y=y1\cdot i/1$的值，使其转换为对应$y$轴长度。
- **构造线段**　将y计算值标记比，让点L'以点O为中心按标记比缩放，得到点y。让点y按标记向量Ox平移，得到点y'，则点$y'(x，y)$在$f(x)$上，选中“线段”工具，连接线段yy'。
- **构造轨迹**　选中线段yy'和度量值y，选中点x和点y'作轨迹，如图8.25所示。
- **保存文件**　执行“文件”→“保存”命令，以“在自定义二维坐标系下绘制y=axcosbx的函数图像”为名保存文件。

8.2.2　自定义三维坐标系下的函数图像

几何画板仅提供解决二维 xOy 坐标系中的几何关系问题，而实际应用中存在大量的三维问题，如空间曲线、三维物体的运动等，这就需要将二维工具扩展到三维空间中。

自定义三维坐标系下的函数图像

实例 7　在自定义三维坐标系下绘制 $z=ae^{-b(x\^2+y\^2)}$的函数图像

1. 功能描述

在课件中拖动点 x 来改变自变量 x 的值，实现图形平移。单击“动画”按钮，函数的三维立体图形便可清晰地展现，单击参数按钮改变 a、b 的值(其中 b 值尽量取为小数)，拖动点 I 或点 l 或点 l' 可改变各轴的单位长，其中拖动点 I 可改变图形隆起的高度，由此来调试图形，使图形效果达到最优，重新计算 $zl=f(x，y)$函数式，可以得到不同的曲面图像，如马鞍面 $zl=(x^2/a^2-y^2/b^2)$，山包面 $z=ae^{-b(x\^2+y\^2)}$等，如图 8.26 所示。

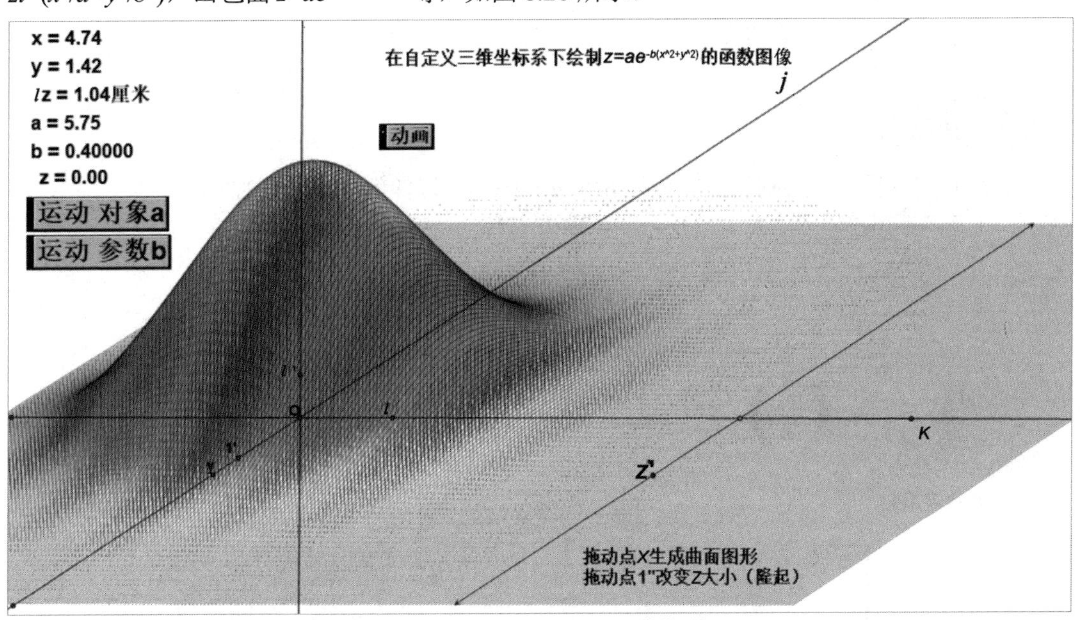

图8.26　课件“在自定义三维坐标系下绘制$z=ae^{-b(x\^2+y\^2)}$的函数图像”效果图

2. 分析制作

本例动态演示了在自定义三维坐标系下绘制 $z=ae^{-b(x\^2+y\^2)}$的函数图像。用工具结合“度量”“构造”“数据”“编辑”等菜单命令可快速构造图形。

跟我学

- **制作按钮**　运行“几何画板”软件，新建参数a、b，并制作相应的按钮。
- **度量比值**　在x轴上取点l、x，依次选中点O、l、x，度量Ol的比值，并改标签为x(为自变量x的值)，其中Ol为x轴单位长。
- **度量比值**　在y轴上取点l'、y，依次选中点O、l'、y，再度量Ol'的值，并改标签为y(为自变量y的值)，其中Ol'为y轴单位长。
- **度量比值**　在z轴上取点I，度量OI的长度，并改标签为I，其中OI为z轴单位长。

- **计算函数值**　计算$zl= ae^{-b(x\^2+y\^2)}$的值，并计算$z=zl\cdot I/l$的值，使其转换为对应z轴长度。
- **构造线段**　让点y按标记向量Ox平移，得到点y'，再让点y'按标记向量OI'平移，得到点y''，则点$y'(x, y, z)$在$f(x, y)$上，选中“线段”工具，连接线段$y'y''$。
- **构造轨迹**　选中线段$y'y''$和度量值y，作颜色参数，选中点y和点y''，作轨迹，再选中点y和线段$y'y''$，作轨迹。选中轨迹，作追踪。
- **制作“动画”按钮**　作点x的“动画”按钮，动画参数方向选择“向前”、速度选择“快速”、播放选择“依次”，如图8.26所示。
- **保存文件**　执行“文件”→“保存”命令，以“在自定义三维坐标系下绘制$z=ae^{-b(x\^2+y\^2)}$的函数图像”为名保存文件。

创新园

1. 在几何画板中，绘制极坐标方程$f(\theta)=a\sin(\theta/2)$，课件效果如图 8.27 所示。

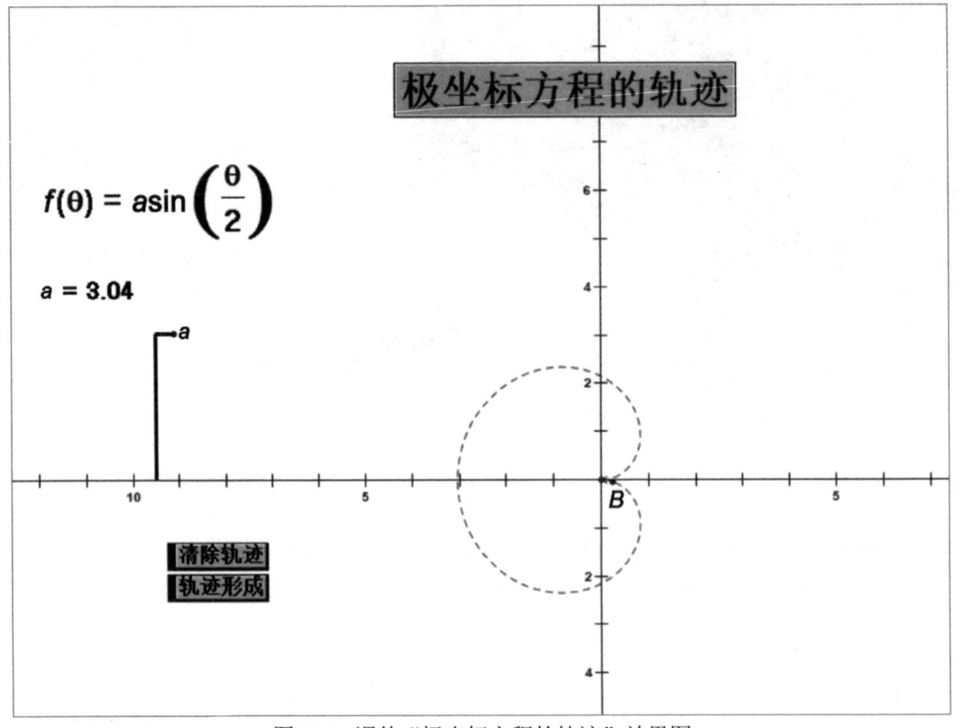

图8.27　课件“极坐标方程的轨迹”效果图

2. 在几何画板中，绘制椭圆抛物面($z=x^2/a^2+y^2/b^2$ 的三维曲面图形)，效果如图 8.28 所示。

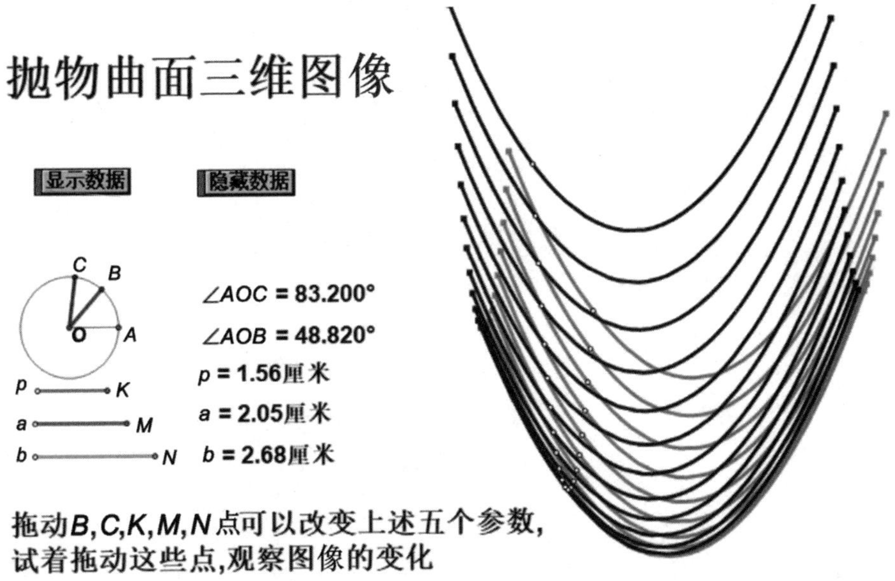

图8.28　课件“抛物曲面三维图像”效果图

第9章 综合课件制作实例

几何画板强大的作图功能依赖于逻辑的支撑，而这种作图逻辑的基础正是数学的基本原理。因此，在作图的过程中，作者需要充分了解所作图形各部分间的数理关系，并合理地设计作图过程，才能达到预期的效果。

本章将通过若干实例，具体说明作图的设计过程和逻辑。每个实例只选取一种作图设计进行教学。

学习内容

- 制作平面几何图形翻折动态图
- 制作基于数学原理的图
- 制作动点问题的大致函数图像

9.1 制作平面几何图形翻折动态图

在平面几何教学中经常会遇到折叠问题，而很多学生对折叠的过程不太清楚，导致分析出现问题。因此，在教学过程中，制作平面几何图形的翻折动态图显得尤为重要。

9.1.1 制作平面图形折叠动态图

折叠是轴对称的一种动态体现，因此作折叠的动图时应以轴对称图形的相关知识为基础，再对变换的过程进行适当的构造，使之从感官上“动”起来。

制作平面图形折叠动态图

实例 1 矩形折叠动态图

1. 功能描述

在课件中，已知矩形 $ABCD$，点 E 是边 CD 上的一点，将三角形 ADE 沿 AE 折叠，点 D 恰好落在边 BC 上，效果如图 9.1 所示。

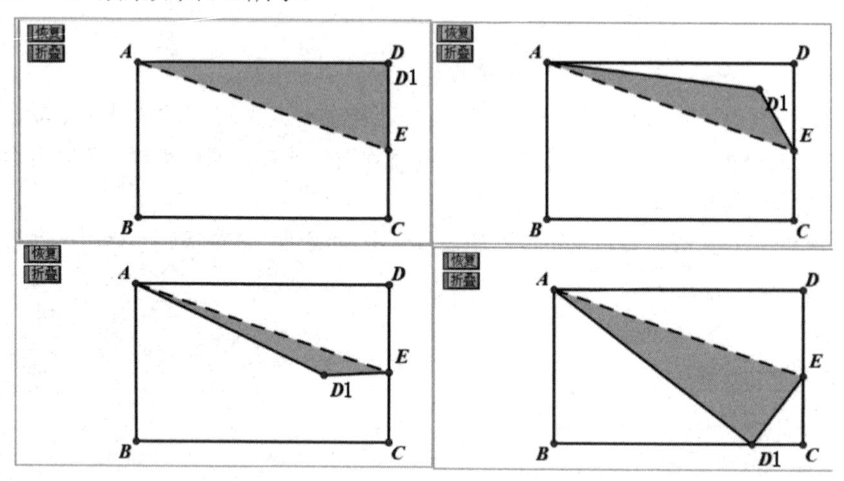

图9.1 课件“矩形折叠动态图”效果图

2. 分析制作

三角形 ADE 折叠的过程实际是点 D 在绕着对称轴 AE 做弧线运动，为了体现弧线运动的过程及效果，需借助弧这一图形，然后设置点 D 在运动过程中的对应点 $D1$ 在弧线上的运动轨迹。作此图的难点是如何确定点 E 和点 $D1$ 的位置。由折叠的性质可知，折叠完成后 AD 应等于 $AD1$，点 E 在线段 $DD1$ 的垂直平分线上，因此可先确定折叠后点 D 的对应点位置，再找点 E。

跟我学

- **构造矩形*ABCD*** 新建一个画板文件，文件保存为“矩形折叠动态图.gsp”，在文件中构造一个矩形$ABCD$，其中$AD>AB$。

- **构造圆** 以点A为圆心、AD为半径作圆，与BC的交点记为点D'，隐藏圆。
- **构造垂线** 连接DD'，过点A作DD'的垂线，与CD的交点记为点E，为方便看图，可将线段DD'和垂线AE的线型改为虚线，效果如图9.2所示。

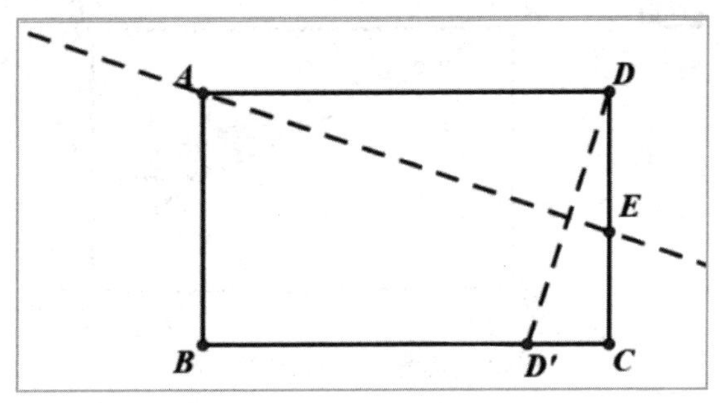

图9.2 构造垂线

- **构造弧** 在AE上接近DD'的位置取一点P，构造过点D、P、D'三点的弧，隐藏点P、线段DD'、垂线AE(若要调整视觉效果，可暂时保留点P)。
- **构造三角形$AED1$** 在弧DD'上任取一点，命名为$D1$，连接$AD1$、$ED1$、AE，其中$AD1$、$ED1$为实线，AE为虚线，效果如图9.3所示。

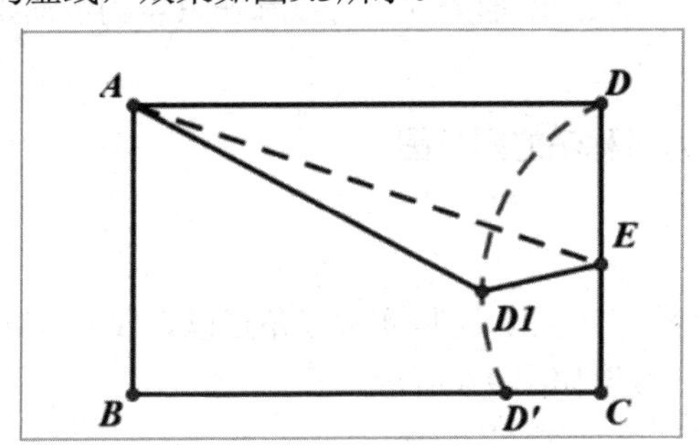

图9.3 构造三角形$AED1$

- **制作"恢复"按钮** 依次选中点$D1$、点D，执行"编辑"→"操作类按钮"→"移动"命令，在弹出的对话框中单击"确定"按钮，将出现的操作类按钮标签改为"恢复"，效果如图9.4所示。
- **制作"折叠"按钮** 依次选中点$D1$、点D'，执行"编辑"→"操作类按钮"→"移动"命令，在弹出的对话框中单击"确定"按钮，将出现的操作类按钮标签改为"折叠"，效果如图9.4所示。

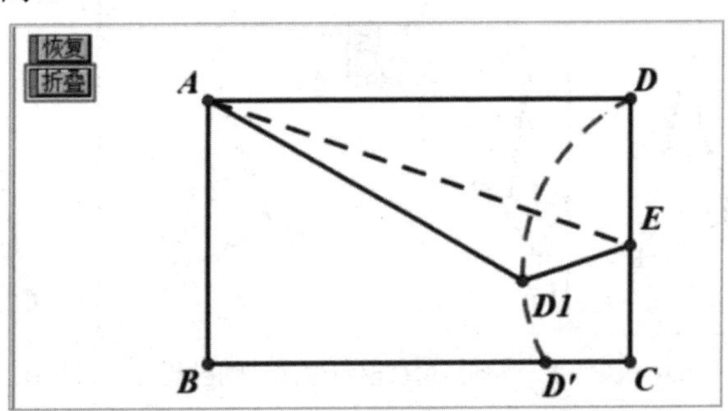

图9.4 制作"恢复"和"折叠"按钮

- **构造三角形*AED*1内部** 隐藏弧*DD'*和点*D'*，构造三角形*AED*1的内部，即完成动图制作，效果如图9.5所示。

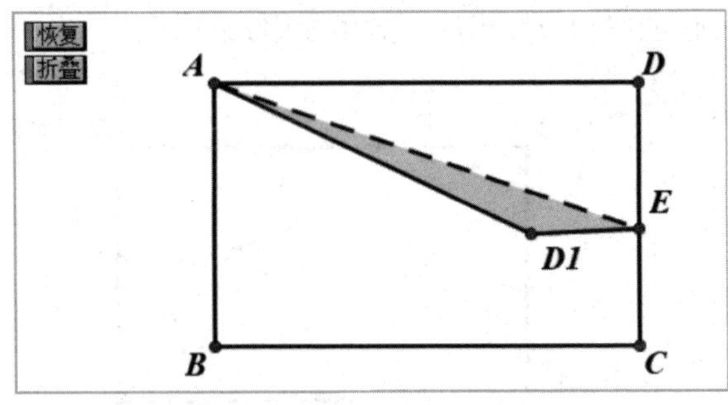

图9.5 构造三角形*AED*1内部

- **保存文件** 执行“文件”→“保存”命令，并以“矩形折叠动态图”为名保存文件。

9.1.2 制作已知图形的轴对称翻折动图

在作已知图形的轴对称翻折动图时，需使图上所有的点都同步进行变换，我们可以将这个过程理解为是已知图形上的所有点都在各自的运动路线上按相同的比例做运动。

制作已知图形的轴对称翻折动图

实例 2 三角形以直线 *l* 为对称轴的翻折图

1. 功能描述

运行该课件，单击“翻折”按钮，可以实现三角形以直线 *l* 为对称轴进行翻折，单击“恢复”按钮，即可恢复原样，效果如图 9.6 所示。

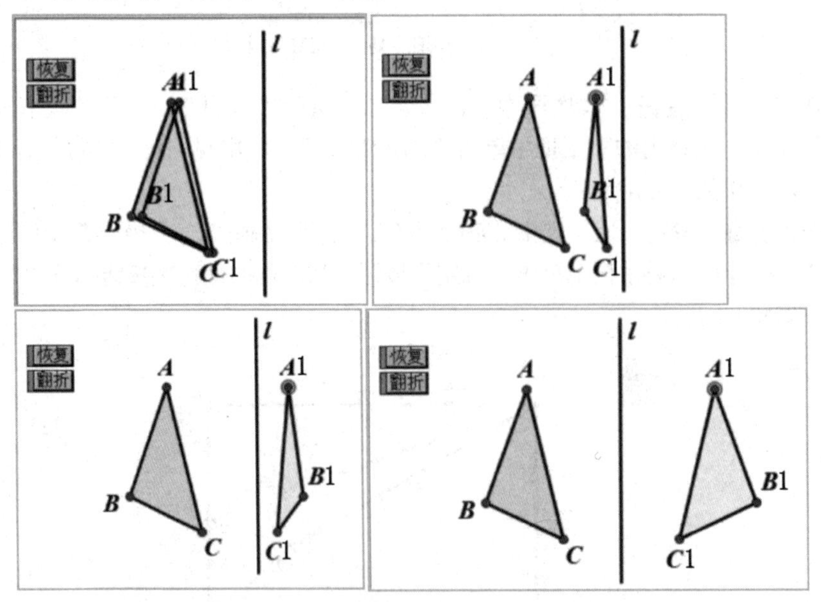

图9.6 课件“三角形以直线*l*为对称轴的翻折图”效果图

2. 分析制作

制作三角形以直线 l 为对称轴的翻折图，首先要确定翻折最终的位置，然后令图形上的各点在起始位置和最终位置之间移动。作此图的难点是如何让三角形的三个顶点同步运动并同时到达终点。

跟我学

- **作对称三角形**　以直线l作为对称轴作出三角形ABC的对称三角形$A'B'C'$，效果如图9.7所示。

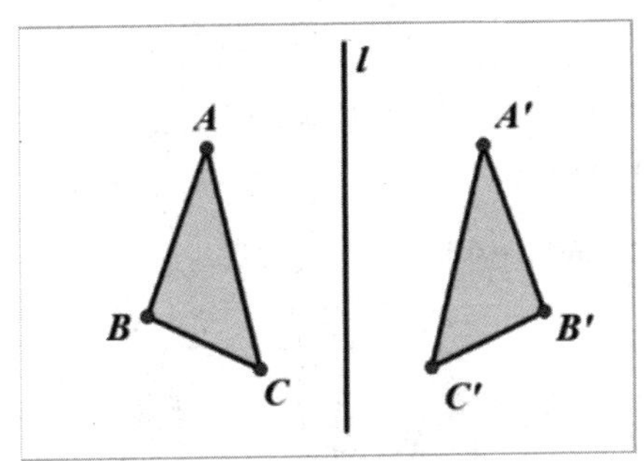

图9.7　作对称三角形

- **连接对应点**　作线段AA'、BB'、CC'，将线型改为虚线(也可用弧线连接)，效果如图9.8所示。

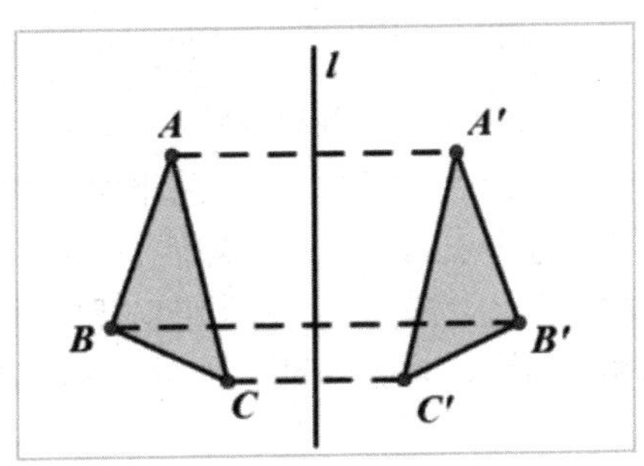

图9.8　连接对应点

- **构造点A的对应点**　在线段AA'上任取一点$A1$，选中点$A1$，度量点的值，效果如图9.9所示。度量出的值为$AA1$与AA'的比值。

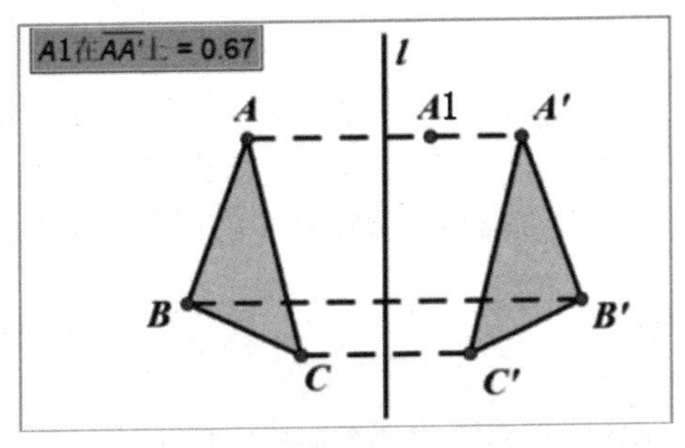

图9.9　构造点A的对应点

- **构造点B、C的对应点**　选中点$A1$的值和线段BB'、CC'，执行“绘图”→“在线段上绘制点”命令，将出现的两点分别命名为$B1$、$C1$，效果如图9.10所示。

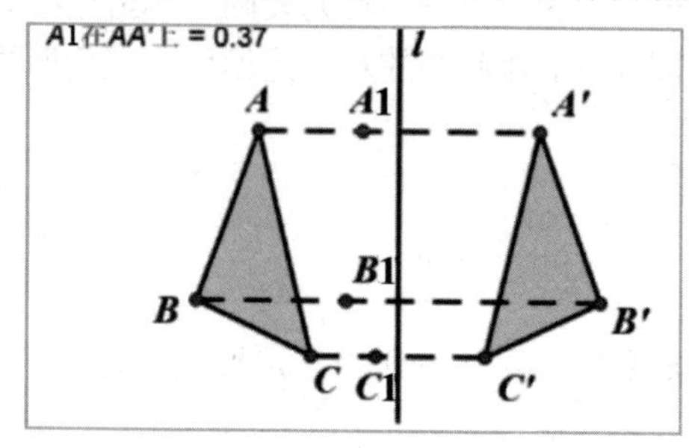

图9.10　构造点B、C的对应点

- **构造三角形$A1B1C1$**　使用“线段”工具，连接线段$A1B1$、$B1C1$、$C1A1$，构造三角形$A1B1C1$，效果如图9.11所示。

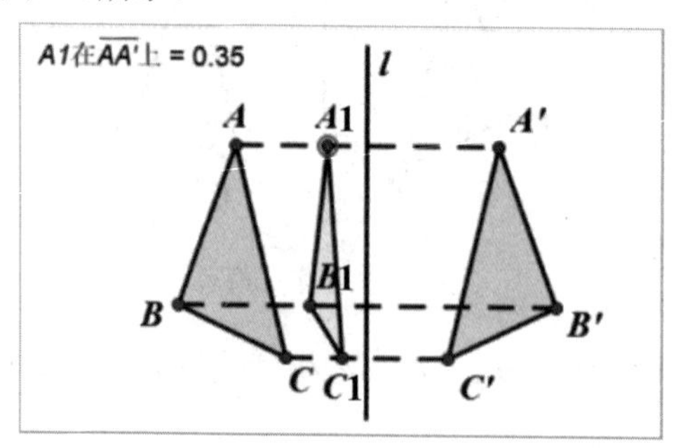

图9.11　构造三角形$A1B1C1$

- **制作“恢复”按钮**　依次选中点$A1$、点A，执行“编辑”→“操作类按钮”→“移动”命令，在弹出的对话框中单击“确定”按钮，将出现的操作类按钮标签改为“恢复”。
- **制作“翻折”按钮**　依次选中点$A1$、点A'，执行“编辑”→“操作类按钮”→“移动”命令，在弹出的对话框中单击“确定”按钮，将出现的操作类按钮标签改为“翻折”。
- **保存文件**　隐藏不需要的对象，完成作图，以“三角形以直线l为对称轴的翻折图”为名保存文件。

9.2　制作基于数学原理的图

在具体问题中，几何图形中的点、线、角等元素往往是具有其特定数理关系的，有些表面看似简单的图形的构造过程要求却十分严格。因此，在构造图形时，我们要分析清楚图形各部分之间的数理关系，明确先后的构造顺序，这样才能确保准确地构造出所需的几何图形。

9.2.1　根据圆的性质作图

圆的性质有很多，在几何分析和作图中都有着广泛的应用，这里不再赘述。在用几何画板构图时，合理地应用圆的相关知识，能帮助我们准确地构图。

实例 3 平面内作∠*APB*=70°

根据圆的性质作图

1. 功能描述

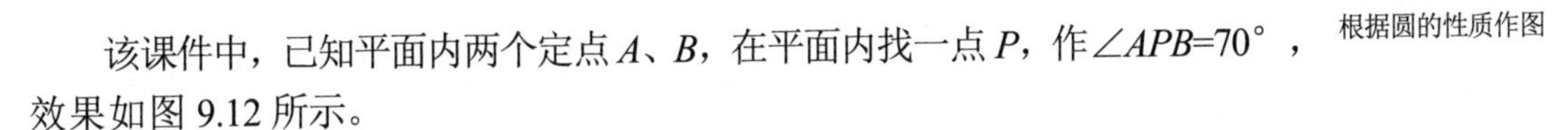

该课件中，已知平面内两个定点 *A*、*B*，在平面内找一点 *P*，作∠*APB*=70°，效果如图 9.12 所示。

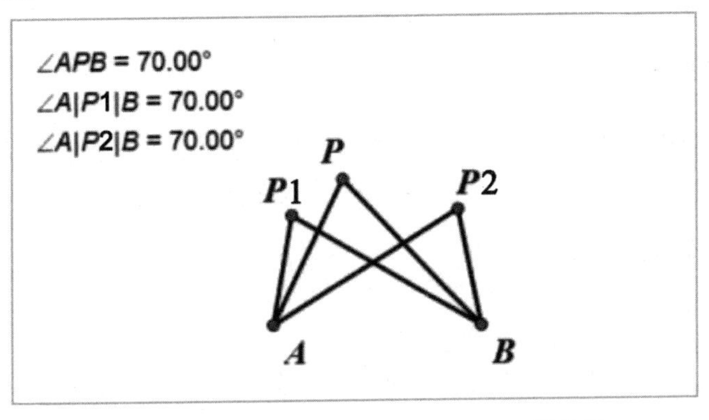

图9.12 课件“平面内作∠*APB*=70°”效果图

2. 分析制作

已知平面内两个定点 *A*、*B*，在平面内找一点 *P*，作∠*APB*=70°。在平面内能使∠*APB*=70°的点 *P* 位置不唯一，根据“同弧所对的圆周角处处相等”可知，点 *P* 应在以 *AB* 为弦的某圆的优弧上，因此可先作出符合条件的圆 *O*，那么就要确定圆心 *O* 的位置。因为“同弧所对的圆心角等于圆周角的两倍”，因此∠*APB* 所对的圆心角∠*AOB*=2∠*APB*=140°。而三角形 *AOB* 是等腰三角形，所以∠*OAB* 和∠*OBA* 都等于 20°。由以上分析可知，先以点 *A* 为旋转中心将直线 *AB* 旋转 20°、以点 *B* 为旋转中心将直线 *AB* 旋转-20°，旋转后的两直线交点即为所求圆心 *O*，再以 *OA* 为半径作圆 *O*，在优弧 *AB* 上任取一点即为所求点 *P*，且点 *P* 在优弧 *AB* 上可以任意移动，∠*APB* 的值不变。

跟我学

- **绘制直线** 以定点*A*、*B*作直线*AB*。
- **旋转直线** 以点*A*为旋转中心将直线*AB*旋转20°，以点*B*为旋转中心将直线*AB*旋转-20°，由*AB*旋转得到的两直线交于点*O*。
- **绘制优弧*AB*** 以点*O*为圆心、*OA*为半径作圆，取优弧*AB*，隐藏圆*O*和直线*AO*、*BO*、*AB*。
- **作∠*APB*** 在弧*AB*上任取一点*P*，连接*PA*、*PB*，则∠*APB*=70°，隐藏点*O*与弧*AB*即可，效果如图9.13所示。
- **保存文件** 隐藏不需要的对象，完成作图，以“平面内作∠*APB*=70°”为名保存文件。

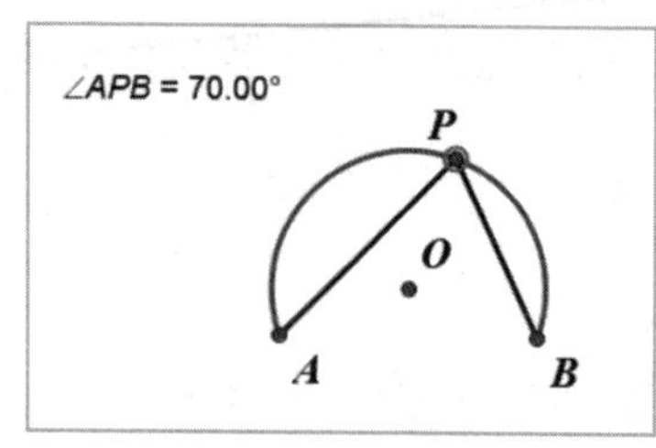

图9.13　作∠*APB*

9.2.2　根据图形间的特定关系作图

几何图形之间的相互转换不会是毫无根据的，其中必然有某些内在联系，最常见的方式就是将原图的一些条件进行更改使其特殊化或一般化。

根据图形间的特定关系作图

实例 4　特殊平行四边形的相互转换

1. 功能描述

在该课件中，实现了在同一个图中平行四边形、矩形、菱形、正方形的相互转换，效果如图 9.14 所示。

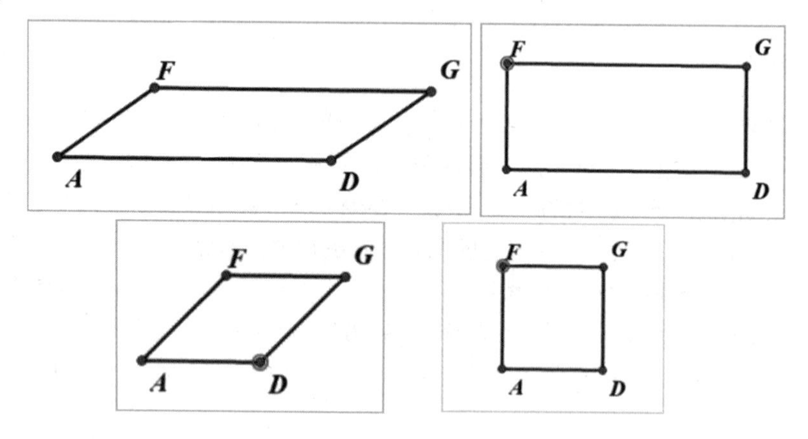

图9.14　课件“特殊平行四边形的相互转换”效果图

2. 分析制作

若要在同一个图中实现平行四边形、矩形、菱形、正方形的相互转换，需先了解平行四边形、矩形、菱形、正方形之间的关系。有一个内角是直角的平行四边形是矩形，有一组邻边相等的平行四边形是菱形，有一个角是直角且有一组邻边相等的平行四边形是正方形。由这几个定义可知，在制作时，“平行四边形”是基础，同时要在图中通过变化得到直角、邻边相等的特殊条件。

由分析可知，有一个角是直角和邻边相等可在圆中同时实现，只需取一个圆心角为 90° 的扇形，以扇形的任意一条半径和圆心角的边的延长线为两条邻边作平行四边形，通过移动该平行四边形顶点的位置，则可实现平行四边形、矩形、菱形、正方形的相互转换。

跟我学

- **绘制圆A**　在平面内作圆A。
- **作射线AB**　在圆A外取一点B，作射线AB交圆A于点C。
- **构造线段、射线**　隐藏射线AB，作线段AC、射线CB。
- **构造射线上的点**　在射线CB上任取一点D，隐藏点B、射线CB，作线段CD，则点D只能在射线CB上运动，线段AD的最小值等于AC；将点C绕点A逆时针旋转90°，得点E。
- **构造弧**　取劣弧CE，隐藏圆A，效果如图9.15所示。

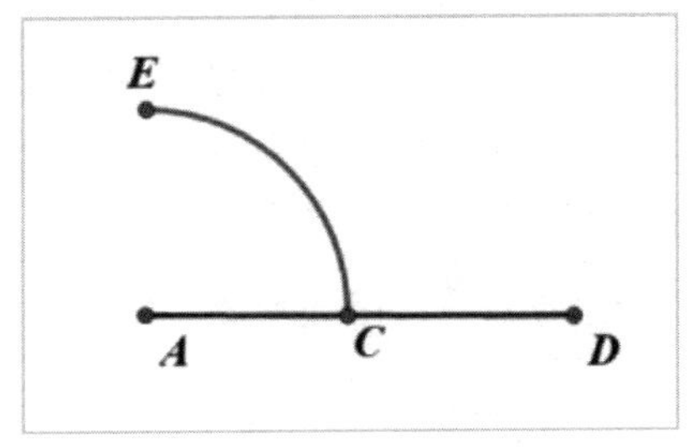

图9.15　构造弧

- **作角**　在弧CE上任取一点F，作线段AF，则点F只能在弧CE上运动，$\angle DAF$最大的角为直角。
- **平移点**　标记向量$\overline{AF}$，将点D按标记向量$\overline{AF}$平移，得到点G，效果如图9.16所示。

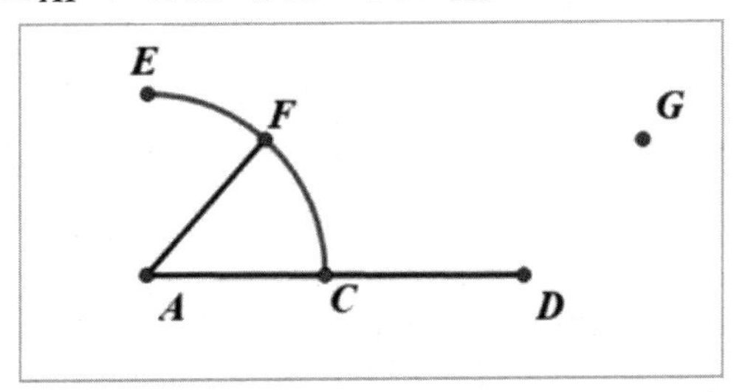

图9.16　平移点

- **构造平行四边形**　连接FG、DG，作出平行四边形$ADGF$。
- **改变平行四边形的形状**　若将点D移动到C的位置，则四边形为菱形；若将点F移动到点E的位置，则四边形为矩形；若将点D移动到C的位置，同时将点F移动到点E的位置，则四边形为正方形。
- **保存文件**　隐藏除四边形外的其他对象，完成作图，以“特殊平行四边形的相互转换”为名保存文件。

9.3 制作动点问题的大致函数图像

在初、高中数学教学过程中会遇到许多动点问题，通过利用几何画板在动点运动的过程中同时绘制出所需的函数图像，我们可以将抽象的问题具体化，使其变得直观易懂，从而对课堂教学产生积极的推动作用。

9.3.1 等腰直角分析图形特征确定相关点的位置

在动点问题中，点与点、点与线、点与面之间都是有联系的，因此，在作图时确定点的位置尤其重要。在某些问题中，我们可以通过分析图形本身具有的特征进行方案设计来确定相关点的位置。

等腰直角分析图形特征确定相关点的位置

实例 5 等腰直角三角形中动点运动过程的函数图像

1. 功能描述

在三角形 ABC 中，$\angle C$=90°，AC=BC=3cm，动点 P 从点 A 出发，以 $\sqrt{2}$ cm/s 的速度沿 AB 方向运动到点 B，动点 Q 同时从点 A 出发，以 1cm/s 的速度沿折线 AC→CB 方向运动到点 B。设三角形 APQ 的面积为 y(cm^2)、运动时间为 x(s)，画出 y 与 x 的函数图像。拖动点 Q 可得所需函数图像，效果如图 9.17 所示。

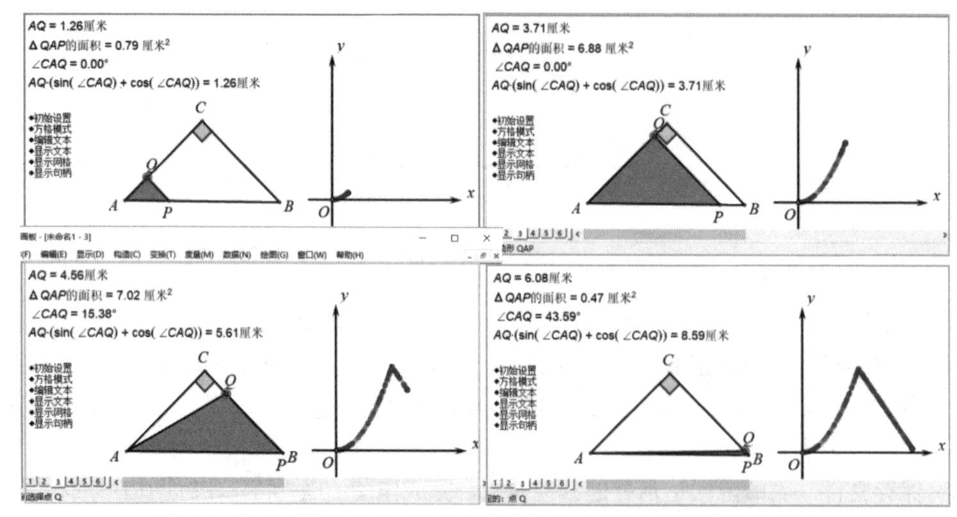

图9.17 课件“等腰直角三角形中动点运动过程的函数图像”效果图

2. 分析制作

在制作课件时，作此图有两个难点：第一个是如何设计解决点 P、点 Q 同时运动但速度不一样的问题；第二个是如何让点 Q 在折线上运动。第一个难点可以通过分析线段间的数量关系解决：由题可知，当点 Q 在 AC 上运动时，三角形 AQP 始终为等腰直角三角形，QP 应垂直于 AC；当点 Q 在 BC 上运动时，点 P 与点 B 重合，QP 依然垂直于 AC。因此只需确定 Q 点，过

Q 点作 AC 的垂线与 AB 的交点即为点 P。第二个难点可通过构造多边形内部边界上的点，然后合并点将多边形变成折线，以达到点在折线上运动的效果。

- **作四边形** 在直角三角形ABC内(或外)任意取一点D，作四边形$ACDB$。
- **构造四边形内部** 选中四边形$ACDB$的各顶点，构造四边形内部。
- **构造边界上的点** 选中四边形内部，构造边界上的点，命名为点Q。
- **合并点** 选中点C和点D，执行“编辑”→“合并点”命令，将两点合并为一点。
- **作垂线** 过点Q作AB的垂线，与AB的交点命名为点P。
- **构造线段** 连接AQ、AP、PQ，隐藏垂线PQ，拖动点Q即可得题中所表述的运动过程。
- **度量三角形面积** 构造三角形APQ的内部，度量其面积，即为题中的y值，效果如图9.18所示。

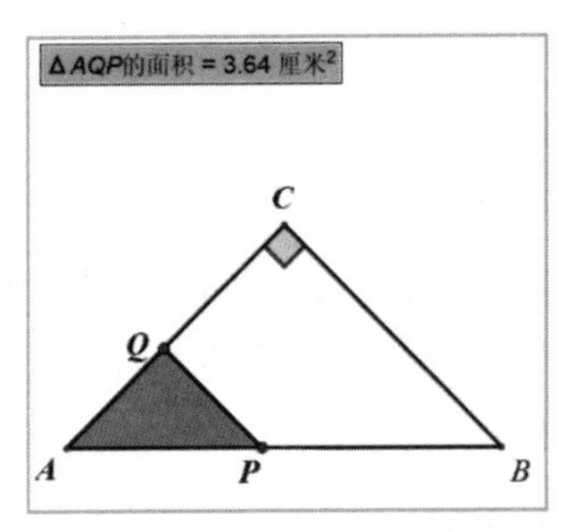

图9.18 度量三角形面积

- **计算点Q移动的长度** 测量线段AQ的长度，计算点Q移动路程的长度，其长度即为题中的x值，根据三角函数知识可得到$\angle CAQ$的大小，计算$AQ(\sin\angle CAQ+\cos\angle CAQ)$的值即可。
- **构造平面直角坐标系** 选择“自定义工具”按钮，选择插入合适的坐标系，并调整好大小，隐藏坐标系中的文本和网格等内容，只保留横轴和纵轴，效果如图9.19所示。

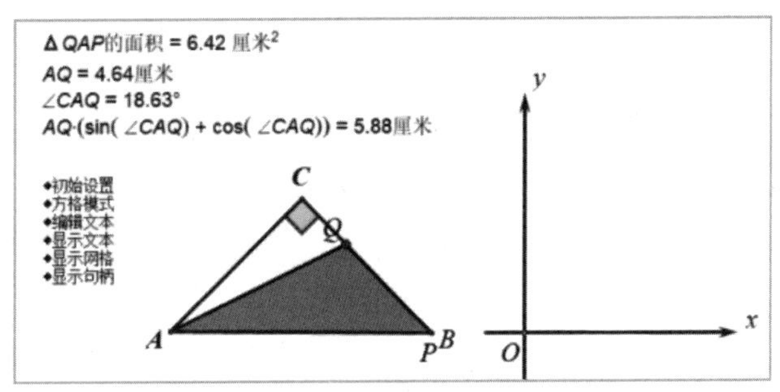

图9.19 构造平面直角坐标系

- **绘制坐标系中的点** 执行“绘图”→“绘制点”命令，出现“绘制点”对话框，按图9.20所示操作，在坐标系内绘出一个点，随着点Q的运动，该点随之运动。

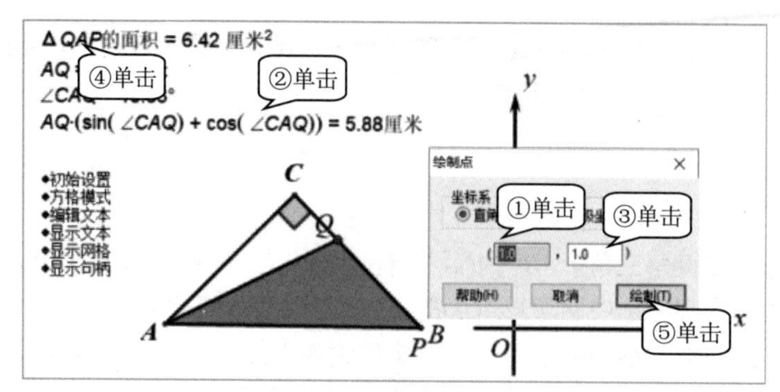

图9.20 绘制坐标系中的点

- **追踪点的踪迹** 选中该点，执行“显示”→“追踪绘制的点”命令，追踪该点的运动轨迹，此轨迹即为y关于x的函数图像。执行“显示”→“擦除追踪踪迹”命令，可擦除轨迹。
- **保存文件** 隐藏所有标签，以“等腰直角三角形中动点运动过程的函数图像”为名保存文件。

9.3.2 通过运算确定点的位置

在更复杂一点的动点问题中，点的位置可能并不能通过判断图形特征来确定，此时我们就应考虑是否有合适的算法能确定相关点的位置。这里的“算法”完全是基于数理知识的分析和计算，对作图者的数学基础要求较高。

通过运算确定点的位置

实例6 菱形中动点运动过程的函数图像

1. 功能描述

菱形$ABCD$的边长是4cm，$\angle B=60°$，动点P以1cm/s的速度自A点出发沿AB方向运动至B点停止，动点Q以2cm/s的速度自B点出发沿折线BCD运动至D点停止。若点P、Q同时出发运动了t秒，记三角形BPQ的面积为$S\,\text{cm}^2$，画出S与t之间的函数图像，效果如图9.21所示。

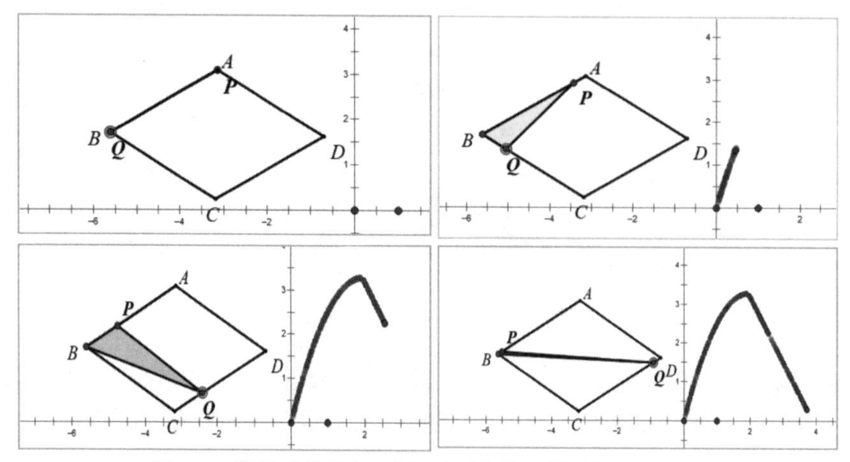
图9.21 课件“菱形中动点运动过程的函数图像”效果图

2. 分析制作

此图中点P、Q并不能仿照实例5通过作一条线同时构造出。

由两点间的运动速度关系可知，当点Q运动到D点时，点P正好运动到点B，因此点P的位置总是在线段AB上，可通过将AB以点A为标记中心进行相应比例的缩放得到点P，缩放比例为点P运动的距离与线段AB长度的比。可以先确定点Q的位置，计算出点Q移动的距离后除以2即可得到点P运动的距离。这里没有选择先确定点P的位置，因为点P的位置不好确定。

如何制作点Q在折线上运动和根据动点的运动过程作出函数图像，实例5中已经给出了作法。

综上所述，作此图的关键就是点Q的运动距离该如何得到，因为运动过程和函数图像都是连续的，因此需要用一个统一的算法得到点Q在BC上或在CD上时的运动距离。仔细学习作图过程，思考该作图设计是怎么计算点Q的运动距离的。

跟我学

- **构造边界上的点**　在菱形$ABCD$内任取一点M，选中点B、C、D、M，构造四边形内部，选中内部，构造边界上的点，命名为Q，效果如图9.22所示。

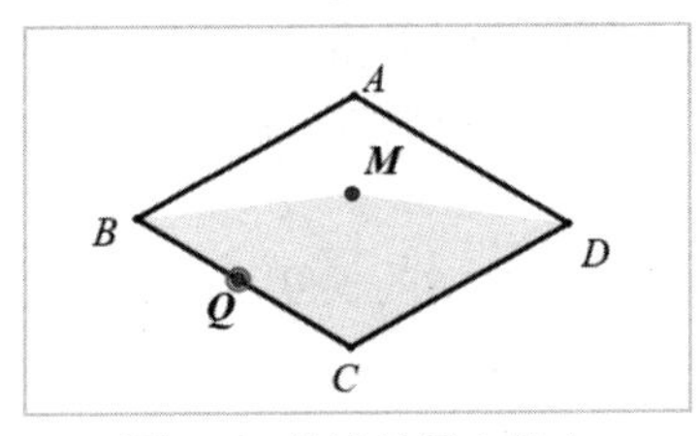

图9.22　构造边界上的点

- **合并点**　合并点M、C。
- **构造线段1**　连接AC、BD，交点为O。
- **构造线段2**　隐藏AC、BD，作线段BO、DO。
- **构造垂线**　将点Q移动到BC上，选中点Q和线段BO，构造垂线，交点为E；再将点Q移动到CD上，选中点Q和线段DO，构造垂线，交点为F，效果如图9.23所示。

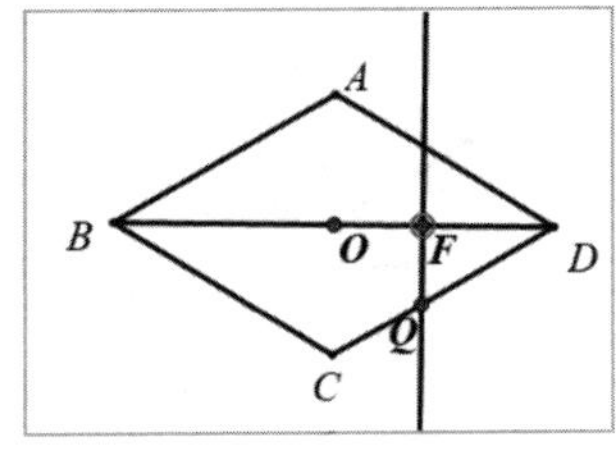

图9.23　构造垂线

- **构造线段3**　作线段BE、OF。
- **度量线段长度**　度量BE、OF的长度。因为当点Q在BC上时，点F不存在，当点Q在CD上时，点E不存在，所以BE、OF的长度不可能同时显示，效果如图9.24所示。

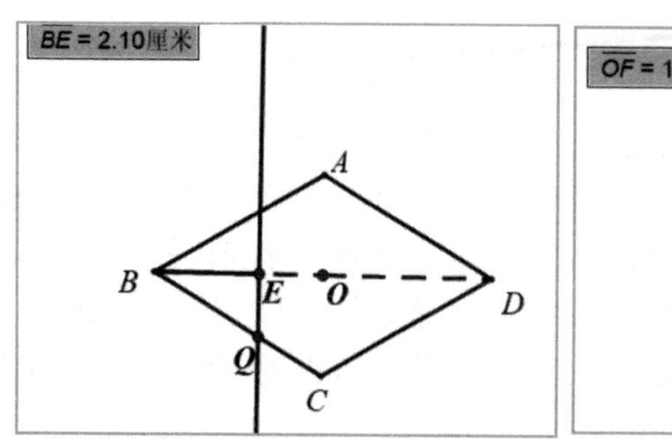

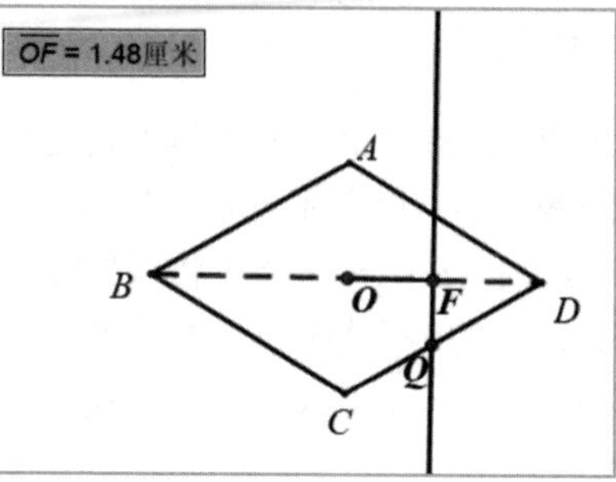

图9.24　度量线段长度

计算距离

将点 Q 移动到 BC 上进行下列相关操作，计算出点 Q 已运动的距离，确定点 P 的位置。

- **计算BQ长度**　执行“数据”→“计算”命令，单击BE长度的数值，计算BE/sin60°的值，得到点Q在BC上时BQ的长度。
- **设置BQ的长度标签**　右击计算出的数值，执行“属性”→“标签”命令，输入BQ，单击“确定”按钮。
- **计算AP长度**　计算BQ/2，得到AP的长度。
- **设置AP的长度标签**　右击计算出的数值，执行“属性”→“标签”命令，输入AP，单击“确定”按钮。
- **度量AB的长度并设置标签**　度量AB的长度，右击测量值，执行“属性”→“标签”命令，输入AB，单击“确定”按钮。
- **标记比值**　计算AP/AB，选中计算结果，执行“变换”→“标记比值”命令，标记比值。
- **缩放线段**　双击点A，选中点B和线段AB，执行“变换”→“缩放”命令，按图9.25所示操作，缩放线段AB。

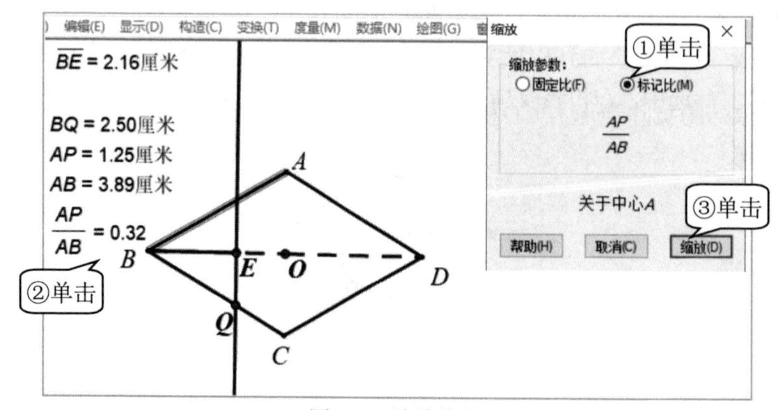

图9.25　缩放线段

- **设置点B对应点标签**　将缩放后出现的点B的对应点标签改为P。

设置距离

将点 Q 移动到 CD 上进行下列相关操作，计算出点 Q 已运动的距离，确定点 P 的位置。

- **计算CQ长度并设置标签** 计算$OF/\sin 60°$的值，得到CQ的长度，将计算结果的标签改为CQ。
- **计算AP长度并设置标签** 计算$(AB+CQ)/2$，得AP的长度，将计算结果标签改为AP，效果如图9.26所示。

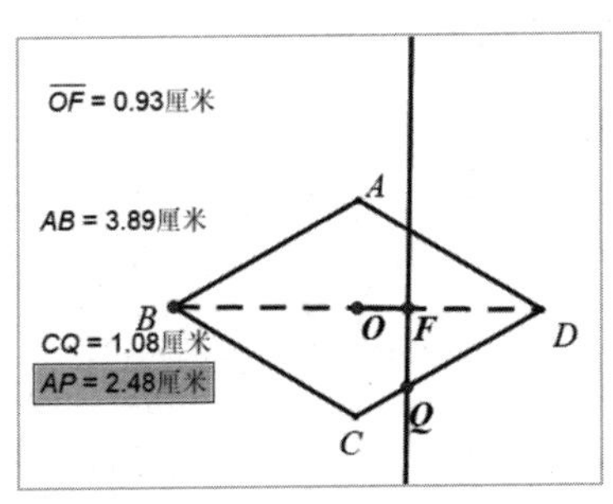

图9.26 计算AP长度并设置标签

- **标记比值** 计算AP/AB，选中计算结果，执行“变换”→“标记比值”命令，标记比值。
- **缩放线段** 双击点A，选中点B和线段AB，执行“变换”→“缩放”命令，以标记比缩放AB。
- **设置点B对应点标签** 将点B缩放后的对应点标签改为点P，效果如图9.27所示。

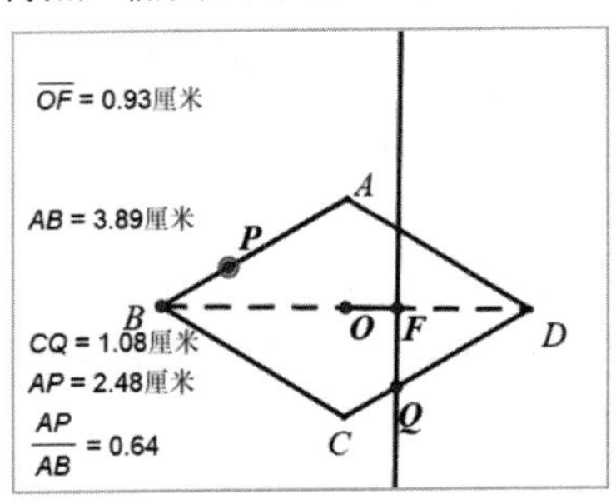

图9.27 设置点B对应点标签

- **隐藏对象** 隐藏除菱形$ABCD$和点P、Q外的所有点和线。
- **构造内部1** 将点Q移动到BC上，作三角形BPQ，并构造其内部，效果如图9.28所示。

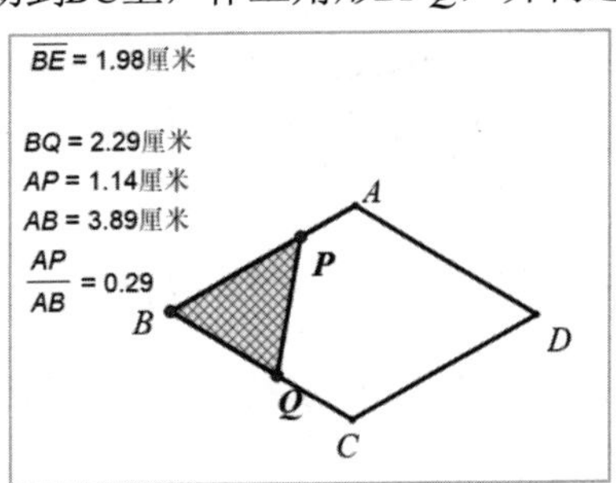

图9.28 构造内部1

- **度量面积**　度量三角形BPQ内部的面积。
- **绘制坐标系中的点1**　插入合适的坐标系，以AP长为横坐标、以三角形BPQ的面积为纵坐标绘制点，追踪其运动轨迹，效果如图9.29所示。

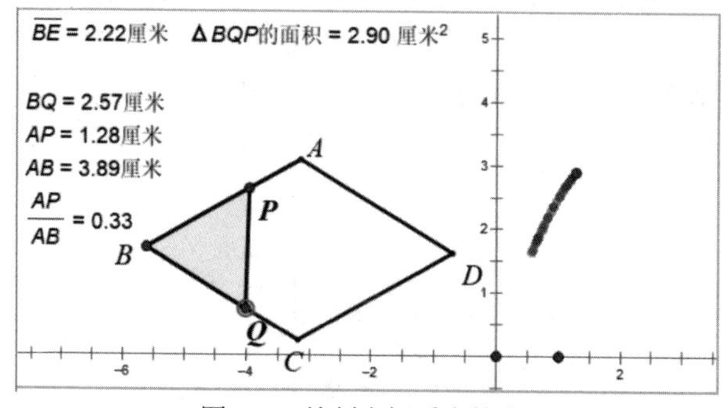

图9.29　绘制坐标系中的点1

- **构造内部2**　将点Q移动到CD上，作三角形BPQ，并构造其内部，效果如图9.30所示。

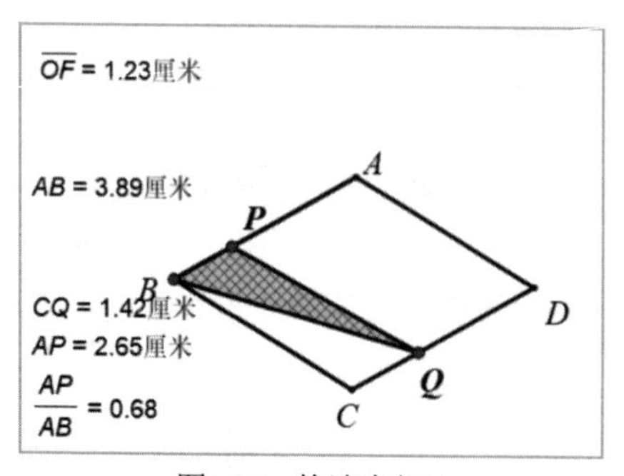

图9.30　构造内部2

- **度量面积**　度量三角形BPQ内部的面积。
- **绘制坐标系中的点2**　以AP长为横坐标、以三角形BPQ的面积为纵坐标绘制点，追踪其运动轨迹，效果如图9.31所示。

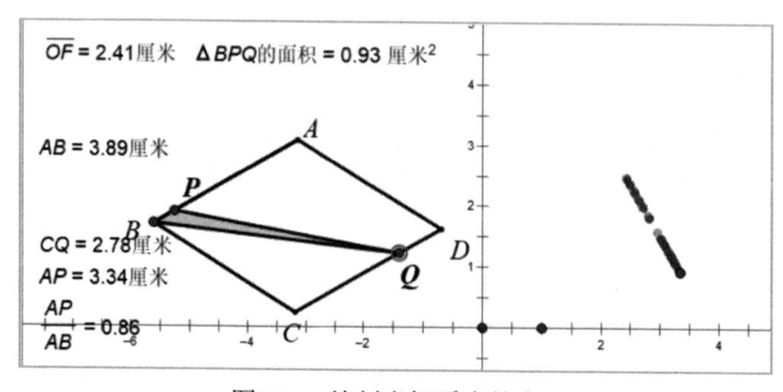

图9.31　绘制坐标系中的点2

- **隐藏数据**　隐藏所有数据，完成作图，移动点Q即可得到函数图像，效果如图9.32所示。

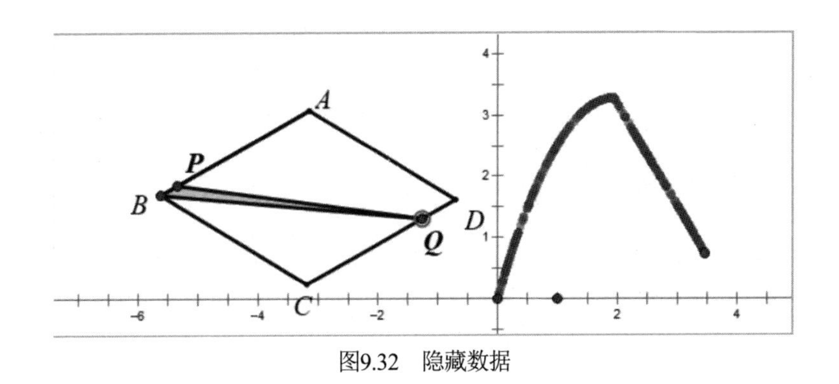

图9.32　隐藏数据

- **保存文件**　执行“文件”→“保存”命令，以“菱形中动点运动过程的函数图像”为名保存文件。

创新园

1. 在 RtΔABC 中，D 为斜边 AB 的中点，$\angle B$=60°，BC=2cm，动点 E 从点 A 出发沿 AB 向点 B 运动，动点 F 从点 D 出发，沿折线 D-C-B 运动，两点的速度均为 1cm/s，到达终点均停止运动，设 AE 的长为 x，三角形 AEF 的面积为 y，用几何画板画出 y 关于 x 的函数图像。

2. 制作一般梯形、等腰梯形及直角梯形之间的转换图。